全国高等职业教育"十二五"规划教材
中国电子教育学会推荐教材
全国高等职业院校规划教材·精品与示范系列

网络集成与综合布线

王书旺　吴珊珊　主　编
于宝明　胡国兵　副主编

电子工业出版社
Publishing House of Electronics Industry
北京·BEIJING

内 容 简 介

本书根据教育部最新的职业教育教学改革要求，结合国家骨干院校重点专业建设课程改革成果及行业岗位技能需求进行编写。全书通过多个实际工程案例，以典型系统集成的工作过程为逻辑主线，系统地阐述系统集成的基本概念和分类，并以网络系统集成为例介绍系统集成与综合布线的步骤、关键技术及重点。主要内容分为系统集成和综合布线两部分，共 7 章。第 1 章为系统集成概述，第 2 章介绍计算机网络基础，第 3 章阐述计算机网络设计，第 4 章介绍电线电缆，第 5 章介绍综合布线的标准与设计，第 6 章和第 7 章分别介绍综合布线工程施工和验收。全书以职业岗位工作技能训练为重点，充分体现"工学结合、学以致用"的课程特点。

本书为高等职业本专科院校电子信息工程、通信、物联网、自动化、机电等专业的教材，也可作为开放大学、成人教育、自学考试、中职学校和培训班的教材，还可作为工程技术人员的参考书。

本书配有电子教学课件、习题参考答案等，详见前言。

未经许可，不得以任何方式复制或抄袭本书之部分或全部内容。
版权所有，侵权必究。

图书在版编目（CIP）数据

网络集成与综合布线 / 王书旺，吴珊珊主编. —北京：电子工业出版社，2016.1
全国高等职业院校规划教材. 精品与示范系列
ISBN 978-7-121-27003-1

Ⅰ. ①网… Ⅱ. ①王… ②吴… Ⅲ. ①计算机网络—高等职业教育—教材 Ⅳ. ①TP393

中国版本图书馆 CIP 数据核字（2015）第 195638 号

策划编辑：陈健德（E-mail：chenjd@phei.com.cn）
责任编辑：张　京
印　　刷：三河市鑫金马印装有限公司
装　　订：三河市鑫金马印装有限公司
出版发行：电子工业出版社
　　　　　北京市海淀区万寿路 173 信箱　邮编 100036
开　　本：787×1 092　1/16　印张：17.5　字数：448 千字
版　　次：2016 年 1 月第 1 版
印　　次：2016 年 1 月第 1 次印刷
定　　价：39.50 元

凡所购买电子工业出版社图书有缺损问题，请向购买书店调换。若书店售缺，请与本社发行部联系，联系及邮购电话：（010）88254888。
质量投诉请发邮件至 zlts@phei.com.cn，盗版侵权举报请发邮件至 dbqq@phei.com.cn。
服务热线：（010）88258888。

前言

21世纪是信息化时代，信息交换的数量与速度将远远超出人们的想象，人与人之间的信息交流形式和范围越来越宽广，社会将有大量的信息需要进行交换和处理，社会中许多行业岗位将需要大量懂得通信和网络技术的技能型人才。在进行大量企业岗位技能需求调研的基础上，根据教育部最新的职业教育教学改革要求，结合国家骨干院校重点专业建设课程改革成果及作者多年的实践教学与校企合作经验，编写了本书。

本书主要通过多个实际工程案例，以典型系统集成的工作过程为逻辑主线，系统地阐述系统集成的基本概念和分类，并以网络系统集成为例介绍网络集成与综合布线的步骤、关键技术及重点。内容紧贴行业实践需要，以实际工程为例来讲解知识要点，使学生在学校能尽可能多地掌握工程现场和工程实际的知识，用较短时间学到职业岗位工作技能，同时培养良好的职业素质和工作习惯。本书主要内容包括系统集成的基本概念和基本原理，网络系统集成的需求分析，计算机网络系统设计、网络系统集成工程使用的主要设备及选型，综合布线的系统标准与设计，综合布线工程施工、测试与验收等。全书以职业岗位工作技能训练为重点，充分体现"工学结合、学以致用"的课程特点。

本书为高等职业本专科院校电子信息工程、通信、物联网、自动化、机电等专业的教材，也可作为开放大学、成人教育、自学考试、中职学校和培训班的教材，以及工程技术人员的参考书。

本书由南京信息职业技术学院王书旺、吴珊珊任主编，于宝明、胡国兵任副主编。其中，胡国兵、刘哲涵编写第1、2章，王书旺编写第3章，吴珊珊编写第4章，刘哲涵编写第5、6章，于宝明编写第7章。本书在编写过程中得到多家校企合作企业工程技术人员的大力支持和帮助，在此一并表示感谢。

尽管本书力图比较全面地介绍网络集成与综合布线的基本知识及工程实践，但限于作者的水平，缺点和错误在所难免，恳请广大读者批评指正。

为方便教学，本书配有免费的电子教学课件、习题参考答案，请有需要的教师登录华信教育资源网（http://www.hxedu.com.cn）免费注册后进行下载，如有问题请在网站留言或与电子工业出版社联系（E-mail:hxedu@phei.com.cn）。

编 者

目　录

第1章　系统集成的分类、组成与实现 (1)
1.1　系统集成的基本概念 (1)
1.1.1　系统集成分类 (2)
1.1.2　系统集成包含的内容 (3)
1.2　智能建筑系统集成 (3)
1.2.1　智能建筑的组成 (5)
1.2.2　智能建筑系统集成的关键技术 (6)
1.2.3　智能建筑系统集成存在的问题 (9)
1.3　安防系统集成 (9)
1.3.1　防盗报警系统 (10)
1.3.2　视频监控系统 (13)
1.3.3　门禁系统 (17)
1.4　计算机网络系统集成 (23)
1.4.1　计算机网络系统集成的概念 (23)
1.4.2　网络系统集成的开发实施过程 (24)
1.4.3　网络系统设计的步骤和设计原则 (25)
思考与练习题1 (29)

第2章　计算机网络基础 (30)
2.1　计算机网络的组成与分类 (30)
2.1.1　计算机网络的发展 (30)
2.1.2　计算机网络的组成 (33)
2.1.3　计算机网络的分类 (35)
2.2　计算机网络的拓扑结构 (36)
2.2.1　有线局域网拓扑结构设计 (36)
2.2.2　无线局域网拓扑结构设计 (48)
2.3　计算机网络通信协议 (50)
2.3.1　OSI模型 (51)
2.3.2　TCP/IP协议 (51)
2.3.3　IEEE 802标准 (59)
2.4　IP规划 (61)
2.4.1　IP地址 (62)
2.4.2　ARP协议 (64)

2.4.3　子网划分 (65)
　2.5　域名系统 (67)
　　　2.5.1　域名的结构 (67)
　　　2.5.2　DNS 服务原理 (68)
　2.6　VLAN 划分 (69)
　　　2.6.1　VLAN 的划分方法 (71)
　　　2.6.2　VLAN 的工作过程 (72)
　思考与练习题 2 (75)

第 3 章　计算机网络设计 (76)
　3.1　用户需求分析 (76)
　　　3.1.1　用户情况与业务需求分析 (76)
　　　3.1.2　用户性能需求分析 (77)
　　　3.1.3　服务管理需求分析 (81)
　3.2　硬件设备及其选型 (86)
　　　3.2.1　网卡 (86)
　　　3.2.2　集线器 (90)
　　　3.2.3　交换机 (91)
　　　3.2.4　路由器 (98)
　　　3.2.5　三层交换机与无线 AP (108)
　　　3.2.6　防火墙 (114)
　　　3.2.7　服务器 (124)
　3.3　功能与软件选择 (130)
　　　3.3.1　操作系统 (130)
　　　3.3.2　邮件服务器系统 (140)
　　　3.3.3　数据库系统 (143)
　　　3.3.4　ERP 系统 (149)
　思考与练习题 3 (154)

第 4 章　电线电缆 (155)
　4.1　命名规则 (155)
　　　4.1.1　电线电缆的命名 (155)
　　　4.1.2　光缆的命名 (157)
　4.2　双绞线 (160)
　　　4.2.1　音频线缆 (160)
　　　4.2.2　数据通信线缆 (165)
　　　4.2.3　双绞线的性能指标 (166)
　4.3　同轴电缆 (167)
　　　4.3.1　网络同轴电缆 (168)
　　　4.3.2　视频同轴电缆 (168)

- 4.4 光纤和光缆 (169)
  - 4.4.1 光纤的种类 (169)
  - 4.4.2 光纤的主要参数 (169)
  - 4.4.3 光纤预处理 (172)
  - 4.4.4 光纤的连接 (173)
  - 4.4.5 光缆 (175)
- 4.5 电线电缆连接装置 (177)
  - 4.5.1 配线架 (177)
  - 4.5.2 连接器 (181)
- 思考与练习题 4 (187)

第5章 综合布线系统标准与设计 (188)

- 5.1 综合布线的概念与特点 (188)
  - 5.1.1 综合布线的定义 (188)
  - 5.1.2 综合布线的发展历史 (189)
  - 5.1.3 综合布线的优点 (189)
  - 5.1.4 综合布线的意义 (191)
- 5.2 综合布线标准 (192)
  - 5.2.1 TIA/EIA 标准 (192)
  - 5.2.2 ISO/IEC 标准 (193)
  - 5.2.3 国内综合布线标准 (194)
- 5.3 综合布线系统的构成 (195)
  - 5.3.1 工作区子系统 (195)
  - 5.3.2 水平配线子系统 (196)
  - 5.3.3 干线子系统 (197)
  - 5.3.4 设备间子系统 (198)
  - 5.3.5 管理子系统 (198)
  - 5.3.6 建筑群子系统 (198)
- 5.4 综合布线系统设计等级 (199)
  - 5.4.1 基本型综合布线系统 (199)
  - 5.4.2 增强型综合布线系统 (199)
  - 5.4.3 综合型综合布线系统 (199)
- 5.5 综合布线设计准则 (200)
- 5.6 综合布线系统设计 (201)
  - 5.6.1 工作区子系统设计 (201)
  - 5.6.2 水平配线子系统设计 (202)
  - 5.6.3 垂直干线子系统设计 (202)
  - 5.6.4 设备间子系统设计 (203)
  - 5.6.5 管理子系统设计 (204)

5.6.6　建筑群子系统设计 ··· (205)
　　　5.6.7　接地系统 ·· (206)
　5.7　综合布线系统计算机辅助设计软件 ·· (208)
　思考与练习题 5 ·· (210)

第 6 章　综合布线工程施工 ·· (212)

　6.1　综合布线工程安装施工的要求和准备 ··· (212)
　　　6.1.1　综合布线工程安装施工的要求 ··· (212)
　　　6.1.2　综合布线工程安装施工前的准备 ·· (213)
　6.2　施工阶段各个环节的技术要求 ··· (215)
　　　6.2.1　工作区子系统 ·· (215)
　　　6.2.2　配线子系统 ··· (215)
　　　6.2.3　干线子系统 ··· (216)
　　　6.2.4　设备间子系统 ·· (216)
　　　6.2.5　管理子系统 ··· (216)
　　　6.2.6　建筑群子系统 ·· (217)
　6.3　槽管施工 ··· (217)
　　　6.3.1　弱电沟 ··· (217)
　　　6.3.2　预埋槽管 ·· (217)
　　　6.3.3　桥架、金属线槽的安装 ·· (219)
　　　6.3.4　管内穿线 ·· (219)
　6.4　电力电缆施工 ··· (221)
　　　6.4.1　施工工艺流程 ·· (221)
　　　6.4.2　工艺要求 ·· (221)
　6.5　双绞线电缆施工 ·· (222)
　　　6.5.1　建筑物主干布线子系统缆线敷设的基本要求 ······························· (223)
　　　6.5.2　建筑物主干布线子系统的缆线敷设 ··· (224)
　　　6.5.3　水平布线子系统的电缆施工 ·· (226)
　　　6.5.4　缆线的终端和连接 ·· (228)
　6.6　光缆施工 ··· (230)
　　　6.6.1　光缆施工敷设的一般要求 ··· (231)
　　　6.6.2　光缆的敷设 ··· (231)
　　　6.6.3　光缆的接续和终端 ·· (233)
　6.7　接地安装工程 ··· (238)
　　　6.7.1　施工工艺流程 ·· (238)
　　　6.7.2　工艺要求 ·· (239)
　6.8　系统设备安装 ··· (241)
　　　6.8.1　设备安装的基本要求 ··· (241)
　　　6.8.2　设备安装的具体要求 ··· (242)

6.9 综合布线施工中的常用材料和施工工具 (243)
    6.9.1 综合布线施工中的常用材料 (243)
    6.9.2 综合布线施工中的常用施工工具 (243)
6.10 综合布线工程的施工配合 (243)
6.11 机房工程 (244)
    6.11.1 机房工程子系统 (244)
    6.11.2 机房工程设计原则 (248)
    6.11.3 机房工程设计标准 (249)
    6.11.4 机房工程施工 (249)
    6.11.5 机房工程施工的注意事项 (252)
思考与练习题 6 (254)

第 7 章 综合布线工程验收 (255)
7.1 验收的依据和规范 (255)
7.2 验收项目 (257)
    7.2.1 设备安装 (257)
    7.2.2 光缆和电缆的布放检查 (258)
    7.2.3 楼外电缆和光缆的布放 (258)
    7.2.4 缆线终端 (259)
    7.2.5 系统测试 (259)
    7.2.6 工程总验收 (265)
7.3 验收流程 (267)
    7.3.1 验收组织准备 (267)
    7.3.2 现场（物理）验收 (267)
    7.3.3 工程竣工技术文件 (268)
7.4 综合布线工程鉴定 (269)
思考与练习题 7 (270)

第1章 系统集成的分类、组成与实现

1.1 系统集成的基本概念

所谓系统集成（SI, System Integration），就是通过结构化的综合布线系统和计算机网络技术，将各个分离的设备（如个人计算机）、功能和信息等集成到相互关联的、统一和协调的系统之中，使资源达到充分共享，实现集中、高效、便利的管理。美国信息技术协会（ITAA, Information Technology Association of America）对系统集成的定义是：根据一个复杂的信息系统或子系统的要求，把多种产品和技术验明，并连入一个完整的解决方案的过程。因此，系统集成是指在系统工程科学方法的指导下，根据用户需求，优选各种技术和产品，将各个分离的子系统连接成为一个完整、可靠、经济和有效的整体，并使之能彼此协调工作，发挥整体效益，达到整体性能最优。也就是说，不但所有部件和成分合在一起后能正常工作，而且全系统是低成本的、高效率的、性能匀称的、可扩展和可维护的。

系统集成包括功能集成、网络集成、软件界面集成等多种集成技术。系统集成实现的关键在于解决系统之间的互连和互操作性问题，它是一个多厂商、多协议和面向各种应用的体系结构。这需要解决各类设备、子系统间的接口、协议、系统平台、应用软件等与子系统、建筑环境、施工配合、组织管理和人员配备相关的一切面向集成的问题。

系统集成作为一种新兴的服务方式，是近年来国际信息服务业中发展势头最猛的一个行业。

系统集成的本质就是最优化的综合统筹设计。系统集成包括软件、硬件、操作系统技术、数据库技术、网络通信技术等的集成，以及不同厂家产品选型、搭配的集成。系统集成所要达到的目标是整体性能最优，即所有部件和成分合在一起后不但能工作，而且全系统是低成本的、高效率的、性能匀称的、可扩充性和可维护的系统，为了达到此目标，系统集成的完成者是至关重要的。

系统集成技术人员不仅要精通各个厂商的产品和技术，能够提出系统模式和技术解决方案。更要对用户的业务模式、组织结构等有较好的理解。同时还要能够用现代工程学和项目管理的方式，对信息系统各个流程进行统一的进程和质量控制，并提供完善的服务。

系统集成有以下几个显著特点：
- 系统集成的根本目的是满足用户的需求；
- 系统集成不是简单地选择最好的产品，而是综合考虑用户需求、投资规模、主流技术、产品性能等多种因素；
- 系统集成不是简单地提供设备，它更多地体现在系统设计、技术选择、设备选型、系统调试与开发等方面；
- 系统集成包含技术、管理和商务等方面，是一项综合性的系统工程；
- 技术是系统集成工作的核心，管理和商务活动是系统集成项目成功实施的可靠保障；
- 评价一个系统集成项目设计是否合理、实施是否成功的重要参考因素是系统的最终性价比。

总而言之，系统集成是一种商业行为，也是一种管理行为，其本质是一种技术行为。

随着系统集成市场的规范化、专业化发展，系统集成商将趋于以下三方向发展。

（1）产品技术服务型：不进行任何产品开发和生产，但对某一类产品的应用非常熟悉。以原始厂商的产品为中心，对特定项目提供具体技术实现方案，完成此项目的最终集成服务。

（2）系统咨询型：对客户系统项目提供可行性评估、项目投资评估、应用系统模式、具体技术解决方案等咨询项目。或直接承接该项目的建设，负责对产品技术服务型和应用产品开发型的系统集成商进行项目招标、并负责项目管理。

（3）应用产品开发型：与用户合作共同规划、设计应用系统模型，与用户共同完成应用软件系统的设计开发，对行业知识和关键技术具有大量的积累，具有一批既懂行业知识又懂相应系统的专业人员。为用户提供全面系统解决方案，完成最终的系统集成。

1.1.1 系统集成分类

系统集成可分为设备系统集成和应用系统集成两大类。

设备系统集成，也可称为硬件系统集成，一般简称系统集成或弱电系统集成，以区分机电设备安装类的强电集成。它指以搭建组织机构内的信息化管理支持平台为目的，利用综合布线技术、楼宇自控技术、通信技术、网络互联技术、多媒体应用技术、安全防范技术、网络安全技术等将相关设备、软件进行集成设计、安装调试、界面定制开发和应用支持。

设备系统集成也可分为智能建筑系统集成、计算机网络系统集成、安防系统集成。

智能建筑系统集成（Intelligent Building System Integration）指以搭建建筑主体内的建筑智能化管理系统为目的，利用综合布线技术、楼宇自控技术、通信技术、网络互联技术、多媒体应用技术、安全防范技术等将相关设备、软件进行集成设计、安装调试、界面定制开发和应用支持。智能建筑系统集成实施的子系统包括综合布线、楼宇自控、电话交换机、机房工程、监控系统、防盗报警、公共广播、门禁系统、楼宇对讲、一卡通、停车管理、消防系统、多媒体显示系统、远程会议系统。对于功能近似、统一管理的多幢住宅楼的智能建筑系统集成，又称为智能小区系统集成。

计算机网络系统集成（Computer Network System Integration）指通过结构化的综合布线系统和计算机网络技术，将各个分离的设备（如个人计算机）、功能和信息等集成到相互关联的、统一和协调的系统之中，使资源达到充分共享，实现集中、高效、便利的管理。

安防系统集成（Security System Integration）指以搭建组织机构内的安全防范管理平台为目的，利用综合布线技术、通信技术、网络互联技术、多媒体应用技术、安全防范技术、网络安全技术等将相关设备、软件进行集成设计、安装调试、界面定制开发和应用支持。安防系统集成实施的子系统包括门禁系统、楼宇对讲系统、监控系统、防盗报警、一卡通、停车管理、消防系统、多媒体显示系统、远程会议系统。安防系统集成既可作为一个独立的系统集成项目，又可作为一个子系统包含在智能建筑系统集成中。

应用系统集成（Application System Integration）以系统的高度为客户需求提供应用的系统模式，以及实现该系统模式的具体技术解决方案和运作方案，即为用户提供一个全面的系统解决方案。应用系统集成已经深入到用户具体业务和应用层面，在大多数场合，应用系统集成又称为行业信息化解决方案集成。应用系统集成可以说是系统集成的高级阶段，独立的应用软件供应商将成为核心。系统集成还包括构建各种 Windows 和 Linux 的服务器，使各服务器间可以有效地通信，给客户提供高效的访问速度。

1.1.2 系统集成包含的内容

客户行业知识：要求对客户所在行业的业务、组织结构、现状、发展，有较好的理解和掌握，以保证完成的系统既能满足目前的需求，又能满足一定时间后可能的扩展需求。

技术解决方案：以系统的高度为客户需求提供应用的系统模式，以及实现该系统模式的具体技术解决方案和运作方案，即为用户提供一个全面的系统解决方案。

产品技术：熟悉系统各部分设备厂商提供的产品，掌握系统集成商自有研发产品。

管理：对项目销售、售前、工程实施、质量控制、售后服务过程进行统一管理。

服务：随着行业的健康发展和规范化，系统服务的质量已逐渐成为重要参考点。

1.2 智能建筑系统集成

智能建筑的系统集成就是借助综合布线系统和计算机网络技术，以构成智能建筑 BA（Building Automation，楼宇自动化）、OA（Office Automation，办公自动化）和 CA（Communication Automation，通信自动化）三大要素为核心，将语音、数据和图像等信号经过统一的筹划设计综合在一套综合布线系统中，并通过贯穿于大楼内外的布线系统和公共通信网络，以及协调各类系统和局域网之间的接口和协议，把那些分离的设备、功能和信息有机地连成一个整体，从而构成一个完整的系统。使资源达到高度共享、管理高度集中。

智能建筑系统总体功能通常划分为三个层次：设备级集成、系统级集成和经营管理级集成。设备级集成完成系统的硬件资源连接，实现底层设备的联动和各种基本控制功能等；系统级集成完成各分、子系统内部的集成及各分、子系统间的互连，实现系统间的数据通信和资源共享，同时在互连的基础上完善它们之间功能上的协调控制；经营管理级集成是面向用户的高层次功能集成，在实现系统基本功能的基础上，满足建筑物综合服务管理的需要，使系统的楼宇设备控制管理、信息通信和信息管理等基本功能与建筑物的经营管理有机地融合为一体，最终实现智能建筑的最优化目标。

智能建筑系统组成示例如图 1-1 所示。

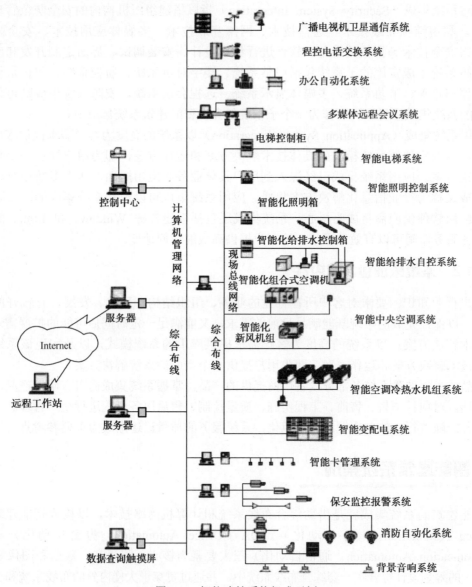

图 1-1　智能建筑系统组成示例

1.2.1 智能建筑的组成

在智能建筑的组成结构中，建筑设备自动化系统（BAS，Building Automation System）是智能建筑存在的基础；通信网络系统（CNS，Communication Network System）是沟通建筑物内外信息传输的通道；信息网络系统（INS，Information Network System）则向智能建筑内的人们提供网络应用平台，为人们的工作和生活创造方便快捷的环境；综合布线系统（GCS，Generic Cabling System）是为上述子系统提供信息传输、交换的物理网络。

1. 建筑设备自动化系统

BAS 也被称为建筑自动控制系统，是"将建筑物或建筑群内的电力、照明、空调、给排水、防灾、保安、车库管理等设备或系统，以集中监视、控制和管理为目的，构成综合系统"，广义而言主要包括楼宇设备控制系统、安全防范系统（SAS，Security Automation System）、消防报警系统（FAS，Fire Alarm System）三大部分，狭义的 BAS 则专指楼宇控制系统。

上述三大部分可以采用以楼宇设备控制系统为主的模式来进行集成（俗称小 3A 集成），是以控制为目的所做的控制信息集成；也可以在以太网平台上做各子系统平等地位的一体化集成，构成建筑物集成管理系统（BMS，Building Management System）。停车场管理系统（CPS，Car Parking System）有时也被划入其中。

随着网络技术的发展，BAS 正在由集散控制系统（DCS，Distributed Control System）结构模式向现场总线控制系统（FCS，Fieldbus Control System）结构模式过渡。FCS 模式简化了网络结构，用一条总线就可将系统所有的监控模块连接起来，使整个系统的可靠性大为提高，同时通过在总线上增减节点就能随意增加或减少监控模块，因此系统有很强的扩展能力。

基于现场总线的 BAS 系统多由二级网络组成，上级网络多为以太网，支持 10/100 MB/s 的传输速率，下级网络为现场总线网络，两级网之间通过网络控制器完成数据的传输、交换和共享。在一定程度上可以认为，以 Lonworks 等现场总线控制技术为核心、以工业过程控制数据交换标准接口［OPC（Object Linking and Embedding（OLE）for Process Control）］集成技术为纽带将是建筑物自动化系统发展的主要特点。

2. 通信网络系统

通信网络系统包括数字程控交换机 PABX、无线通信系统、卫星通信系统、有线广播系统、电视会议系统等，它是建筑物内语音、数据、图像传输的基础设施，又与外部通信网络（公用电话网、综合业务数字网、计算机互联网、数据通信网及卫星通信网等）相连，可确保建筑物内外信息的畅通和实现信息共享。

智能建筑对 CNS 所需服务的要求可归纳为"5W1H"。5W 指无论是谁或与谁进行通信 Whoever/Whomever（通信自由性选择）、无论采用什么方式进行通信 Whatever（通信服务多样性）、无论是什么时间进行通信 Whenever（通信随时性）、无论在哪里与哪里进行通信 Wherever（通信全方位、无约束性），1H 是指无论怎样进行通信 However（通信操作方便、实时、安全性）。

3. 信息网络系统

信息网络系统（INS）主要由计算机网络、数据库、服务器、工作站、网关、路由器等网络设备及软件构成。由于数据网络可以把语音、视频、数据、因特网服务有机地联系起来，把建筑物内的服务及与外界的宽带联系起来，因此，数据网络的发展极为迅速，人们在这方面的需求呈级数增长。在网络应用的基础上，为人们的工作带来方便，使人们的部分办公业务借助于各种办公设备，并由这些办公设备与办公人员构成服务于某种办公目标的人机信息系统。

信息网络系统也可以应用计算机技术、通信技术、多媒体技术和行为科学等先进技术来从事电子商务或视频点播、游戏娱乐等活动而丰富人们的生活。更可以进一步实现部门的管理信息系统（MIS，Management Information System）和决策支持系统（DSS，Decision Support System），视管理对象不同，有时还可包括楼宇物业管理及三表抄送等内容。

4. 综合布线系统

综合布线系统是建筑物或建筑群内部之间的传输网络，用于语音和计算机网络的通信，是智能建筑重要的基础设施之一。它能使建筑物或建筑群内部的语音、数据通信设备、信息交换设备、建筑物物业管理及建筑物自动化管理设备等系统之间彼此相连，也能使建筑物内通信网络设备与外部的通信网络相连。

它可根据需要灵活地改变建筑物内的布线结构，有很强的通用性，可将建筑物内的语音、数据、视频传输融为一体，结构化综合布线系统的应用使智能建筑的语音通信和数据通信更加完美。

1.2.2 智能建筑系统集成的关键技术

智能建筑包含的系统多、技术含量高，工程内容、种类十分复杂，施工队伍来自不同单位，各子系统、各工种的工程进度互有先后、并迭，工作内容互为条件、基础。这就要运用系统工程的思想和观点，合理地组合和规范智能建筑系统开发的各个阶段先后次序和进度安排。过程组织的集成包括系统集成分析、系统集成设计、集成系统实施、集成系统评价四个阶段。

通信的集成是智能建筑系统集成的基础。通信集成的目标是实现多种设备业务相互交换数据，有通路而不能通信就谈不上数据的共享和子系统之间的联动。

智能建筑系统通信集成如图1-2所示。

控制的集成目标是希望将所有的监控单元纳入一个系统框架内。要解决子系统之间的互通互连，如图1-3所示。

管理信息的集成目标是在实现各类数据共享的基础上构建智能建筑的信息管理系统和信息发布系统，最终实现数字城市、数字国家、数字地球。

智能建筑系统中的信息管理如图1-4所示。

第1章　系统集成的分类、组成与实现

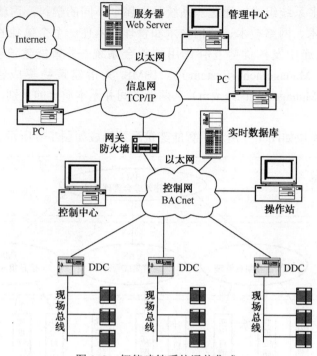

图1-2　智能建筑系统通信集成

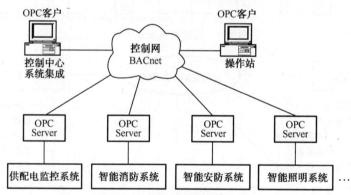

图1-3　智能建筑系统控制集成

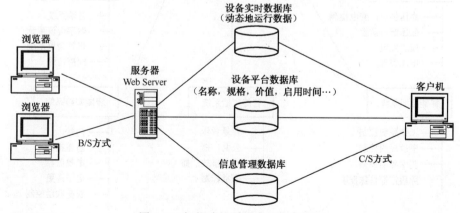

图1-4　智能建筑系统中的信息管理

网络集成与综合布线

智能建筑由许多系统组成，而这些系统分别属于不同的学科，这就需要系统集成者借助先进的计算机技术、网络技术、通信技术和管理技术使一个个单独的子系统有机组合，形成一个能够在互连中发挥优势互补作用的整合系统——智能建筑管理系统（IBMS，Intelligent Building Management System）。IBMS 又指建筑物集成管理系统（IBMS，Integrated Building Management System），两者之间并无本质上的差别，其所代表的含义是一致的。

智能建筑系统模块如图 1-5 所示。智能建筑系统构成如图 1-6 所示。

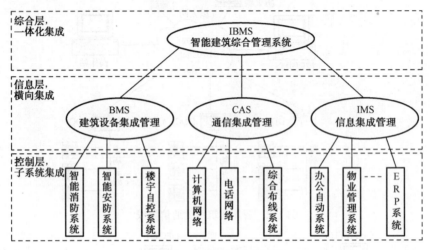

图 1-5　智能建筑系统模块

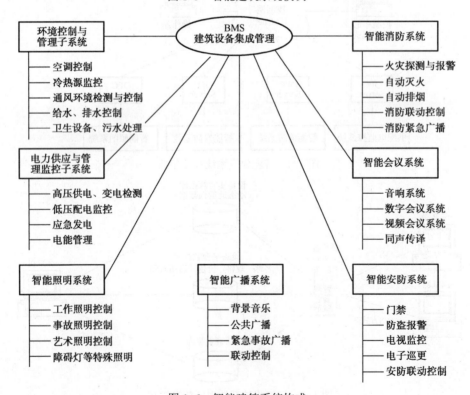

图 1-6　智能建筑系统构成

1.2.3 智能建筑系统集成存在的问题

1. 子系统相互孤立

已经建成的智能建筑虽然涵盖了众多子系统，但多数智能大厦是按照各子系统分立进行的，各子系统相互孤立，没能够实现系统集成。对智能大厦的资源没有进行有效的优化配置，对降低建筑电气设备投资和能耗效果不大。

2. 系统集成重点不突出

据统计，中央空调系统、弱电系统和发配电系统占智能化建筑电气系统总投资的86%以上。因此，集成应重点对该部分的资源进行有效的优化配置，这对大厦建筑电气设备的节能和降低投资有重要的意义。

3. 系统集成概念理解错位

智能化系统集成，应是在建筑设备监控系统、安全防范系统、火灾自动报警及消防联动系统等各分部工程的基础上，实现建筑物管理系统（BMS）集成。BMS可进一步与信息网络系统（INS）、通信网络系统（CNS）进行系统集成，实现智能建筑管理集成系统（IBMS）。而目前大多仍停留在传统意义上的、以弱电系统为主的智能设计。

1.3 安防系统集成

安全防范系统（简称安防系统，Security System）就是利用音视频、红外、探测、微波、控制、通信等多种科学技术，采用各种安防产品和设备，给人们提供一个安全的生活和工作环境的系统。达到事先预警、事后控制和处理的效果，保护建筑（大厦、小区、工厂）内外人身及生命财产安全。

安防系统集成（Security System Integration）是指以搭建组织机构内的安全防范管理平台为目的，利用综合布线技术、通信技术、网络互联技术、多媒体应用技术、安全防范技术、网络安全技术等将相关设备、软件进行集成设计、安装调试、界面定制开发和应用支持。

安全防范系统是技防和人防结合的系统，利用先进的技防系统弥补人防本身的缺陷，用科学技术手段提高人们生活和工作环境的安全度。

除了技防系统，还必须有严格训练和培训的高素质安保人员，只有通过人防和技防的结合防范才能提供一个真正的安防系统。强大的接警中心和高效的公安机关是安防系统的核心。

狭义的安全防范系统就是防盗报警系统（Intruder Alarm System），它由三部分构成：前端报警探头（包括红外探测器、微波探测器、震动电缆、围栏、紧急按钮、窗门磁、烟感传感器、温度传感器等）、传输部分（包括电源线和信号线、传输设备）和报警主机。

广义的安全防范系统包括闭路电视监控系统（CCTV System）、门禁系统（Access Control System）和防盗报警系统（Intruder Alarm System），这是国际上主流的应用。在国内来讲还包括防盗门、保险柜、金属探测系统、安检系统等。

安防系统集成实施的子系统包括门禁系统、楼宇对讲系统、监控系统、防盗报警系统、电子巡查系统、一卡通、停车管理系统、消防系统、多媒体显示系统、远程会议系统。安防系统集成既可作为一个独立的系统集成项目，又可作为一个子系统包含在智能建筑系统集成中。

1.3.1 防盗报警系统

通常，包括智能大厦在内的现代化的大型建筑物，在其内部的主要设施和要害部门都要求设置防盗报警装置，这些场所包括：停车场、大堂、商场、银行、餐厅、酒吧、娱乐场所、设备间、仓库、写字楼层及其公共部分、大厦周围及主要场所的出入口等。

防盗报警系统的设计应当从实际需要出发，尽可能使系统结构简单、可靠。设计时应遵循的基本原则如下。

（1）系统必须可靠，具有自动防止故障的特性，即使工作电源发生故障，系统也必须处于随时能够工作的状态；

（2）系统应具备一定的扩充能力，以适应后续使用功能的扩展；

（3）报警器应安装在非法闯入者不易达到的位置，通往报警器的线路最好采用暗埋方式；

（4）传感器或探测器尽量安装在不引人注意的地方，且当受损时易于发现，并得到相应的处理；

（5）系统应当符合我国有关的国家标准，即集散型结构，通过总线方式将报警控制中心与现场控制器连接起来，探测器则连接到现场控制器上，在难于布线的局部区域宜采用无线通信设备；

（6）系统所使用的部件应尽量采用标准部件，以便于系统的维护和检修；

（7）系统必须采用多层次、立体化的防卫方式，如周边设防、区域布防和目标保护。在目标保护中不能有监控盲区的出现。

防盗报警系统的构成如图1-7所示。

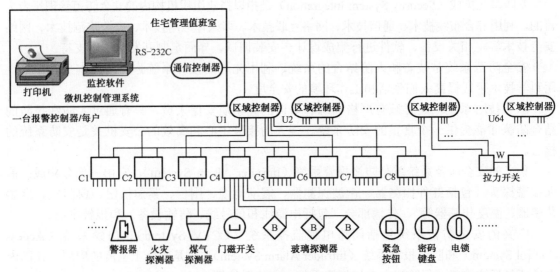

图1-7 防盗报警系统的构成

1. 探测器

入侵探测器是安防报警系统的输入部分，是用来探测入侵者入侵时所发生的移动或其他动作的装置。它通常由传感器、信号处理器和输出接口组成，简单的入侵探测器可以没有信号处理器和输出接口。

探测器包括开关式探测器、玻璃破碎探测器、人体探测器、光束遮挡式探测器、振动探测器、移动探测器、电子围栏等。此外，为了防止发生抢劫事件及在发生紧急情况时报警，还要在需要的地方安装紧急按钮和脚踏开关等。

（1）按用途或使用的场所不同来分，探测器可分为户内型入侵探测器、户外型入侵探测器、周界入侵探测器、重点物体防盗探测器等。

（2）按探测器的探测原理不同或应用的传感器不同来分，探测器可分为雷达式微波探测器、微波墙式探测器、主动式红外探测器、被动式红外探测器、开关式探测器、超声波探测器、声控探测器、振动探测器、玻璃破碎探测器、电场感应式探测器、电容变化探测器、视频探测器、微波-被动红外双技术探测器、超声波-被动红外双技术探测器等。

（3）按探测器的警戒范围来分，探测器可分为点控制型探测器、线控制型探测器、面控制型探测器及空间控制型探测器，如表1-1所示。

表1-1 按探测器的警戒范围分类

警戒范围	探测器种类
点控制型	开关式探测器
线控制型	主动式红外探测器、激光式探测器、光纤式周界探测器
面控制型	振动探测器、声控-振动型双技术玻璃破碎探测器
空间控制型	雷达式微波探测器、微波墙式探测器、被动红外探测器、超声波探测器、声控探测器、视频探测器、微波-被动红外双技术探测器、超声波-被动红外双技术探测器、声控型单技术玻璃破碎探测器、次声波-玻璃破碎高频声响双技术玻璃破碎探测器、泄漏电缆探测器、振动电缆探测器、电场感应式探测器、电容变化式探测器

（4）按探测器的工作方式来分，探测器可分为主动式探测器与被动式探测器。

（5）按探测器输出的开关信号不同来分，探测器可分为常开型探测器和常闭型探测器及常开/常闭型探测器。

在选购、安装、使用入侵探测器时，必须对各种类型探测器的技术性能指标有所了解，否则必然会给使用带来很大的盲目性，以致达不到有效的安全防范的目的。

（1）漏报率：当危险情况出现时，报警器没有发出报警信号的现象叫作漏报警。漏报率是出现危险情况而未报警的次数占出现危险情况次数的百分比。

（2）探测率：能准确探测到外来入侵的比例。由探测率和漏报率可见，它们之和应为100%。也就是说，探测率越高，漏报率越低；反之亦然。

（3）误报率：在没有任何危险情况出现时，报警器发出报警信号的现象叫作误报警。误报率是报警器在单位时间内没有出现危险情况而产生报警的次数。单位时间用年、月、日均可。

（4）探测范围：探测范围通常可以用探测距离、探测视场角或探测面积（体积）来表示。

例如，某一被动红外探测器的探测范围为一立体扇形空间区域。表示成：探测距离 ≥ 15 m；水平视场角为 $120°$；垂直视场角为 $43°$；某一微波探测器的探测面积 ≥ 100 m^2；某一主动红外探测器的探测距离为 150 m。

（5）报警传送方式，最大传输距离。传送方式是指有线或无线传送方式。最大传输距离是指在探测器发挥正常警戒功能的条件下，从探测器到报警控制器之间的最大有线或无线传输距离。

（6）探测灵敏度：是指能使探测器发出报警信号的最低门限信号或最小输入探测信号。该指标反映了探测器对入侵目标产生报警的反应能力。

（7）功耗：探测器在工作时间的功率消耗，分为静态（非报警状态）功耗及动态（报警状态）功耗。

（8）工作电压和电流：探测器工作时的电源电压和电流（交流或直流）。

（9）工作环境：室内应用：-10 ℃～55 ℃；相对湿度$\leq$95%。室外应用：-20 ℃～75 ℃；相对湿度$\leq$95%。

（10）工作时间：探测器可持续正常工作的时间。

2. 现场控制器

现场控制器或防盗控制主机是带微处理器的控制器，当它接收到现场的报警信号时，一方面对现场报警点进行操作和控制，另一方面向监控中心传送有关的报警信息，在监控中心的显示屏上显示出来或在监控中心的打印机上把有关的报警信息打印记录下来。现场控制器的规格与数量完全取决于现场报警信号的数量和性质。

现场控制器的主要功能包括：

（1）接收带地址的报警信号；

（2）对不同性质的防区，通过编程确定防区的性质；

（3）可带控制键盘和液晶显示器，控制布防和撤防，有密码操作功能；

（4）输出信号带动报警器，输出标准信号推动联动设备；

（5）与监控中心的通信功能。

3. 监控中心

监控中心由控制计算机、高分辨率的大型彩色显示屏、中英文打印机、不间断电源（UPS）及与现场控制器的通信连接器组成。此外，应有密码操作功能、图形功能、报警处理功能、报警功能、报表功能、打印功能、资料处理功能及与 CCTV 系统有联动功能的软件支持。

监控中心的主要功能包括：

（1）接收现场报警、显示及打印报警信息，显示报警现场平面图形，报警点有明显的闪烁，对于与 CCTV 系统有联动功能的报警点则输出信息到 CCTV 系统；

第1章 系统集成的分类、组成与实现

（2）控制现场报警点的布防和撤防，或每天按时间程序进行布防和撤防。

1.3.2 视频监控系统

闭路电视监控系统（CCTV，Close Circuit Television）是智能建筑安防系统中不可缺少的一个子系统，通常在安防系统的监控中心设有数台甚至数十台闭路电视监视器，通过CCTV在监控中心可以随时观察到大厦入口、主要通道、客梯轿厢及重要安防部位的动态情况，从而保证了这些主要场所的安全。

1. 视频监控系统的发展

从技术角度出发，视频监控系统发展划分为第一代模拟视频监控系统（CCTV）、第二代基于"PC+多媒体卡"的数字视频监控系统（DVR）、第三代完全基于IP网络视频监控系统（IPVS）。

（1）第一代视频监控

第一代视频监控是传统模拟闭路视频监控系统（CCTV），依赖摄像机、电缆、录像机和监视器等专用设备。例如，摄像机通过专用同轴缆输出视频信号。电缆连接到专用模拟视频设备，如视频画面分割器、矩阵、切换器、卡带式录像机（VCR）及视频监视器等。模拟CCTV存在很多局限性。

① 监控能力有限。只支持本地监控，受到模拟视频线缆传输长度和线缆放大器的限制。

② 可扩展性有限。系统通常受到视频画面分割器、矩阵和切换器输入容量的限制。

③ 录像负载重。用户必须从录像机中取出或更换新录像带保存，且录像带易丢失、被盗或无意中被擦除。

④ 录像质量不高。录像是主要限制因素，录像质量随复制次数数量的增加而降低。

（2）第二代视频监控

第二代视频监控是当前"模拟-数字"监控系统（DVR）。"模拟-数字"监控系统是以数字硬盘录像机（DVR）为核心的半模拟-半数字方案。从摄像机到DVR仍采用同轴电缆输出视频信号，通过DVR支持录像和回放，并可支持有限IP网络访问。由于DVR产品五花八门，没有标准，所以这一代系统是非标准封闭系统，DVR系统仍存在很多局限性。

① 布线复杂。"模拟-数字"方案仍需要在每个摄像机上安装单独视频缆，导致布线的复杂性。

② 可扩展性有限。DVR典型限制是一次最多只能扩展16个摄像机。

③ 可管理性有限。用户需要外部服务器和管理软件来控制多个DVR或监控点。

④ 远程监视/控制能力有限。用户不能从任意客户机处访问任意摄像机，只能通过DVR间接访问摄像机。

⑤ 存在磁盘发生故障的风险。与RAID（Redundant Arrays of Independent Disks，磁盘阵列）冗余和磁带相比，"模拟-数字"方案录像没有保护，易于丢失。

（3）第三代视频监控

第三代视频监控是未来完全IP视频监控系统IPVS。全IP视频监控系统与前面两种方案相比存在显著区别。该系统的优势是摄像机内置Web服务器，并直接提供以太网端口。这些摄像机生成JPEG或MPEG4格式的数据文件，可供任何经授权客户机从网络中任何位置访问、监视、记录并打印，而不是生成连续模拟视频信号形式的图像。全 IP 视频监控系统的巨大优势如下。

① 简便性：所有摄像机都通过经济、高效有线或无线以太网简单地连接到网络，使用户能够利用现有局域网基础设施。可使用 5 类网络线缆或无线网络方式传输摄像机输出图像及水平、垂直、变倍（PTZ）控制命令（甚至可以直接通过以太网提供）。

② 强大中心控制：一台工业标准服务器和一套控制管理应用软件就可运行整个监控系统。

③ 易于升级与全面可扩展性：轻松添加更多摄像机。中心服务器将来能够方便升级到更快速处理器、更大容量磁盘驱动器以及更大带宽等。

④ 全面远程监视：任何经授权客户机都可直接访问任意摄像机。您也可通过中央服务器访问监视图像。

2. 典型视频监控系统的组成

典型的电视监控系统主要由前端监视设备、传输设备、后端控制显示设备这三大部分组成，其中后端设备可进一步分为中心控制设备和分控制设备。前、后端设备有多种构成方式，它们之间的联系（也可称作传输系统）可通过电缆、光纤或微波等多种方式来实现。

传统的闭路监控系统主要由摄像部分、传输部分、控制与显示记录部分及显示部分四大块组成。

（1）摄像部分

摄像部分是电视监控系统的前沿部分，是整个系统的"眼睛"。在被监视场所面积较大时，在摄像机上加装变焦距镜头，使摄像机所能观察的距离更远、更清楚；还可把摄像机安装在电动云台上，可以用云台带动摄像机进行水平和垂直方向的转动，从而使摄像机能覆盖的角度更大。

摄像机分彩色摄像机和黑白摄像机两种，一般根据监视对象的环境和要求选取。安装方式有固定和带云台两种。摄像机的清晰度用线表示，分为水平线和垂直线，线数越多，则清晰度越高。黑白摄像机的水平线大多在 450～600 线，而彩色摄像机的水平线大多在 230～420 线。

云台就是两个交流电组成的安装平台，可以水平和垂直运动。这里所说的云台有别于照相器材中的云台，照相器材的云台一般来说只是一个三脚架，只能通过手来调节方位；而监控系统所说的云台可以通过控制系统在远端控制其转动方向。云台有多种类型：按使用环境分为室内型和室外型，主要区别是室外型密封性能好，防水、防尘、负载大；按安装方式分为侧装和吊装，即云台是安装在天花板上还是安装在墙壁上；按外形分为普通型和球型，球型云台是把云台安置在一个半球形、球形防护罩中，除了防止灰尘干扰图像外，还隐蔽、美观、快速。在挑选云台时要考虑安装环境、安装方式、工作电压、负载大小，也要考虑性能价格比和外形是否美观。

如果摄像机只是固定监控某个位置，不需要转动，那么只用摄像机支架就可以满足要求。普通摄像机支架安装简单，价格低廉，而且种类繁多。普通支架有短的、长的、直的、弯的，可根据不同的要求选择不同的型号。室外支架主要考虑负载能力是否合乎要求，还有安装位置，因为从实践中发现，很多室外摄像机安装位置特殊，有的安装在电线

第1章 系统集成的分类、组成与实现

杆上，有的立于塔吊上，有的安装在铁架上。由于种种原因，现有的支架可能难以满足要求，需要另外加工或改进。

解码器的作用是用数据电缆接收来自控制主机发送的控制码，经其解码，放大输出，驱动云台的旋转及变焦镜头的变焦与聚焦。通常，解码器的电压放大输出，对云台的驱动电压为 AC 24V，对摄像头的驱动电压为 DC 7 V～12 V。在选择解码器时，应考虑到解码器与所配套的云台、镜头的技术参数量是否匹配，还要注意到解码器适合的工作环境。

在某些情况下，特别是在室外应用的情况下，为了防尘、防雨、抗高低温、抗腐蚀等，对摄像机及其镜头还应加装专门的防护罩，甚至对云台也要有相应的防护措施。防护罩主要分为室内和室外两种。室内防护罩的主要区别是体积大小、外形是否美观、表面处理是否合格。功能主要是防尘、防破坏。室外防护罩密封性能一定要好，保证雨水不能进入防护罩内部侵蚀摄像机。有的室外防护罩还带有排风扇、加热板、雨刮器，可以更好地保护设备。当天气太热时，排风扇自动工作；太冷时加热板自动工作；当防护罩玻璃上有雨水时，可以通过控制系统启动雨刮器。挑选防护罩时先看整体结构，安装孔越少越有利于防水，再看内部线路是否便于连接，最后还要考虑外观、质量、安装座等。

（2）传输部分

传输部分就是系统的图像信号通路。一般来说，传输部分单指的是传输图像、声音信号。同时，由于需要有控制中心通过控制台对摄像机、镜头、云台等进行控制，因而在传输系统中还包含控制信号的传输。

在传输方式上，近距离一般采用视频基带传送，通信介质为同轴电缆；也可采用射频无线传输，即视频图像信号调制到某一射频频道上进行传送；距离较远时可采用光纤传输，传输容量大，保密性好。对于远距离传输，需配备视频信号放大设备、图像信号的校正与补偿设备。

控制信号传输可采用通信编码间接控制，即采用串行通信编码控制，用双绞线传多路编码控制信号，到现场解码；或采用同轴视控传输方式，即控制信号与视频信号用一条同轴电缆。

（3）控制与显示记录部分

控制与显示记录部分负责对摄像机及其辅助部件（如镜头、云台）的控制，并对图像、声音信号的进行记录。

监视器是监控系统的标准输出，有了监视器人们才能观看前端送过来的图像。监视器分彩色、黑白两类，尺寸有 9、10、12、14、15、17、21 英寸等，常用的是 14 英寸的。监视器也有分辨率，同摄像机一样用线数表示，实际使用时一般要求监视器线数要与摄像机匹配。另外，有些监视器还有音频输入、S-video 输入、RGB 分量输入等，除了音频输入监控系统用到外，其余功能大部分用于图像处理工作，在此不作介绍。

当视频传输距离比较远时，最好采用线径较粗的视频线，同时可以在线路内增加视频放大器，增强信号强度，达到远距离传输目的。视频放大器可以增强视频的亮度、色度和同步信号，但线路内干扰信号也会被放大，另外，回路中不能串联太多的视频放大器，否则会出现饱和现象，导致图像失真。

一路视频信号对应一台监视器或录像机，若想将一台摄像机的图像送给多个管理者看，最好选视频分配器。因为并联视频信号衰减较大，送给多个输出设备后由于阻抗不匹配等原因，图像会严重失真，线路也不稳定。视频分配器除了阻抗匹配，还有视频增益，使视频信号可以同时送给多个输出设备而不受影响。

多路视频信号要送到同一处监控，可以一路视频对应一台监视器，但监视器占地面积大、价格高，如果不要求时时刻刻监控，可以在监控室增设一台切换器，把摄像机输出信号接到切换器的输入端，切换器的输出端接监视器，切换器的输入端分为 2、4、6、8、12、16 路，输出端分为单路和双路，还可以同步切换音频（视型号而定）。切换器有手动切换、自动切换两种工作方式，手动方式是想看哪一路就把开关拨到哪一路；自动方式是让预设的视频按顺序延时切换，切换时间通过一个旋钮可以调节，一般在 1～35 s 之间。切换器的价格很低（一般只有三五百元），连接简单，操作方便，但在一个时间段内只能看输入中的一个图像。要在一台监视器上同时观看多个摄像机图像，就需要用画面分割器。

画面分割器有四分割、九分割、十六分割几种，可以在一台监视器上同时显示 4、9、16 个摄像机的图像，也可以送到录像机上记录。四分割是最常用的设备之一，其性能价格比也较好，图像的质量和连续性可以满足大部分要求。九分割和十六分割价格较高，而且分割后每路图像的分辨率和连续性都会下降，录像效果不好。另外还有六分割、八分割、双四分割设备，但图像比率、清晰度、连续性并不理想，市场使用率更小。大部分分割器除了可以同时显示图像外，可以显示单幅画面，可以叠加时间和字符，设置自动切换，连接报警器材。

监控系统中最常用的记录设备是民用录像机和长延时录像机，因其操作简单，录像带也容易保存和购买。与家用录像机不同，延时录像机可以长时间工作，可以录制 24 小时（用普通 VHS 录像带）甚至上百小时的图像，可以连接报警器材，收到报警信号自动启动录像，可以叠加时间日期，可以编制录像机自动录像程序，选择录像速度，录像带到头后是自动停止还是倒带重录……延时录像机的性能虽然出众，但价格不菲，而且目前分辨率不是很高，在延时录像时也会丢失一部分图像，回放的图像是跳跃的。

数字硬盘录像设备（简称 DVR）在闭路电视监控行业中已是焦点产品之一。以 DVR 为核心组成的数字硬盘录像监控系统将会成为传统录像监控系统的替代产品。数字录像技术的诞生，使得快速检索、高清晰重播图像成为可能。

数字硬盘录像监控系统以其功能集成化、录像数字化、使用简单化、监控智能化、控制网络化等优势，在安防领域得到了广泛重视，将成为传统录像监控系统的替代产品。

按功能区分，数字硬盘录像机可分为以下几种。

（1）单路数字硬盘录像机：如同一台长时间录像机，只不过使用数字方式录像，可搭配一般的影像压缩处理器或分割器等设备使用。

（2）多画面数字硬盘录像机：本身包含多画面处理器，可用画面切换方式同时记录多路图像。

（3）数字硬盘录像监控主机：集多画面处理器、视频切换器、录像机的全部功能于一体，本身可连接报警探测器，其他功能还包括：可进行移动侦测，可通过解码器控制云台旋转和镜头伸缩，可通过网络传输图像和控制信号等。

以解压缩方式区分，又分为硬解压和软解压两大类。硬解压是指由专门设计的电路和单片机晶片内的底层软件完成解压；软解压是指用计算机主机和高级语言编制的软件解压。通过实际工程应用总结，发现硬压缩和解压比软件更真实可靠，原因是软件方式依赖于成本低廉、机箱庞大的计算机,并非闭路电视领域的专业产品,且使用中很容易死机或引起资料混乱,所记录的图像也有可能被更改或重新编辑;而软件方式采用闭路电视领域的专业技术,图像画面具有清晰的压缩和解压缩,一旦被记录下来,就不可能更改。

视频监控系统的构成如图 1-8 所示。

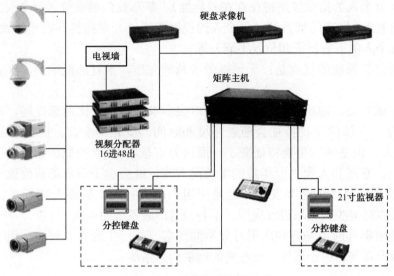

图 1-8　视频监控系统的构成

1.3.3　门禁系统

门禁又称出入管理控制系统（Access Control System），是一种管理人员进出的数字化管理系统。门禁系统由门禁控制器、读卡器、通信转换器、门禁考勤软件和电子门锁组成。门禁就是出入口控制,在人进出重要通道时,进行适当级别的权限鉴别,以区分是否能通过的一种管理手段。

1. 门禁系统的分类

随着社会电子化智能程度的深入,现在人们看到的门禁系统依据输入设备介质和方法的不同可以分为密码门禁系统、刷卡门禁系统和生物识别门禁系统。

（1）密码门禁系统

通过输入密码,系统判断密码正确就驱动电锁,开门放行。优点是只须记住密码,无须携带其他介质,实现成本最低。缺点是速度慢,输入密码一般需要几秒钟,如果进出的人员过多,需要排队。如果输入错误,还需要重新输入,耗时更长。安全性也差,旁边的人容易通过手势记住别人的密码,密码容易忘记或泄露。目前密码门禁使用的场合越来越少,只在对安全性要求低、成本低、使用不频繁的场合还在使用。

（2）刷卡门禁系统

根据卡的种类分为接触卡门禁系统（磁条卡、条码卡）和非接触卡（又叫感应卡、射频卡）门禁系统。接触卡门禁系统由于频繁接触而使得卡片容易磨损,使用次数不多,卡片容易损坏等,使用的范围已经越来越少了,只在和银行卡（磁条卡）有关的场合被使用,如银行 VIP 通道门禁系统、无人值守取款机门禁系统等局部行业性领域。非接触 IC

卡，由于其耐用性、性价比好、读取速度快、安全性高等优势，成为当前门禁系统的主流。所以，当前很多人把非接触 IC 卡门禁系统简称为门禁系统了。

（3）生物识别门禁系统

生物识别门禁系统是根据人体生物特征的不同而识别身份的门禁系统。常见的有：指纹门禁系统（每个人的指纹纹路特征存在差异性）、掌形仪门禁系统（每个人的手掌的骨骼形状存在差异性）、虹膜门禁系统（每个人的视网膜通过光学扫描存在差异性）、人像识别门禁系统（每个人的五官特征和位置不同）等。

生物识别门禁系统的优点是：无须携带卡片等介质，重复的概率小，不容易被复制，安全性高。

缺点是：成本高。由于生物识别需要比对很多参数特征，比对速度慢，不利于人员人数过多的场合。人体的生物特征会随着环境和时间的变化而变化，因此容易产生拒识率（明明是这个人，但是他的生物特征变了，而认为不是本人）。例如，指纹由于季节和干湿度不同而不同，掌形和人像由于年龄的增长而改变，虹膜由于眼部患病而改变等。所以，生物识别门禁系统虽然先进和安全，但是应用的范围有限，只在人数不多、安全性要求高、不担心成本高等少数领域进行应用，不是当前门禁系统的主流。

门禁系统根据其应用场合和应用对象不同还有一些衍生形式。例如，用于车辆进出管理的停车场管理系统、用于地铁公交收费的地铁门禁系统。

2. 门禁系统的组成

门禁系统从结构上主要分为独立门禁系统和联网门禁系统，它们的组成有所不同。独立门禁系统又可分为可存储记录数据的门禁系统与不可存储数据的门禁系统两种，但不管是哪一种系统，它们的控制部分原理几乎是一样的。

（1）独立门禁系统

独立门禁系统不能和计算机通信，门禁权限的设置在本机的键盘或母卡就行设置。也有一些独立门禁机是带液晶显示的辅助键盘等做卡片的授权。

独立门禁系统包括独立型门禁机（含读卡和控制）、开门按钮、电锁、电源、感应卡等部件，有的还可以外接一个读卡器实现进出门都刷卡。

市面上常见的一款独立型门禁机如图 1-9 所示。

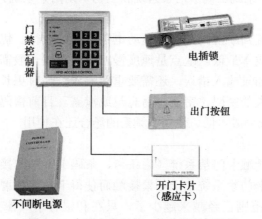

图 1-9 市面上常见的一款独立型门禁机

独立门禁系统的优点是价格比较便宜,无须计算机知识,装修人员都可以安装。独立门禁系统的缺点是安全性较差。因为控制电锁的继电器就在一体机内,不法人员无须太多专业知识就可以通过短路或破坏独立型门禁机来开门,甚至有时用强磁铁就可以吸开独立型门禁机内的继电器,从而打开电锁。虽然有些厂家进行了改良,将按钮和继电器放在电源里面,但是没有从根本上提高安全系数。设置卡的权限相当不便捷,如果一个公司有多个门需要门禁时,需要一个一个地设置和取消,设置工作相当麻烦,而且不知道哪些门设置了什么权限。

所以,独立门禁系统适用于安全级别不高、成本预算低、门数不多、无须快速授权和分析门禁出入记录的场合。

(2) 联网门禁系统

联网门禁系统能够和计算机进行通信,通过安装在计算机上的门禁管理软件进行卡的权限的设置和分析查询门禁出入记录。电脑不开,系统也可以脱机正常运行。软件运行可以进行权限和参数的设置,可以实时监控各个门的进出情况。可以统计考勤报表等。

联网门禁系统包括门禁控制器、读卡器、出门按钮、通信集线器、感应卡、电源和门禁管理软件等部分。

如果接两个读卡器,不接开门按钮,可以实现进出门都要刷卡。如果接密码读卡器,可以实现卡+密码功能,预防卡片被别人捡到而非法进入,安全级别更高。带读卡器国际通信接口输出格式的生物识别设备(指纹仪、掌形仪等)可以取代读卡器,实现更高安全级别的门禁系统。

按照门禁控制器的通信方式可以分为 RS 232、RS 485、TCP/IP、LAN 等。

RS 232 通信方式的最远通信距离是 13 m(该距离内通信稳定),3 m 以内最为稳定。虽然 13 m 以上测试也可以通信,但是不稳定,抗干扰能力差,不建议这样做。一般的台式计算机具备 1~2 个串口,通过多串口卡可以扩展为最多 255 个串口。笔记本一般没有串口,需要购买 USB 串口转换器来实现。需要注意的是 RS 232 每个串口只能实现和一台控制器的通信。

RS 232 通信方式的传输速率通常为 9 600 bps,也可以为 2 400 bps、4 800 bps 等,波特率越大,传输速度越快,但稳定的传输距离越短,抗干扰能力越差。

理论上 RS 485 通信方式下最远通信距离是 1 200 m,建议控制在 800 m 以内,能控制在 300 m 以内效果最好。如果距离超长,可以选购 485 中继器(延长器),选购中继器理论上可以延长到 3 000 m。

一条 485 总线可以带多少台控制器取决于控制器的通信芯片和 485 转换器通信芯片,一般有 32 台、64 台、128 台、256 台几种选择。这个是理论上的数字,实际应用时,考虑现场环境、通信距离等因素,负载数量达不到指标数。如需要带更多控制器,可采用多串口卡或 485HU 来解决。不建议使用无源 485 转换器,无源 485 转换器成本低,但实际负载数量和通信距离远小于标称值。

RS 485 必须手牵手通过双绞线串联连接,禁止分叉或星形连接。

TCP/IP 通信协议是当前计算机网络通用性标准协议,具备传输速度快、国际标准、兼容性好等优点。采用 TCP/IP 通信协议时,控制器的接入方式和局域网的 HUB 及计算机网卡的接入方式一样。

TCP/IP 通信协议下可以通过 HUB 的级联延长通信距离,每一级的通信距离达 100 m,

可以级联多级。而且在大型局域网中可以通过光纤、无线等多种方式延长到很远，甚至跨城市，也可以通过互联网实现千公里的联网。

TCP/IP 通信协议下，门禁系统的负载数量理论上没有限制，HUB 可以级联，成千上万台控制器组网都没有问题。

但门禁系统中，最常用的是 RS 485 和 TCP/IP 协议。下面六种基本门禁类型可以独立使用，也可以组合使用，根据项目要求的不同而变化，多种方案的灵活运用是门禁系统集成应具备的特点之一。

① 基本门禁系统。

图 1-10 所示的系统的应用在对门禁要求不高，适用于需要基本的卡片管理、记录刷卡事件的项目、安装数量只有一台的情况。该系统支持的用户数比较少。

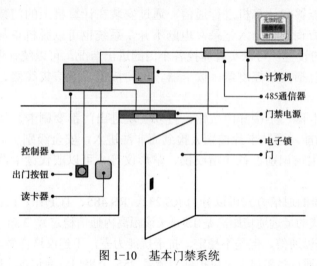

图 1-10　基本门禁系统

② 简单联网系统。

图 1-11 所示的系统具有门禁的基本功能，可通过多种 485 型号门禁控制器联网，在每个控制器接上读卡器和按钮等外部设备，所有控制器通过一个 485 通信器连接到计算机，可以扩充增加更多的控制器。该系统组网方便，成本容易控制。每个门的接线方式可参考上述基本门禁系统。

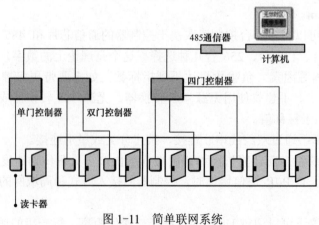

图 1-11　简单联网系统

该系统主要应用于对门禁要求不高、需要有基本的门禁管理功能、记录刷卡记录、安装多台的情况。

③ 多接口门禁系统。

图 1-12 所示的系统可采用多种 485 型号门禁控制器联网，通过 485 总线连接到计算机，组网方便，成本易控制，可实现较为复杂的通信和工作性能。

由于 485 总线的通信距离限制，该系统中所有的门应该在一个比较近的范围内，其中比较近的门可以使用多门控制器，比较远的门则使用单门控制器，每个控制器的接线可参考上述基本门禁系统。

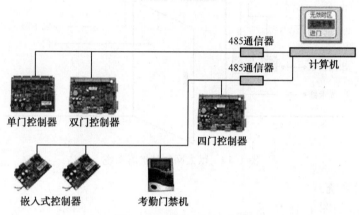

图 1-12　多接口门禁系统

④ 基本以太网门禁系统。

图 1-13 所示的系统组网方便，安装维护快捷，可以使用多种型号的 TCP/IP 控制器，控制器通过集线器直接连接到计算机，管理卡片数在 4 000 以下。

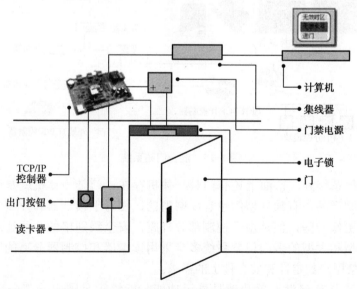

图 1-13　基本以太网门禁系统

⑤ 以太网门禁扩展系统。

以太网门禁扩展系统如图1-14所示。

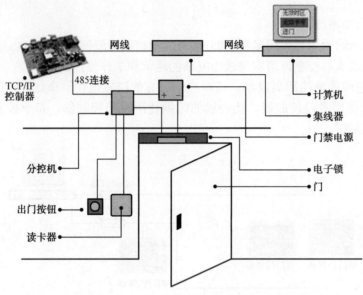

图1-14 以太网门禁扩展系统

⑥ 混合门禁系统。

混合门禁系统如图1-15所示。

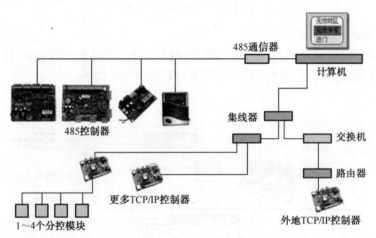

图1-15 混合门禁系统

除了上述门禁系统外，市面上还有门禁一体机存在。门禁一体机就是读卡和控制器合二为一的门禁控制产品，有独立型的也有联网型的，相对于读卡器和控制器分离的联网门禁系统，其成本更低一些，但是由于控制部分外露，安全级别略低，往往用于只有一个门禁点的用户，中型和大型的多门门禁系统多半采用读卡器和控制器分离的联网门禁系统，以满足中高端门禁用户稳定性和安全性上的需求。

一体机往往还具有键盘设置和液晶显示功能，能够满足国内一部分客户外观上的需求，但是由于液晶是易损配件，其稳定性、抗干扰性等不如读卡器和控制器分离的联网型

第1章 系统集成的分类、组成与实现

门禁产品，进口产品（除某些我国台湾地区的产品外）一般都还是采用读卡器和控制器分离的模式。

市面上常见的几款一体机如图1-16所示。

图1-16 市面上常见的几款一体机

1.4 计算机网络系统集成

从某种意义上讲，安防、计算机网络等系统可以看作智能建筑系统的子系统。但正是由于智能建筑系统包含的子系统、设备及涉及的技术过于庞杂，很难对其进行全面、详细的描述。本书将以标准化程度更深的计算机网络系统集成为例来试图描述系统集成的一般流程、思路和实现方法。

1.4.1 计算机网络系统集成的概念

自20世纪80年代以来，由于计算机技术的飞速发展和广泛应用，很多部门在内部建立了计算机局域网应用系统。这些各自独立的计算机网络系统的出现，使得应用这些系统的部门的工作效率得到了极大的提高。但是这些各自独立的分系统只能在系统内部实现信息资源共享，其相互之间是没有连通的，各部门之间无法共享信息和资源，这就要求把这些局域网相互之间连通起来，构造一个能实现充分的资源共享、统一管理及具有较高性价比的系统。由此引入了网络系统集成技术。

网络系统集成技术较好地解决了节点之间信息不能共享、没有统一管理、整个系统性能低下的"信息孤岛"问题，真正实现了系统的信息高度共享、通信联络通畅、彼此有机协调，达到系统整体效益最优的目的。

所谓网络系统集成，是指根据应用的需要，将硬件设备、网络基础设施、网络设备、网络系统软件、网络基础服务系统、应用软件等组织为一体，使之成为能够满足设备目标并具有优良性能价格比的计算机网络系统的过程。主要包括以下几方面的内容。

（1）网络硬件的集成。包括通信子网的硬件系统集成和资源子网的硬件系统集成。

（2）网络软件的集成。主要是指根据网络所支撑的应用的具体特点，选择网络操作系统和网络应用系统，然后通过网络软件的集成解决异构操作系统和异构应用系统之间的相互接口问题，从而构造一个灵活、高效的网络软件系统。

（3）数据和信息的集成。数据和信息集成的核心任务包括合理部署、组织数据和信息，减少数据冗余，努力实现有效信息的共享，确保数据和信息的安全可靠等。

（4）技术与管理的集成。技术与管理的集成是指将技术与管理有效地集成在一起，在满足需求的前提下，努力为用户提供性价比高的解决方案。在此基础上，使网络系统具有高性能、易管理、易扩充的特点。

（5）个人与组织机构的集成。通过网络系统集成使组织内部的个人行为与组织的目标高度一致、高度协调，从而实现提高个人工作效率和组织管理效率的目标。个人与组织机构的集成是系统集成的最高目标。

计算机网络系统集成如图1-17所示。

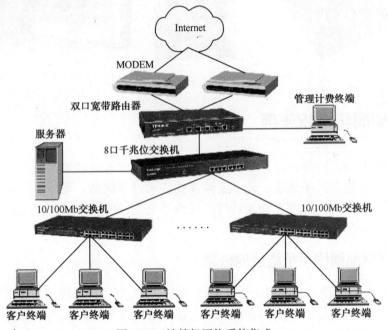

图1-17 计算机网络系统集成

1.4.2 网络系统集成的开发实施过程

从商务、管理和技术3个方面来看，网络系统集成的基本过程如下：

（1）网络系统规划和需求分析；

（2）投标和合同的签署；

（3）逻辑网络设计；

（4）物理网络设计；

（5）分包商的管理及布线工程；

（6）设备的订购和安装调试；

（7）服务器的安装和配置；

（8）网络系统测试；

（9）网络安全和网络管理；

（10）网络系统验收；

（11）培训和系统维护。

通常，从技术层面上，按时间的推移，可粗略地分为用户需求分析、网络系统设计、设备的选型、网络综合布线、工程验收几个过程。

1.4.3 网络系统设计的步骤和设计原则

做任何事都应遵循一定的先后次序，也就是"步骤"。对于网络系统设计这么庞大的系统工程，遵循设计的"步骤"和原则就显得更加重要了。

1. 网络系统设计的步骤

如果整个网络设计和建设工程没有一个严格的进程安排，各分项目之间彼此孤立，失去了系统性和严密性，这样设计出来的系统不可能是一个好的系统。如图 1-18 所示为整个网络系统集成的一般步骤，除了其中包括的"网络组建"工程外，其他都属于"网络系统设计"工程所需进行的工作。

（1）用户调查与分析

用户调查与分析是正式进行系统设计之前的首要工作。主要包括一般状况调查、性能和功能需求调查、应用和安全需求调查、成本/效益评估、书写需求分析报告等方面。

① 一般状况调查：在设计具体的网络系统之前，先要了解用户当前和未来 5 年内的网络发展规模，还要分析用户当前的设备、人员、资金投入、站点分布、地理分布、业务特点、数据流量和流向，以及现有软件和通信线路的使用情况等。从这些信息中可以得出新的网络系统所应具备的基本配置需求。

② 性能和功能需求调查：是向用户了解对新的网络系统所希望实现的功能、接入速率、所需存储容量（包括服务器和工作站两方面）、响应时间、扩充要求、安全需求及行业特定应用需求等。这些都非常关键，要仔细询问并做好记录。

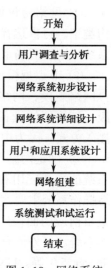

图 1-18 网络系统设计步骤

③ 应用和安全需求调查：应用和安全需求这两个方面在整个用户调查中也是非常重要的。应用需求调查决定了所设计的网络系统是否满足用户的应用需求。而在网络安全威胁日益严重、安全隐患日益增多的今天，安全需求方面的调查就显得更为重要了。一个安全没有保障的网络系统，即使性能再好、功能再完善、应用系统再强大都没有任何意义。

④ 成本/效益评估。根据用户的需求和现状分析，对新设计的网络系统所需要投入的人力、财力和物力，以及可能产生的经济效益和社会效益等进行综合评估。这项工作是集成商向用户提出系统设计报价和让用户接受设计方案的最有效的参考依据。

⑤ 书写需求分析报告。详细了解用户需求、现状分析和成本/效益评估后，要以报告的形式向用户和项目经理人提交，以此作为下一步正式进行系统设计的基础与前提。

（2）网络系统初步设计

在全面、详细地了解了用户需求，并进行了用户现状分析和成本效益评估后，在用户和项目经理人认可的前提下，就可以正式进行网络系统设计了。首先需给出一个初步的方案，该方案主要包括以下几个方面。

① 确定网络的规模和应用范围。根据终端用户的地理位置分布，确定网络规模和覆盖

的范围，并通过用户的特定行业应用和关键应用，如 MIS、ERP 系统、数据库系统、广域网连接、企业网站系统、邮件服务器系统和 VPN 连接等定义网络应用的边界。

② 统一建网模式。根据用户网络规模和终端用户地理位置分布，确定网络的总体架构，如集中式还是分布式、是采用客户机/服务器模式还是对等模式等。

③ 确定初步方案。将网络系统的初步设计方案用文档记录下来，并向项目经理人和用户提交，审核通过后方可进行下一步运作。

（3）网络系统详细设计

① 网络协议体系结构的确定。根据应用需求，确定用户端系统应该采用的网络拓扑结构类型。可供选择的网络拓扑结构有总线型、星型、树型和混合型 4 种。如果涉及广域网系统，则还需确定采用哪种中继系统、确定整个网络应该采用的协议体系结构。

② 节点规模设计。确定网络的主要节点设备的档次和应该具有的功能，这主要根据用户网络规模、网络应用需求和相应设备所在的网络位置而定。局域网中核心层设备为最高级，汇聚层的设备性能要求次之，边缘层的性能要求最低。广域网中，用户主要考虑的是接入方式，因为中继传输网和核心交换网通常都是由 NSP 提供的，所以无须用户关心。

③ 确定网络操作系统。一个网络系统中，安装在服务器中的操作系统决定了整个网络系统的主要应用和管理模式，也决定了终端用户所能采用的操作系统和应用软件系统。网络操作系统主要有 Microsoft 公司的 Windows 2000 Server 和 Windows Server 2003 系统，这是目前应用面最广、最容易掌握的操作系统。在中小企业中，绝大多数采用这两种网络操作系统。另外还有一些不同版本的 Linux 系统，如 RedHat Enterprise Linux 4.0、RedFlag Dc Server 5.0 等。UNIX 系统品牌也比较多，主要应用的是 Sun 公司的 Solaris10.0、IBM 公司 AIX5L 等。

④ 选定传输介质。根据网络分布、接入速率需求和投资成本分析，为用户端系统选定适合的传输介质，为中继系统选定传输资源。在局域网中，通常以廉价的五类或超五类双绞线为传输介质，而在广域网中则主要以电话铜线、光纤、同轴电缆为传输介质，具体要视所选择的接入方式而定。

⑤ 网络设备的选型和配置。根据网络系统和计算机系统的方案，选择性能价格比最好的网络设备，并以适当的连接方式加以有效组合。

⑥ 结构化布线设计。根据用户的终端节点分布和网络规模设计，绘制整个网络系统的结构化布线（通常所说的"综合布线"）图。标注关键节点的位置和传输速率、传输介质、接口等特殊要求。结构化布线图要符合结构化布线国际和国内标准，如 EIA/TIA568A/B、ISO/IEC 11801 等。

⑦ 确定详细方案。最后确定网络总体及各部分的详细设计方案，并形成正式文档，提交项目经理人和用户审核，以便及时发现问题，及时纠正。

（4）用户和应用系统设计

上述 3 个步骤是设计网络架构，接下来要做的是进行具体的用户和应用系统设计。其中包括具体的用户计算机系统设计和数据库系统、MIS 管理系统选择等。具体包括以下几个方面。

① 应用系统设计。分模块地设计出满足用户应用需求的各种应用系统的框架和对网络系统的要求，特别是一些行业特定应用和关键应用。

② 计算机系统设计。根据用户业务特点、应用需求和数据流量，对整个系统的服务器、工作站、终端及打印机等外设进行配置和设计。

③ 系统软件的选择。为计算机系统选择适当的数据库系统、MIS 管理系统及开发平台。

④ 机房环境设计。确定用户端系统的服务器所在机房和一般工作站机房环境。主要包括温度、湿度和通风等要求。

⑤ 确定系统集成详细方案。将整个系统涉及的各个部分加以集成，并最终形成系统集成的正式文档。

（5）系统测试和试运行

系统设计和实施完成后不能马上投入正式运行，要先做一些必要的性能测试和小范围的试运行。性能测试一般是通过专门的测试工具进行，主要测试网络接入性能、响应时间以及关键应用系统的并发用户支持和稳定性等方面。试运行主要是对网络系统的基本性能进行评估，特别是对一些关键应用系统的基本性能进行评估。试运行的时间一般不得少于一个星期。小范围试运行成功后，即可全面试运行，全面试运行时间不得少于一个月。

在试运行过程中出现的问题应及时加以改进，直到用户满意为止。当然这也要结合用户的投资和实际应用需求等因素综合考虑。

2. 网络系统设计的基本原则

根据目前计算机网络现状和需求分析及未来的发展趋势。网络系统设计应遵循以下几个原则。

（1）开放性和标准化原则

首先采用国家标准和国际标准，其次采用广为流行的、实用的工业标准。只有这样，网络系统内部才能方便地从外部网络快速获取信息，同时还要求授权后，网络内部的部分信息可以对外开放，保证网络系统适度的开放性。

在进行网络系统设计时，在有标准可执行的情况下，一定要严格按照相应的标准进行设计，特别是在网线制作、结构化布线和网络设备协议支持等方面。采用开放的标准，就可以充分保障网络系统设计的延续性，即使将来最初设计人员不在现场，后来人员也可以通过标准轻松地了解整个网络系统的设计，保证互连简单易行。这是非常重要而且是非常必要的，同时又是许多网络工程设计人员经常忽视的。

（2）实用性与先进性兼顾原则

在网络系统设计时应该以注重实用为原则，紧密结合具体应用的实际需求。在选择具体的网络技术时，要同时考虑当前及未来一段时间内主流应用的技术，不要一味地追求新技术和新产品。一方面，新的技术和产品还有一个成熟的过程，立即选用新的技术和产品，可能会出现各种意想不到的问题；另一方面，最新技术的产品价格肯定非常高昂，会造成不必要的资金浪费。

例如，在以太局域网技术中，目前吉比特级别以下的以太网技术都已非常成熟，产品价格也已降到了合理的水平，但 10 吉比特以太网技术还没有得到普及应用，相应的产品价格仍相当高，如果没有必要，则建议不要选择 10 吉比特以太网技术的产品。

另外，一定要选择主流应用的技术，如已很少使用的同轴电缆的令牌环以太网和 FDDI 光纤以太网就不要选择了。目前的以太网技术基本上都是基于双绞线和光纤的，其数据传

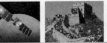

输速率最低都应达到 10～100 Mbps。

（3）无瓶颈原则

这一点非常重要，否则会造成高成本购买的高档次设备发挥不了相应的高性能。网络性能与网络安全性能最终取决于网络通信链路中性能最低的那部分设备。

例如，某汇聚层交换机连接到了核心交换机的 1 000 Mbps 双绞线以太网端口上，而该汇聚层交换机只有 100 Mbps，甚至 10 Mbps 的端口，很显然，这个汇聚层交换机上所连接的节点都只能享有 10 Mbps 或 100 Mbps 的性能。如果上联端口具有 1 000 Mbps 的性能，而各节点端口支持 100 Mbps 的连接，则性能会完全不一样。

再如，服务器的各项硬件配置都非常高档，达到了企业级标准，但所用的网卡只是普通的 PCI 10 Mbps 或 100 Mbps 网卡，这必将成为服务器性能发挥的瓶颈，再好的其他配置，最终也无法正常发挥功能。

这类现象还非常多，在此不一一列举。这就要求在进行网络系统设计时，一定要全局综合考虑各部分的性能，不能只注重局部的性能配置，特别是交换机端口、网卡和服务器组件配置等方面。

（4）可用性原则

服务器的"四性"之一是"可用性"，网络系统也一样需要遵循。它决定了所设计的网络系统是否能满足用户应用和稳定运行的需求。网络的"可用性"主要表现了网络的"可靠性和稳定性"，这要求网络系统能长时间稳定运行，而不能经常出现这样或那样的问题，否则给用户带来的损失可能是非常巨大的，特别是大型外贸、电子商务类型的企业。"可用性"还表现在所选择的产品要能真正用得上，如果所选择的服务器产品只支持 UNIX 系统，而用户系统中根本不打算用 UNIX 系统，则所选择的服务器就派不上用场了。

网络系统的"可用性"通常是由网络设备的"可用性"决定的（软件系统也有"可用性"要求），主要体现在服务器、交换机、路由器和防火墙等重负荷设备上。在选购这些设备时，一定不要贪图廉价，而要选择一些国内外主流品牌、应用主流技术和成熟型号的产品。

另外，网络系统的电源供应在"可用性"保障方面也非常重要。对于关键网络设备和关键客户机来说，需要为这些节点配置足够功率的不间断电源（UPS），在电源出现不稳定或停电时，可以持续供电一段时间，用于用户保存数据并退出系统，以避免数据丢失。通常服务器、交换机、路由器和防火墙等关键设备要备有 1 h 以上（通常是 3 h）的 UPS，而关键客户机只需要接在支持 15 min 以上的 UPS 上即可。

（5）安全第一原则

网络安全也涉及许多方面，最明显、最重要的就是对外界入侵、攻击的检测与防护。现在的网络几乎无时无刻不受到外界的安全威胁，稍有不慎就会被病毒感染、黑客入侵，致使整个网络陷入瘫痪。在一个安全措施完善的计算机网络中，不但部署了病毒防护系统、防火墙隔离系统，还可能部署了入侵检测、木马查杀系统、物理隔离系统等，所选用系统的等级要根据相应的网络规模大小和安全需求而定，并不一定要求每个网络系统都全面部署这些防护系统。

除了病毒、黑客入侵外，网络系统的安全性需求还体现在用户对数据的访问权限上。根据对应的工作需求为不同用户、不同数据配置相应的访问权限，对安全级别需求较高的数据则要采取相应的加密措施。同时，对用户账户，特别是高权限账户的安全更要高度重视，要采取相应的账户防护策略（如密码复杂性策略、账户锁定策略等），保护好用户账户，以防被非法用户盗取。

安全性防护的另一个重要方面就是数据备份和容灾处理。数据备份和容灾处理，在一定程度上决定了企业的生存与发展，特别是以电子文档为主的电子商务类企业。在设计网络系统时，一定要充分考虑到为用户数据备份和容灾部署相应级别的备份和容灾方案。例如，中小型企业通常采用 Microsoft 公司 Windows 2000 Server、Windows Server 2003 系统中的备份工具进行数据备份和恢复。对于大型企业，则可能要采用"第三方"专门的数据备份系统，如 Veritas（维他斯，现已并入赛门铁克公司）公司的 BackupExec 系统。

思考与练习题 1

1. 什么是系统集成？系统集成可以分为哪几类？
2. 简述计算机网络系统集成的定义。
3. 智能建筑的系统集成是_____，以构成_____、_____、和_____三大要素作为核心，将语音、数据和图像等信号经过统一的筹划设计综合在一套综合布线系统中，并通过贯穿于大楼内外的布线系统和公共通信网络，以及协调各类系统和局域网之间的接口和协议，把那些分离的设备、功能和信息有机地连成一个整体，从而构成一个完整的系统。
4. 什么是安防系统集成？安防系统包含哪些子系统？
5. 试描述计算机网络系统的设计步骤和设计原则。

第 2 章　计算机网络基础

计算机网络是指将地理位置不同的具有独立功能的多台计算机及其外部设备，通过通信线路连接起来，在网络操作系统、网络管理软件及网络通信协议的管理和协调下，实现资源共享和信息传递的计算机系统。

简单地说，计算机网络就是通过电缆、电话线或无线通信将两台以上的计算机互连起来的集合。

总的来说，计算机网络的组成基本上包括：计算机、网络操作系统、传输介质及相应的应用软件四部分。

2.1　计算机网络的组成与分类

2.1.1　计算机网络的发展

尽管电子计算机在 20 世纪 40 年代研制成功，但是到了 30 年后的 80 年代初期，计算机网络仍然被认为是一个昂贵而奢侈的技术。近 20 年来，计算机网络技术取得了长足的发展，在今天，计算机网络技术已经和计算机技术本身一样精彩纷呈，普及到人们的生活和商业活动中，对社会各个领域产生了广泛而深远的影响。

1. 早期的计算机通信

在 PC 计算机出现之前，计算机的体系架构是：一台具有计算能力的计算机主机挂接多台终端设备。终端设备没有数据处理能力，只提供键盘和显示器，用于将程序和数据输入给计算机主机并从主机获得计算结果。计算机主机分时、轮流地为各个终端执行计算任务。

第 2 章 计算机网络基础

这种计算机主机与终端之间的数据传输就是最早的计算机通信,如图 2-1 所示。

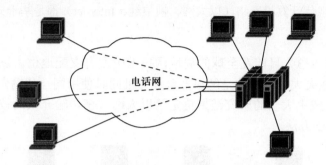

图 2-1 计算机主机与终端之间的数据传输

尽管有的应用中计算机主机与终端之间采用电话线路连接,距离可以达到数百公里,但是,在这种体系架构下构成的计算机终端与主机的网络通信,仅仅是为了实现人与计算机之间的对话,并不是真实意义上的计算机与计算机之间的网络通信。

2. 分组交换网络

一直到 1964 年美国 Rand 公司的 Baran 提出"存储转发"和 1966 年英国国家物理实验室的 Davies 提出"分组交换"的方法,独立于电话网络的、实用的计算机网络才开始了真正的发展。

分组交换的概念是将整块的待发送数据划分为一个个更小的数据段,在每个数据段前面安装上报头,构成一个个的数据分组(Packets)。每个 Packet 的报头中存放有目标计算机的地址和报文包的序号,网络中的交换机根据数据地址决定数据向哪个方向转发。这种由传输线路、交换设备和通信计算机组建起来的网络称为分组交换网络,如图 2-2 所示。

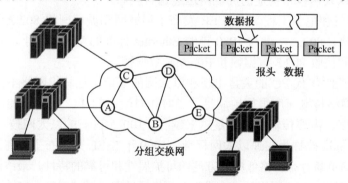

图 2-2 分组交换网

分组交换网络的概念是计算机通信脱离电路交换模式的里程碑。电路交换模式下,在通信之前,需要先通过用户的呼叫(拨号)为本次通信建立链路。这种通信方式不适合计算机数据通信的突发性、密集性特点。而分组交换网络则不需要事先建立通信线路,数据可以随时以分组的形式发送到网络中。分组交换网络不需要通过呼叫建立链路的关键在于其每个数据包(分组)的报头中都有目标主机的地址,网络交换设备根据这个地址就可以随时为单个数据包提供转发服务,将其沿正确的路线送往目标主机。

美国的分组交换网 ARPANET 于 1969 年 12 月投入运行,被公认为最早的分组交换网。

法国的分组交换网 CYCLADES 开通于 1973 年，同年，英国的 NPL 也开通了英国第一个分组交换网。到今天，现代计算机网络（以太网、帧中继、Internet）都是基于分组交换的。

3. 以太网

以太网（见图 2-3）目前在全球的局域网技术中占有支配地位。以太网的研究起始于 1970 年早期的夏威夷大学，目的是解决多台计算机同时使用同一传输介质而相互之间不产生干扰的问题。夏威夷大学的研究结果奠定了以太网共享传输介质的技术基础，形成了享有盛名的 CSMA/CD 方法。

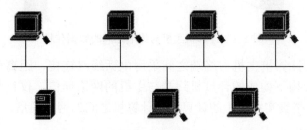

图 2-3 以太网

以太网的 CSMA/CD 方法是在一台计算机需要使用共享传输介质通信时，先侦听该共享传输介质是否已经被占用。当共享传输介质空闲时，计算机就可以抢用该介质进行通信。所以又称 CSMA/CD 方法为总线争用方法。

与现代以太网标准相一致的第一个局域网是由施乐公司的 Robert Metcalfe 和他的工作小组建成的。1980 年，数字设备公司、英特尔公司和施乐公司联合发布了第一个以太网标准 Ethernet。这种以同轴电缆为传输介质的简单网络技术立即受到了欢迎，在 20 世纪 80 年代，用 10 Mbps 以太网技术构造的局域网迅速遍布全球。

1985 年，电气和电子工程学会 IEEE 发布了局域网和城域网的 802 标准，其中的 802.3 是以太网技术标准。802.3 标准与 1980 年的 Ethernet 标准的差异非常小，以致同一块以太网卡可以同时发送和接收 802.3 数据帧和 Ethernet 数据帧。

由于 20 世纪 80 年代 PC 的大量出现和以太网的廉价，计算机网络不再是一个奢侈的技术。10Mbps 的网络传输速度很好地满足了当时相对较慢的 PC 计算机的需求。进入 90 年代，计算机的速度、需要传输的数据量越来越高，100 Mbps 的以太网技术随之出现。IEEE 100 Mbps 以太网标准被称为快速以太网标准。1999 年 IEEE 又发布了千兆位以太网标准。

以太网以其简单易行、价格低廉、方便的可扩展性和可靠的特性，最终淘汰或正在淘汰令牌网、FDDI 网，甚至 ATM 网络技术，成为计算机局域网、城域网甚至广域网中的主流技术。

4. Internet

Internet 是全球规模最大、应用最广的计算机网络。它是由院校、企业、政府的局域网自发地加入而发展壮大起来的超级网络，连接有数千万台计算机、服务器。Internet 上承载了大量商业、学术、政府、企业信息及新闻和娱乐内容，深刻地改变着人们的工作和生活方式。

Internet 的前身是 1969 年问世的美国 ARPANET。到了 1983 年，ARPANET 已连接有超过三百台计算机。1984 年 ARPANET 被分解为两个网络：一个用于民用，仍然称 ARPANET；另外一个军用，称为 MILNET。美国国家科学基金组织 NSF 从 1985 年到 1990

年期间建设由主干网、地区网和校园网组成的三级网络,称为 NSFNET,并与 ARPANET 相连。到了 1990 年,NSFNET 和 ARPANET 一起改名为 Internet 。随后,Internet 上计算机接入的数目与日俱增,为进一步扩大 Internet,美国政府将 Internet 的主干网交由非私营公司经营,并开始对 Internet 上的传输收费,Internet 得到了迅猛发展。

由中国科学院主持,联合北京大学和清华大学共同完成的 NCFC(中国国家计算与网络设施)是一个在北京中关村地区建设的超级计算中心。NCFC 通过光缆将中科院中关村地区的三十多个研究所及清华、北大两所高校连接起来,形成 NCFC 的计算机网络。到 1994 年 5 月,NCFC 已连接了 150 多个以太网,共 3 000 多台计算机。1994 年 4 月,NCFC 与 Internet 连接,形成了我国最早的 Internet 网络。

我国的商业 Internet——中国因特网 ChinaNet 由中国电信和中国网通始建于 1995 年。ChinaNet 通过美国 MCI 公司、Global One 公司、新加坡 Telecom 公司、日本 KDD 公司与国际 Internet 连接。目前,ChinaNet 骨干网已经遍布全国 31 个省、市、自治区,干线速度达到数十 Gbps,成为国际 Internet 的重要组成部分。

Internet 已经成为世界上规模最大和增长速度最快的计算机网络,没有人能够准确说出 Internet 具体有多大。到现在,Internet 的概念已经不仅仅指所提供的计算机通信链路,还指参与其中的服务器所提供的信息和服务资源。计算机通信链路、信息和服务资源整体,这些概念一起组成了现代 Internet 的体系结构。

2.1.2 计算机网络的组成

计算机网络是由负责传输数据的网络传输介质和网络设备、使用网络的计算机终端设备和服务器、网络操作系统所组成的,如图 2-4 所示。

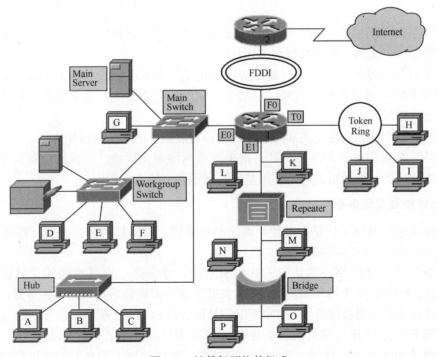

图 2-4 计算机网络的组成

网络集成与综合布线

1. 网络传输介质

有四种主要的网络传输介质：双绞线电缆、光纤、微波和同轴电缆。

在局域网中的主要传输介质是双绞线，这是一种不同于电话线的 8 芯电缆，具有高速传输数据的能力。光纤在局域网中多承担干线部分的数据传输。使用微波的无线局域网由于其灵活性而逐渐普及。早期的局域网中使用网络同轴电缆，从 1995 年开始，网络同轴电缆逐渐被淘汰，已经不在局域网中使用了。由于 Cable Modem 的使用，电视同轴电缆还在充当 Internet 连接的一种传输介质。

2. 网络交换设备

网络交换设备是把计算机连接在一起的基本网络设备。计算机之间的数据报通过交换机转发。因此，计算机要连接到局域网络中，必须首先连接到交换机上。不同种类的网络使用不同的交换机。常见的有以太网交换机、ATM 交换机、帧中继网的帧中继交换机、令牌网交换机和 FDDI 交换机等。

也可以使用称为 Hub 的网络集线器替代交换机。Hub 价格低廉，但会消耗大量的网络带宽资源。由于局域网交换机的价格已经下降到能为大多数用户所接受，所以正式的网络已经不再使用 Hub。

网络中的冲突域是指连接在同一导线上的所有工作站的集合，或者说是同一物理网段上所有节点的集合。例如，一个 HUB 所辖区域为一个冲突域。广播域指接收同样广播消息的节点的集合，如 HUB、交换机这类设备所辖区域为一个广播域。

3. 网络互联设备

网络互联设备主要是指路由器。路由器是连接网络的必需设备，在网络之间转发数据报。

路由器不仅提供同类网络之间的互相连接，还提供不同网络之间的通信。如局域网与广域网的连接、以太网与帧中继网络的连接等。

在广域网与局域网的连接中，调制解调器也是一个重要的设备。调制解调器用于将数字信号调制成频率带宽更窄的信号，以适于广域网的频率带宽。最常见的是使用电话网络或有线电视网络接入互联网。

中继器是一个延长网络电缆和光缆的设备，对衰减了的信号起再生作用。

网桥是一个被淘汰了的网络产品，用来改善网络带宽拥挤。交换机设备同时完成了网桥需要完成的功能，交换机的普及使用是终结网桥使命的直接原因。

4. 网络终端与服务器

网络终端也称网络工作站，是使用网络的计算机、网络打印机等设备。在客户/服务器网络中，客户机是指网络终端。

网络服务器是被网络终端访问的计算机系统，通常是一台高性能的计算机，如大型机、小型机、UNIX 工作站和服务器 PC，安装上服务器软件后构成网络服务器，被分别称为大型机服务器、小型机服务器、UNIX 工作站服务器和 PC 服务器。

网络服务器是计算机网络的核心设备，网络中可共享的资源，如数据库、大容量磁盘、外部设备和多媒体节目等，通过服务器提供给网络终端。服务器按照可提供的服务可

第 2 章 计算机网络基础

分为文件服务器、数据库服务器、打印服务器、Web 服务器、电子邮件服务器、代理服务器等。

5. 网络操作系统

网络操作系统是安装在网络终端和服务器上的软件。网络操作系统完成数据发送和接收所需要的数据分组、报文封装、建立连接、流量控制、出错重发等工作。现代的网络操作系统都是随计算机操作系统一同开发的，网络操作系统是现代计算机操作系统的一个重要组成部分。

2.1.3 计算机网络的分类

可以从不同的角度对计算机网络进行分类。学习并理解计算机网络的分类，有助于我们更好地理解计算机网络。

1. 根据计算机网络覆盖的地理范围分类

按照计算机网络所覆盖的地理范围的大小进行分类，计算机网络可分为：局域网、城域网和广域网。了解一个计算机网络所覆盖的地理范围的大小，可以使人们一目了然地了解该网络的规模和主要技术。

局域网（LAN）的覆盖范围一般在方圆几十米到几公里。例如一个办公室、一个办公楼、一个园区范围内的网络。

当网络的覆盖范围达到一个城市的大小时，称为城域网。网络覆盖到多个城市甚至全球时，就属于广域网的范畴了。我国著名的公共广域网是 ChinaNet、ChinaPAC、ChinaFrame、ChinaDDN 等。大型企业、院校、政府机关通过租用公共广域网的线路，可以构成自己的广域网。

2. 根据链路传输控制技术分类

链路传输控制技术是指如何分配网络传输线路、网络交换设备资源，以便避免网络通信链路资源冲突，同时为所有网络终端和服务器进行数据传输。

典型的网络链路传输控制技术有：总线争用技术、令牌技术、FDDI 技术、ATM 技术、帧中继技术和 ISDN 技术。对应上述技术的网络分别是以太网、令牌网、FDDI 网、ATM 网、帧中继网和 ISDN 网。

总线争用技术是以太网的标志。顾名思义，总线争用即需要使用网络通信的计算机需要抢占通信线路。如果争用线路失败，就需要等待下一次的争用，直到占得通信链路。这种技术的实现简单，介质使用效率非常高。进入 21 世纪以来，使用总线争用技术的以太网成为计算机网络中占主导地位的网络。

令牌环网和 FDDI 网一度是以太网的挑战者。它们分配网络传输线路和网络交换设备资源的方法是在网络中下发一个令牌报文包，轮流交给网络中的计算机。需要通信的计算机只有得到令牌时才能发送数据。令牌环网和 FDDI 网的思路是需要通信的计算机轮流使用网络资源，避免冲突。但是，令牌技术相对以太网技术过于复杂，在千兆位以太网出现后，令牌环网和 FDDI 网不再具有竞争力。

ATM（Asynchronous Transfer Mode，异步传输模式）采用光纤作为传输介质，传输以

53 字节为单位的超小数据单元（称为信元）。ATM 网络的最大吸引力之一是具有特别的灵活性，用户只要通过 ATM 交换机建立交换虚电路，就可以提供突发性、宽频带传输的支持，适应包括多媒体在内的各种数据传输，传输速度高达 622 Mbps。

我国的 ChinaFrame 是一个使用帧中继技术的公共广域网，是由帧中继交换机组成的，使用虚电路模式的网络。所谓虚电路，是指在通信之前需要在通信所途经的各个交换机中根据通信地址建立起数据输入端口到转发端口之间的对应关系。这样，当带有报头的数据帧到达帧中继网的交换机时，交换机就可以按照报头中的地址正确地依虚电路的方向转发数据报。帧中继网可以提供高速的数据传输速度，由于其可靠的带宽保证和相对 Internet 的安全性，成为银行、大型企业和政府机关局域网互联的主要网络。

ISDN（综合业务数据网）建设的宗旨是在传统的电话线路上传输数字数据信号。ISDN 通过时分多路复用技术，可以在一条电话线上同时传输多路信号。ISDN 可以提供从 144 Kbps～30 Mbps 的传输带宽，但是由于其仍然属于电话技术的线路交换，租用价格较高，并没有成为计算机网络的主要通信网络。

2.2 计算机网络的拓扑结构

拓扑（Topology）结构即将各种物体的位置表示成抽象位置。在网络中，拓扑结构形象地描述了网络的安排和配置，包括节点和节点之间的相互关系。拓扑结构不关心事物的细节，也不在乎相互的比例关系，只将讨论范围内的事物之间的相互关系通过图形表示出来。

2.2.1 有线局域网拓扑结构设计

网络中的计算机等设备要实现互连，就需要以一定的结构方式进行连接，这种连接方式就叫作"网络拓扑结构"，通俗地讲，就是用图形表示这些网络设备是如何连接在一起的。

从拓扑学的观点来看，局域网可以看成是由一组节点和链路组成的网络。而网络中节点和链路的几何位置排列就是所要讨论的局域网拓扑结构。局域网的拓扑结构决定了局域网的工作原理和数据传输方法，一旦选定了一种局域网的拓扑结构，则同时需要选择一种适合于该拓扑结构的局域网工作方法和信息的传输方式。另外，拓扑结构还与所采用的局域网技术和实现方式有关。

随着电子集成技术和通信技术的发展，局域网拓扑结构也在不断地变化和更新。20 世纪 60 年代推出了环型拓扑结构和星型拓扑结构。随着分布式控制的发展，70 年代又推出了总线型和树型拓扑结构。目前，局域网的拓扑结构主要有星型、环型、总线型、树型、网状型、混合型等几种。其中，星型、环型和总线型是广泛应用的 3 种网络拓扑结构单元，实际的企业网络拓扑结构基本是这 3 种网络结构单元混合组成的，如后面介绍的树型和混合型拓扑结构。网状拓扑结构在局域网中基本不单独采用，只是在一个网络的局部采用，主要用于冗余连接，网状拓扑结构主要应用于广域网中。

1. 星型拓扑结构

星型拓扑结构因集线器或交换机连接的各连接节点呈星状分布而得名。在星型结构的网络中有中央节点（集线器或交换机），其他节点（工作站、服务器）以中央节点为中心，与中央节点直接相连，因此星型拓扑结构又称为集中式拓扑结构或集中式网络。

（1）基本星型结构单元

星型结构是目前应用最广、实用性最好的一种拓扑结构。无论在局域网还是在广域网中，都可以见到它的身影（具体内容后续介绍），但主要应用于有线（双绞线）以太局域网中。图 2-2 所示为最简单的单台集线器或交换机星型结构单元（目前集线器已基本不用，后续内容不再提及）。它采用的传输介质是双绞线和光纤，担当集中连接设备的是具有双绞线 RJ-45 端口或各种光纤端口的集线器或交换机。

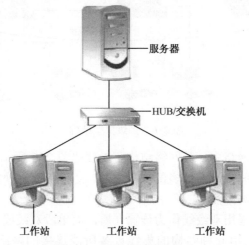

图 2-5　基本星型结构单元

在图 2-5 所示的星型网络结构单元中，所有的服务器和工作站等网络设备都集中连接在同一台交换机上。现在的固定端口交换机最多可以有 48 个（或以上）交换端口，所以，这样一个简单的星型网络完全适用于用户节点数在 40 个以内的小型企业或分支办公室。

模块式的交换机端口数可达 100 个以上，可以满足一个小型企业连接使用。但实际上这种连接方式是比较少见的，因为单独使用一台模块化的交换机连接成本要远高于采用多台固定端口交换机级联方式。模块化交换机通常用于大中型网络的核心层或汇聚层，小型网络很少使用。

扩展交换端口的另一种有效方法就是堆叠。有一些固定端口配置的交换机支持堆叠技术，通过专用的堆叠电缆连接，所有堆叠在一起的交换机都可作为单一交换机来管理，这样不仅可以使端口数量得到大幅提高（通常最多堆叠 8 台），还可以提高堆叠交换机中各端口实际可用的背板带宽，提高了交换机的整体交换性能。

（2）多级星型结构

复杂的星型网络是在多级星型结构基础上，通过多台交换机级联形成的多级星型结构，主要用于满足更多不同地理位置分布的用户连接和不同端口带宽需求。图 2-6 所示为一个包含两级交换机结构的星型网络，其中的两层交换机通常为不同档次的，可以满足不同的需求，核心层交换机要选择档次较高的，用于连接下级交换机、服务器和高性能需求的用户工作站等，以下各级则可以依次降低要求，以便于最大限度地节省投资。

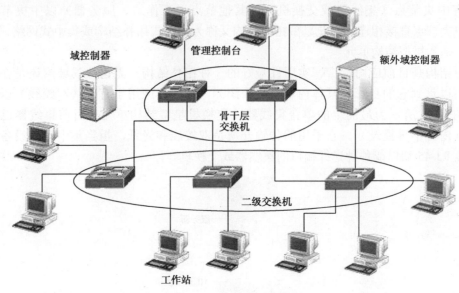

图 2-6　多级星型结构

在实际的大中型企业网络中，其网络结构可能要比图 2-6 所示的复杂得多，还可能有 3 级，甚至 4 级交换机的级联（通常最多部署 4 级），还可能有交换机的堆叠。

（3）星型结构传输距离限制

在星型网络中，通常采用双绞线作为传输介质，而单段双绞线的最大长度为 100 m，集线设备放置在中心点，采用此种结构的集线设备所能连接的网络范围最大直径只能达到 200 m，超过这个范围只能采用级联或中继方式。如果采用光纤作为传输介质，传输距离可以延长很多。

（4）星型结构主要优缺点

星型拓扑结构的优点主要体现在以下几个方面。

① 网络传输数据快。整个网络呈星型连接，网络的上行通道不是共享的，所以每个节点的数据传输对其他节点的数据传输影响非常小，这样加快了网络数据传输速度。后面将要介绍的环型网络中，所有节点的上、下行通道都共享一条传输介质，而同一时刻只允许一个方向的数据传输，其他节点要进行数据传输只有等到现有数据传输完毕后才可进行。

星型结构所对应的双绞线以太网标准的传输速率可以非常高，如普通的五类、超五类都可以通过 4 对芯线实现 1 000 Mbps 的传输，七类屏蔽双绞线则可以实现 10 Gbps 的传输。而环型和总线型结构中，所对应的标准速率都在 16 Mbps 以内，明显低了许多。

② 成本低。星型结构所采用的传输介质通常是常见的双绞线，这种传输介质相对其他传输介质（如同轴电缆和光纤）来说比较便宜。

③ 节点扩展方便。在星型网络中，节点扩展时只需要从交换机等集中设备空余端口中增加一条电缆即可。而要移动一个节点，只需要把相应节点设备连接网线从设备端口拔出，然后移到新设备端口即可，并不影响其他任何已有设备的连接和使用。

④ 维护容易。在星型网络中，每个节点都是相对独立的，一个节点出现故障不会影响其他节点的连接，可任意拆走故障节点。正因如此，这种网络结构受到用户的普遍欢迎，成为应用最广的一种拓扑结构类型。但如果核心集线设备出现故障，则会导致整个网络瘫痪。

星型拓扑结构也有其缺点，主要体现在如下几个方面。

① 核心交换机工作负荷重。虽然各用户工作站连接不同的交换机，但是最终还要与连接在网络中央核心交换机上的服务器进行用户登录和网络服务器访问，所以，中央核心交换机的工作负荷相当繁重，这就要求担当中央设备的交换机的性能和可靠性非常高。其他各级集线器和交换机也连接多个用户，其工作负荷同样非常重，也要求具有较高的可靠性。

② 网络布线较复杂。每个计算机直接采用专门的网线与集线设备相连，这样整个网络中至少需要所有计算机及网络设备总量以上条数的网线，使得本身结构就非常复杂的星型网络变得更加复杂了。特别是在大中型企业网络的机房中，太多的线缆无论对维护、管理还是机房安全都是一个威胁。这就要求在布线时要多加注意，一定要在各条线缆和集线器及交换机端口上做好相应的标记，同时建议做好整体布线书面记录，以备日后出现布线故障时能迅速找到故障发生点。另外，由于这种星型网络中的每条线缆都是专用的，利用率不高，在较大型的网络中，浪费相当大。

③ 广播传输，影响网络性能。其实这是以太网技术本身的缺点，但因星型网络结构主要应用于以太网中，所以也就成了星型网络的一个缺点。在以太网中，当集线器收到节点发送的数据时，采取的是广播发送方式，任何一个节点发送信息，在整个网中的节点都可以收到，从而严重影响了网络性能的发挥。虽然交换机具有 MAC 地址"学习"功能，但对于那些以前没有识别的节点发送来的数据，同样是采取广播方式发送的，所以同样存在广播风暴的负面影响，当然交换机的广播影响要远比集线器的小，在局域网中使用影响不大。

综上所述，星型拓扑结构是一种应用广泛的有线局域网拓扑结构。一般它采用的是廉价的双绞线，而且非共享传输通道，传输性能好，节点数不受技术限制，扩展和维护容易，因此它又是一种经济实用的网络拓扑结构。但受到单段双绞线长度 100 m 的限制，它仅应用于小范围（如同一楼层）的网络部署。超过这个距离，则要用到成本较高的光纤作为传输介质，传输介质发生改变，使得相应的设备也要进行更换，设备要有相应的光纤接口才行。

2．环型拓扑结构

在计算机网络刚进入国内时，环型拓扑结构在企业局域网中应用非常普遍，因为那时大多数企业网络规模都非常小，只是一些重要部门才用得上局域网，并不是所有部门都组建网络。目前这一网络结构形式已基本不用，因为它的传输速率最高只有 16 Mbps，扩展性能又差，早已被性能更好的双绞线星型结构以太网所替代。

（1）环型网络结构概述

环型网络拓扑结构主要应用于采用同轴电缆（也可以是光纤）作为传输介质的令牌网中，是由连接成封闭回路的网络节点组成的。图 2-7 所示为一个典型的环型网络。

这种拓扑结构的网络不是所有计算机真正连接成物理上的环形，可以是任意形状，如直线形、半环形等。这里所说的"环"是从电气性能上来讲的，"环"的形成并不是通过电缆两端的直接连接形成的，而是通过在环的电缆两端加装一个阻抗匹配器来实现环的。

网络集成与综合布线

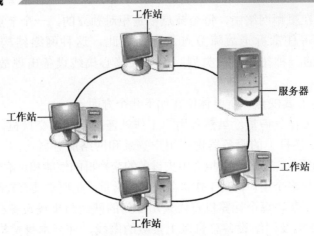

图 2-7　环型网络结构

这种网络中的每一节点是通过环中继转发器（RPU），与它左右相邻的节点串行连接，在传输介质环的两端各加上一个阻抗匹配器，就形成了一个封闭的环路，在逻辑上就相当于形成了一个封闭的环路，"环"型结构因此得名。

（2）令牌环网的工作原理

环型网络的一个典型代表是采用同轴电缆作为传输介质的 IEEE 802.5 的令牌环网（Token ring network）。目前也有用光纤作为传输介质的环型网，大大提高了环型网的性能。令牌环网络结构最早由 IBM 公司推出，最初的同轴电缆令牌环网传输速率为 4 Mbps 或 16 Mbps，较当时只有 2 Mbps 的以太网性能要高出好几倍，所以在当时得到了广泛应用。但随着以太网技术的跳跃式发展，令牌环网络技术的性能不能适应时代的要求，逐渐被淘汰。

在这种令牌环网络中，RPU 从其中的一个环段（称为"上行链路"）上获取帧中的每位信号，经过再生（整形和放大）后转发到另一环段（称为"下行链路"）。如果帧中宿（目的）地址与本节点地址一致，复制 MAC 帧，并送给附接本 RPU 的节点。在这种网络中，MAC 帧会无止境地在环路中再生和转发，由发送节点完成。其中有专门的环监控器，监视和维护环路的工作。RPU 负责网段的连接、信息的复制、再生和转发、环监控等。一旦 RPU 出现故障则可能导致网络瘫痪。

在令牌环网络中，只有拥有"令牌"的设备才允许在网络中传输数据。这样可以保证在某一时间内，网络中只有一台设备可以传送信息。在环型网络中信息流只能是单方向的，每个收到信息包的站点都向它的下游站点转发该信息包。信息包在环型网络中传输一圈，最后由发送站进行回收。当信息包经过目的站时，目的站根据信息包中的目标地址判断出自己是否为接收站，并把该信息复制到自己的接收缓冲区中。环路上的传输介质是各个计算机公用的，一台计算机发送信息时，必须经过环路的全部接口。只有当传送信息的目标地址与环路上某台计算机的地址相符合时，才被该计算机的环接口所接收，否则信息传至下一个计算机的环接口。

在数据的发送方面，在这种网络中，平时在环上流动着一种叫令牌的特殊信息包，只有得到令牌的站才可以发送信息，当一个站发送完信息后就把令牌向下传送，以便下游的站点可以得到发送信息的机会。

环型网络的访问控制一般是分散式管理的,在物理上,环型网络本身就是一个环,因此它适合采用令牌环访问控制方法。有时也有集中式管理,这时就需要专门的设备负责访问控制管理。而环型网络中的各个计算机发送信息时都必须经过环路的全部环接口,如果一个环接口程序故障,则整个网络就会瘫痪,所以对环接口的可靠性要求比较高。为了提高可靠性,当一个接口出现故障时,则采用环旁通的办法。

(3) 环型结构的主要优缺点。

环型结构网络的优点主要体现在以下几个方面。

① 网络路径选择和网络组建简单。在这种结构网络中,信息在环型网络中的流动沿一个特定的方向,每两台计算机之间只有一条通路,简化了路径的选择,因此路径选择效率高,网络组建简单。

② 成本低。主要体现在两个方面:一方面是线材的成本非常低。在环型网络中各计算机连接在同一条同轴电缆上,所以成本非常低,电缆利用率也相当高,降低投资成本;另一方面,这种网络中不需要任何其他专用网络设备,所以无须花费任何投资购买网络设备。

尽管有以上两个优点,但环型网络的缺点仍是主要的,这也是它最终被淘汰的根本原因。环型结构网络的主要缺点体现在以下几个方面。

① 传输速度慢。传输速度慢是它最终不能得以发展和被用户认可的最根本原因。虽然在刚出现时较当时的 10 Mbps 的以太网,在速度上有一定优势(它可以实现 16 Mbps 的接入速率),但由于这种网络技术后来一直没有任何发展,速度仍停留在原来的水平,相对于现在最高可达到 10 Gbps 的以太网来说,实在是太落后了,甚至无线局域网的传输速度都远远超过了它。这么低的连接性能决定了它只能面临被淘汰的局面。目前这种网络结构技术只在实验室中可以见到。

② 连接用户数非常少。在这种环型结构中,各用户是相互串联在一条同轴电缆上的,本来传输速率就非常低,再加上共享传输介质,各用户实际可能分配到的带宽就更低了,而且没有任何中继设备,所以这种网络结构可连接的用户数就非常少,通常只是几个用户,最多不超过 20 个。

③ 传输效率低。这种环型网络共享一条传输介质,每发送一个令牌数据都要在整个环状网络中从头走到尾。如果已有节点接收了数据,在该节点接收数据后,也只是复制令牌数据,令牌还将继续传递,看是否还有其他节点需要同样一份数据,直到回到发送数据的节点。这样,传输速率本来就非常低的网络的传输效率就更加低了。

④ 扩展性能差。因为是环型结构,且没有任何可用来扩展连接的设备,决定了它的扩展性能远不如星型结构好。如果要新添加或移动节点,就必须中断整个网络,在适当位置切断网线,并在两端做好 RPU 才能连接。受网络传输性能的限制,这种网络连接的用户数非常有限,也不能随意扩展。

⑤ 维护困难。虽然在这种网络中只有一条同轴电缆,看似结构非常简单,但它仍是一个闭环,设备都连接在同一条串行连接的环路上,所以一旦某个节点出现了故障,整个网络将瘫痪。而且,在这样一个串行结构中,要找到具体的故障点是非常困难的,必须一个个节点地排除。另外,因为同轴电缆所采用的是插针接触方式,容易接触不良,造成网络中断,网络故障率非常高。

综上所述，环型拓扑结构性能差、传输性能低，连接用户少、可扩展性差和维护困难等都是它致命的弱点，这也是决定它不能得以继续发展和应用的原因。

这种网络在 20 世纪 90 年代中期前还被应用，主要是小型个体企业，连接的用户数一般是 10 多个，现在基本不用了，即使只有几个用户。因为它的传输性能太差，16 Mbps 的传输速率远不能满足当前企业网络复杂应用的高带宽需求。另外，现在组建一个 10 多个用户的小型局域网的方案非常多，任何一台集线器或交换机都可以实现，而且现在无线局域网性能有了大幅提高，54 Mbps 主流速率也远比 16 Mbps 高，网络成本可能高些，但就目前的这些网络设备价格水平，根本不会影响用户的购买。所以，建议用户在新构建网络系统时不要选择环型网络结构。

3. 总线型拓扑结构

总线型拓扑结构与环型结构有很多共同点，它们主要是利用同轴电缆作为传输介质，而且在网络通信中都是以令牌的方式进行的。但其接入速率低于环型网络，所以与环型网络有着被淘汰的同样命运。在目前的局域网中，纯粹的总线型网络基本没有。

（1）总线型结构概述

总线型拓扑结构网络中，所有设备通过连接器并行连接到一个线缆（也称"中继线"或"总线"或"母线"或"干线"）上，并在两端加装一个"终接器"组件，如图 2-8 所示。

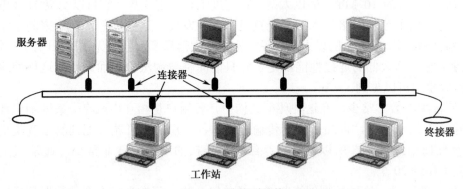

图 2-8 总线型结构

总线型网络所采用的传输介质可以是同轴电缆（包括粗缆和细缆），也可以是光纤，如 ATM 网、Cable MODEM 所采用的网络都属于总线型网络结构。为扩展计算机的台数，可以在网络中添加其他扩展设备，如中继器等。令牌总线结构的代表技术就是 IBM 公司的 ARCNet 网络，如图 2-9 所示。

从传输介质和网络结构上来看，它与环型结构非常类似，都共享一条线缆，在线缆两端都要加装终接器匹配。但有一个重要的不同是：环型网络中的连接器与线缆是串联的，任何连接节点出现问题，都会断开整个网络；而总线型结构中的连接器与线缆是并联的，节点故障不会影响网络中的其他节点通信，而且总线型结构中的连接器还可以连接中继设备、连接其他网络，以扩展网络连接和传输距离。环型网络中的连接与总线型结构中的连接所采用的技术也不同。环型结构采用的是 IEEE 802.5 令牌环技术，而总线型结构采用的是 IEEE 802.4 令牌总线技术（但并不是所有环型网络都支持 IEEE 802.5 标准，也不是所有的总线型网络都支持 IEEE 802.4 标准）。

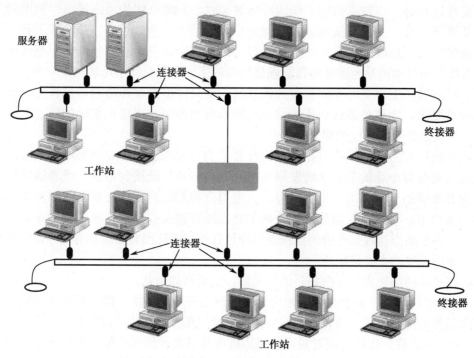

图 2-9　总线型结构扩展

（2）令牌总线的工作原理

令牌总线访问控制是将局域网物理总线的站点构成一个逻辑环，每一个站点都在一个有序的序列中被指定一个逻辑位置，序列中最后一个站点的后面又跟着第一个站点。每个站点都知道在它之前的前趋站标识和在它之后的后继站标识。为了保证逻辑闭合环路的形成，每个节点都动态地维护着一个连接表，该表记录着本节点在环路中的前趋、后继和本节点的地址，每个节点根据后继地址确定下一站有令牌的节点，如图 2-10 所示。

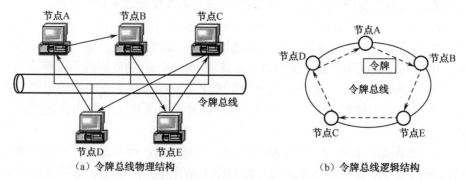

图 2-10　令牌总线结构局域网

从图 2-10 中可以看出，在物理结构上，它是一个总线结构局域网，但是在逻辑结构上，又成了一种环型结构的局域网。和令牌环一样，站点只有取得令牌才能发送帧，而令牌在逻辑环上依次循环传递。

总线上站点的实际顺序与逻辑顺序并无对应关系，这也就是在图 2-10 所示结构中站点物理位置与逻辑位置不一致的原因。

在正常运行时，当站点做完工作或时间终了时，它将令牌传递给逻辑序列中的下一个站点。从逻辑上看，令牌是按地址的递减顺序传送至下一个站点的。从物理上看，带有目的的令牌帧广播到总线上所有的站点时，目的站点识别出符合它的地址，即把该令牌帧接收。只有收到令牌帧的站点才能将信息帧送到总线上，令牌总线不可能产生冲突。

由于不可能产生冲突，令牌总线的信息帧长度只需根据要传送的信息长度来确定，没有最短帧的要求。为了使最远距离的站点也能检测到冲突，需要在实际的信息长度后添加填充位，以满足最短帧长度的要求。

令牌总线控制的另一个特点是站点间有公平的访问权。因为完全采用半双工的操作方式，所以只有获得令牌的节点才能发送信息，其他节点只能接收信息，或者被动地发送信息（在拥有令牌的节点要求下发送信息）。取得令牌的站点有报文要发送则可发送，随后将令牌传递给下一个站点；如果取得令牌的站点没有报文要发送，则立刻把令牌传递到下一个站点。由于站点接收到令牌的过程是顺序进行的，因此所有站点都有公平的访问权。

（3）令牌总线的主要优缺点

总线拓扑结构的优点与环型拓扑结构类似，主要有如下几点。

① 网络结构简单，易于布线。因为总线型网络与环型网络一样，都共享传输介质，通常不需要另外的网络设备，所以整个网络结构比较简单，布线比较容易。

② 扩展较容易。这是它相对同样采用同轴电缆或光纤作为传输介质的环型网络结构的一个最大优点。因为总线型结构网络中，各节点与总线的连接是并行连接的，所以节点的扩展无须断开网络，扩展容易许多。还可通过中继器设备扩展连接到其他网络中，进一步提高了网络可扩展性能。

③ 维护容易。因为总线型结构网络中的连接器与总线是并行连接的，所以这给整个网络的维护带来了极大的便利。一个节点的故障不会影响其他节点，更不会影响整个网络，所以故障点的查找容易了许多。这与星型结构类似。

尽管有这些优点，但是它与环型结构网络一样，缺点仍是主要的，这些缺点也决定了它在当前网络应用中极少使用。总线型结构的缺点主要表现在以下几个方面。

① 传输速率低。IEEE 802.5 令牌环网中的最高传输速率可达 16 Mbps，但 IEEE 802.4 标准下的令牌总线标准最高传输速率仅为 10 Mbps。所以它虽然在扩展性方面比令牌环网有一些优势，但它同样摆脱不了被淘汰的命运。现在 10 Mbps 的双绞线集线器星型结构都不再应用了，总线型结构的唯一优势就是同轴电缆比双绞线具有更长的传输距离，而这些优势相对光纤来说根本不值得一提。在星型结构中同样可以采用光纤作为传输介质。以延长传输距离。

② 故障诊断困难。虽然总线拓扑结构简单、可靠性高，而且是互不影响的并行连接，但故障的检测仍然很不容易。这是因为这种网络不是集中式控制的，故障诊断需要在网络中各节点计算机上分别进行。

③ 故障隔离比较困难。在这种结构中，如果故障发生在各个计算机内部，只需要将计算机从总线上去掉，比较容易实现。但如果总线发生故障，则故障隔离比较困难。

④ 网络效率和传输性能不高。在这种结构网络中，所有的计算机都在一条总线上，发送信息时比较容易产生冲突，故这种结构的网络实时性不强，网络传输性能也不高。

⑤ 难以实现大规模扩展。虽然相对环型网络来说，总线型的网络结构在扩展性方面有了一定的改善，可以在不断开网络的情况下添加设备，还可添加中继器之类的设备进行扩展。但仍受到传输性能的限制，其扩展性远不如星型网络，难以实现大规模的扩展。

综上所述，单纯总线型结构网络目前也已基本不用，因为传输性能太低，可扩展性也受到性能的限制。目前只有在混合型网络结构中才用到总线型结构，在这些混合型网络中使用总线型结构的目的就是用来连接两个（如两栋建筑物）或多个（如多楼层）相距超过 100 m 的局域网。细同轴电缆连接的距离可达 185 m，粗同轴电缆可达 500 m。如果超过这两个标准，就需要用到光纤。但无论采用哪种传输介质的总线型结构，传输速率都保持在 10 Mbps，实用性极低，不如直接采用光纤星型结构更优。

4. 树型拓扑结构

树型拓扑结构可以认为是由多级星型结构组成的，这种多级星型结构自上而下，即从核心交换机到汇聚层交换机，再到边缘层交换机是呈三角形分布的，上层的终端和集中交换节点少，中层的终端和集中交换节点多些，而下层的终端和集中交换节点最多。

像倒置的一棵树一样，最顶端的枝叶少些，中间的枝叶多些，而最下面的枝叶最多，树的最下端相当于网络中的边缘层，树的中间部分相当于网络中的汇聚层，而树的顶端则相当于网络中的核心层，顶端交换机就是树的"干"。它采用分级的集中控制方式，其传输介质可有多条分支，但不形成闭合回路，每条通信线路都必须是支持双向传输的，如图 2-11 所示。

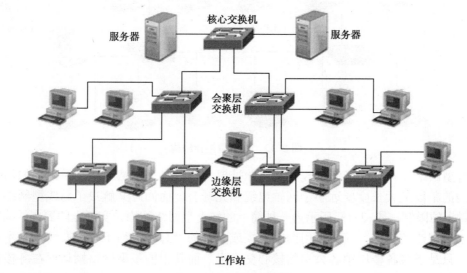

图 2-11 树型拓扑结构

大中型网络通常采用树型拓扑结构，它的可折叠性非常适用于构建网络主干。由于树型拓扑结构具有非常好的可扩展性，并可通过更换集线设备使网络性能迅速升级，极大地保护了用户的布线投资，因此非常适宜作为网络布线系统的网络拓扑。

树型拓扑结构除了具有星型拓扑结构的所有优点外，还具有以下特有的优点。

① 扩展性能好。这也是星型拓扑结构的主要优点，通过多级星型级联，就可以十分方便地扩展原有网络，实现网络的升级改造。只要简单地更换高速率的集线设备，即可平滑

地从 10 Mbps 升级至 100 Mbps、1 000 Mbps 甚至 10 Gbps，实现网络的升级。正是由于这个重要的特点，星型网络结构才会成为网络综合布线的首选。

② 网络易于维护。集线设备居于网络或子网络的中心，这是放置网络诊断设备的绝好位置。就实际应用来看，利用附加于集线设备中的网络诊断设备，可以使故障的诊断和定位变得简单而有效。

这种结构的缺点就是对核心交换机的依赖性太大，如果核心交换机发生故障，则全网不能正常工作。另外，大量数据要经过多级传输，系统的响应时间较长。

5．混合型网络结构

混合型网络结构是目前局域网，特别是大中型局域网中应用最广泛的网络拓扑结构。它可以解决单一网络拓扑结构的传输距离和连接用户数扩展的双重限制。

（1）混合型结构概述

混合型结构中，常见的是由星型结构和总线型结构结合在一起组成的，如图 2-12 所示。

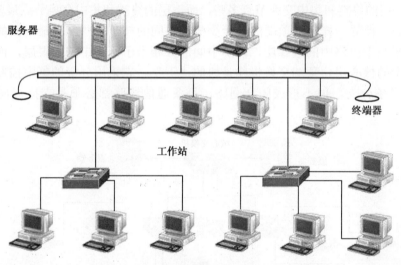

图 2-12　混合型拓扑结构

混合型网络拓扑结构能满足较大网络的扩展，解决星型网络在传输距离上的局限（因为双绞线的单段最大长度要远小于同轴电缆和光纤），而同时又解决了总线型网络在连接用户数量上的限制。图 2-13 所示为一种简单的混合型网络结构。实际上的混合结构网络主要应用于多层建筑物中，其中采用同轴电缆或光纤的"总线"用于垂直布线，基本不连接工作站，只是连接各楼层中各公司的核心交换机，而其中的星型网络则体现在各楼层的各用户网络中。

这种网络拓扑结构主要用于较大型的局域网中。如果一个单位有几栋在地理位置上分布较远（但是同一小区中）的建筑物，或者分布在多个楼层中，就可以采用混合型的网络结构。但现在基本上不用这种混合型的网络结构，都采用分层星型结构（相当于树型结构）。因为在一般 20 层以内的楼中，100m 的双绞线就可以满足（通常采用大对数双绞线，如 25 对，每对的一端连接一个中心交换机端口，另一端连接各楼层交换机的端口）。

第 2 章 计算机网络基础

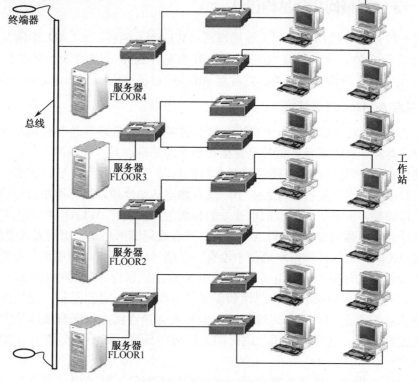

图 2-13 混合型拓扑结构

如果距离过远,如高楼层或多建筑物之间的网络互连,则可以用光纤作为传输介质。无论哪一种情况,采用混合型网络结构的传输性能均比总线型连接方式好许多。

(2) 混合型拓扑结构的主要特点

① 应用广泛。混合型拓扑结构解决了星型和总线型拓扑结构的不足,满足了大公司组网的实际需求,在一些智能化的信息大厦中应用非常普遍。在一幢大厦中,各楼层间采用光纤作为总线,一方面可以保证网络传输距离;另一方面,光纤的传输性能要远好于同轴电缆,所以,在传输性能上也给予了充分保证。当然投资成本会有较大的增加。在一些较小建筑物中也可以采用同轴电缆作为总线,各楼层内部仍普遍采用双绞线星型以太网。

② 扩展灵活。混合型拓扑结构继承了星型拓扑结构的优点,但由于仍采用广播式的消息传送方式,所以在总线长度和节点数量上也会受到限制,但在局域网中的影响并不是很大。

③ 性能差。由于混合型拓扑结构的骨干网段(总线段)采用总线网络连接方式,因此各楼层和各建筑物之间的网络互连性能较差,仍局限于最高 16 Mbps 的速率。另外,这种结构的网络具有总线型网络结构的弱点,网络速率会随着用户的增多而下降。当然,在采用光纤作为传输介质的混合型网络中,这些影响还是比较小的。

④ 较难维护。混合型拓扑结构受总线型网络拓扑结构的制约,如果总线断开,则整个网络也就瘫痪了,但如果分支网段出故障,则不影响整个网络的正常运作。还有,整个网络非常复杂,不太容易维护。

2.2.2 无线局域网拓扑结构设计

局域网一般分为有线局域网和无线局域网（WLAN）两种，WLAN 通常是作为有线局域网的补充而存在的，单纯的无线局域网比较少见，通常只应用于小型办公网络中。在 WLAN 中，主要网络结构只有两类：点对点 Ad-Hoc 对等结构和 Infrastructure 结构。

1. 点对点 Ad-Hoc 对等结构

点对点 Ad-Hoc 对等结构相当于有线网络中的多机（一般最多是 3 台机）直接通过网卡互连，中间没有集中接入设备，信号是直接在两个通信端点对点传输的。

在有线网络中，因为每个连接都需要专门的传输介质，所以在多机互连中，一台计算机可能要安装多块网卡。而在 WLAN 中，没有物理传输介质，信号不是通过固定的传输介质作为信道传输的，而是以电磁波的形式发散传播的，所以在 WLAN 中的点对点对等连接模式中，各计算机无须安装多块 WLAN 网卡。与有线局域网相比，组网方式要简单许多。

点对点 Ad-Hoc 对等结构网络通信中没有一个信号交换设备，网络通信效率较低，所以仅适用于较少数量的计算机无线互连（通常是 5 台主机以内）。同时由于这一模式没有中心管理单元，所以这种网络在可管理性和扩展性方面受到一定的限制，连接性能也不是很好。而且各无线节点之间只能单点通信，不能实现交换连接，如同有线网络中的对等网一样。这种无线网络模式通常只适用于临时的无线应用环境，如小型会议室、SOHO 家庭无线网络等。

由于这种网络模式的连接性能有限，所以此种方案的实际效果可能会差一些。随着现在的无线局域网设备价格大幅下降，无线 AP 价格相对便宜，根本没必要采用这种连接性能受到诸多限制的对等无线局域网模式。

要达到无线连接的最佳性能，所有主机最好都选用同一品牌、同一型号的无线网卡。并且要详细了解相应型号的网卡是否支持点对点 Ad-Hoc 网络连接模式。有些无线网卡只支持 Infrastructure 结构模式，但绝大多数无线网卡是同时支持这两种网络结构模式的。

2. Infrastructure 结构

基于无线 AP 的 Infrastructure 结构模式与有线网络中的星型交换模式相似，也属于集中式结构类型。其中的无线 AP 相当于有线网络中的交换机，起到集中连接和数据交换的作用。这种无线网络结构中，除了需要像 Ad-Hoc 对等结构中一样，在每台主机上安装无线网卡外，还需要一个 AP 接入设备，俗称"访问点"或"接入点"。这个 AP 设备主要用于集中连接所有的无线节点，并进行集中管理。一般的无线 AP 还提供了一个有线以太网接口，用于与有线网络、工作站和路由设备的连接。

这种网络结构模式的特点主要表现在网络易于扩展、便于集中管理、能提供用户身份验证等优势。另外，数据传输性能也明显高于 Ad-Hoc 对等结构。在这种 AP 网络中，AP 和无线网卡还可针对具体的网络环境调整网络连接速率，如 11 Mbps 的可使用速率可以调整为 1 Mbps、2 Mbps、5.5 Mbps 和 11 Mbps 4 档；54 Mbps 的 IEEE 802.11a 和 IEEE 802.11g 的可使用速率则有 54 Mbps、48 Mbps、36 Mbps、24 Mbps、18 Mbps、12 Mbps、11 Mbps、9 Mbps、6 Mbps、5.5 Mbps、2 Mbps、1 Mbps 共 12 个不同速率可动态转换，以发挥相应网络环境下的最佳连接性能。

理论上一个支持 IEEE 802.11b 的 AP 最大可连接 72 个无线节点，实际应用中考虑到更高的连接需求，建议为 10 个节点以内。由于在实际的应用环境中，连接性能往往受到许多方面因素的影响，所以实际连接速率要远低于理论速率，如前面介绍的 AP 和无线网卡可针对特定的网络环境动态调整速率。当然在具体应用中，对于带宽要求较高（如学校的多媒体教学、电话会议和视频点播等）的应用，最好单个 AP 所连接的用户数少些；对于简单的网络应用可适当多些。同时要求单个 AP 所连接的无线节点要在其有效的覆盖范围内，这个距离通常为室内 100 m 左右、室外 300 m 左右。如果是支持 IEEE 802.11a 或 IEEE 802.11g 的 AP，因为它的速率可达到 54 Mbps，而且有效覆盖范围也比 IEEE 802.11b 的大一倍以上，理论上单个 AP 的连接节点数在 100 个以上，但实际应用中所连接的用户数最好在 20 个左右。

另外，Infrastructure 结构的无线局域网不仅可以应用于独立的无线局域网中，如小型办公室无线网络、SOHO 家庭无线网络，也可以以它为基本网络结构单元组建成庞大的无线局域网系统，如 ISP 在"热点"位置为各移动办公用户提供的无线上网服务，在宾馆、酒店、机场为用户提供的无线上网区等。不过这时就要充分考虑各 AP 所占用的信道，在同一有效距离内只能使用 3 个不同的信道。

图 2-14 所示为某宾馆的无线网络方案，宾馆中各楼层中的无线网络用户通过一条宽带接入线路与 Internet 连接。还可以与企业原有的有线网络连接，组成混合型网络。无线网络与有线网络连接的网络结构与图 2-14 相似，不同之处只是图中的交换机通常要与企业有线网络的核心交换机相连，而不是直接连接其他网络或无线设备。

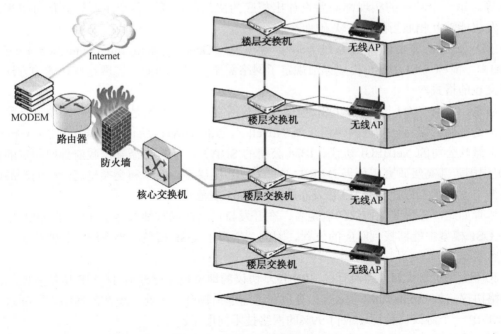

图 2-14 某宾馆无线网络方案

2.3 计算机网络通信协议

最知名的网络协议就是 TCP/IP 协议了。事实上，TCP/IP 协议是一个协议集，由很多协议组成。TCP 和 IP 是这个协议集中的两个协议，TCP/IP 协议集是用这两个协议来命名的。

TCP/IP 协议集中每一个协议涉及的功能都用程序来实现。TCP 协议和 IP 协议有对应的 TCP 程序和 IP 程序。TCP 协议规定了 TCP 程序需要完成哪些功能，如何完成这些功能，以及 TCP 程序所涉及的数据格式。

根据 TCP 协议我们了解到，网络协议是一个约定，该约定规定了：

（1）实现这个协议的程序要完成什么功能；

（2）如何完成这个功能；

（3）实现这个功能需要的通信报文包的格式。

如果一个网络协议涉及了硬件的功能，通常就被叫作标准，而不再称为协议了。所以，叫标准还是叫协议基本是一回事，都是一种功能、方法和数据格式的约定，只是网络标准还需要约定硬件的物理尺寸和电气特性。最典型的标准就是 IEEE 802.3，它是以太网的技术标准。

协议、标准化的目的是让各个厂商的网络产品互相通用。尤其是完成具体功能的方法和通信格式。如果没有统一的标准，各个厂商的产品就无法通用。无法想象使用 Windows 操作系统的主机发出的数据包，只有微软公司自己来设计交换机才能识别并转发。

为了完成计算机网络通信，实现网络通信的软/硬件就需要完成一系列功能。例如，为数据封装地址、对出错数据进行重发、当接收主机无法承受时对发送主机的发送速度进行控制等。每一个功能的实现都需要设计出相应的协议，这样，各个生产厂家就可以根据协议开发出能够互相通用的网络软/硬件产品。

ISO 发布了著名的开放系统互联参考模型（Open System Interconnection Reference Model），简称 OSI。OSI 模型详细规定了网络需要实现的功能、实现这些功能的方法及通信报文包的格式。

但是，没有一个厂家遵循 OSI 模型来开发网络产品。不论是网络操作系统还是网络设备，不是遵循厂家自己制订的协议（如 Novell 公司的 Novell 协议、苹果公司的 AppleTalk 协议、微软公司的 NetBEUI 协议、IBM 公司的 SNA），就是遵循某个政府部门制定的协议（如美国国防部高级研究工程局 DARPA 的 TCP/IP 协议）。网卡和交换机这一级的产品则多是遵循电子电气工程师协会 IEEE 发布的 IEEE 802 规范。

尽管如此，各种其他协议的制定者，在开发自己的协议时都参考了 ISO 的 OSI 模型，并在 OSI 模型中能够找到对应的位置。因此，学习了 OSI 模型，再去解释其他协议就变得非常容易。

20 世纪 90 年代初曾经流行的 SPX/IPX 协议的地位现在已经被 TCP/IP 协议所取代。其他网络协议，如 AppleTalk、DecNet 等也在迅速退出舞台。因此，现在的网络工程师只要了解 TCP/IP 一个协议，就可以应付 99%的网络技术问题了。

每一个协议都要有对应的程序来实现（少量底层协议还要涉及硬件电路的物理特性和电气特性），了解一个协议，也就是了解它所对应的程序是如何工作的。

2.3.1 OSI 模型

OSI 模型详细规定了网络需要实现的功能、实现这些功能的方法及通信报文包的格式。OSI 模型把网络功能分成 7 大类，并从顶到底按层次排列起来（见图 2-15）。这种倒金字塔形的结构正好描述了数据发送前在发送主机中被加工的过程。待发送的数据首先被应用层的程序加工，然后下放到下面一层继续加工。最后，数据被装配成数据帧，发送到网线上。

当需要把一个数据文件发往另外一个主机之前，这个数据要经历这 7 层协议的每一层的加工。例如，要把一封邮件发往服务器，当在 Outlook 软件中编辑完成按发送键后，Outlook 软件就会把邮件交给第 7 层中根据 POP3 或 SMTP 协议编写的程序。POP3 或 SMTP 程序按自己的协议整理数据格式，然后发给下面层的某个程序。每个层的程序（除了物理层，它是硬件电路和网线，不再加工数据）也都会对数据格式做一些加工，还会用报头的形式增加一些信息。例如，传输层的 TCP 程序会把目标端口地址加到 TCP 报头中；网络层的 IP 程序会把目标 IP 地址加到 IP 报头中；链路层的 802.3 程序会把目标 MAC 地址装配到帧报头中。经过加工后的数据以帧的形式交给物理层，物理层的电路再以位流的形式将数据发送到网络中。

| 7.应用层 |
| 6.表示层 |
| 5.会话层 |
| 4.传输层 |
| 3.网络层 |
| 2.数据链路层 |
| 1.物理层 |

图 2-15 OSI 模型的 7 层协议

接收方主机的过程是相反的。物理层接收到数据后，以相反的顺序遍历 OSI 的所有层，使接收方收到这个电子邮件。

数据在发送主机沿第 7 层向下传输时，每一层都会给它加上自己的报头。在接收方主机，每一层都会阅读对应的报头，拆除自己层的报头并把数据传送给上一层。

OSI 各层的网络功能可以用表 2-1 描述。

表 2-1 OSI 各层网络功能

层	功 能 规 定
第 7 层 应用层	提供与用户应用程序的接口。为每一种应用的通信在报文上添加必要的信息
第 6 层 表示层	定义数据的表示方法，使数据以可以理解的格式发送和读取
第 5 层 会话层	提供网络会话的顺序控制。解释用户和机器名称也在这层完成
第 4 层 传输层	提供端口地址寻址（tcp）。建立、维护、拆除连接；流量控制；出错重发；数据分段
第 3 层 网络层	提供 IP 地址寻址。支持网间互联的所有功能。如路由器、三层交换机
第 2 层 数据链路层	提供链路层地址（如 MAC 地址）寻址。介质访问控制（如以太网的总线争用技术）；差错检测；控制数据的发送与接收。如网桥、交换机
第 1 层 物理层	提供建立计算机和网络之间通信所必需的硬件电路和传输介质

2.3.2 TCP/IP 协议

TCP/IP 协议是互联网中使用的协议，现在几乎成了 Windows、UNIX、Linux 等操作系统中唯一的网络协议了。也就是说，几乎没有一个操作系统按照 OSI 协议的规定编写自己的网络系统软件，而都编写了 TCP/IP 协议要求编写的所有程序。

图 2-16 中列出了 OSI 模型和 TCP/IP 模型的各层及它们大概的对应关系。

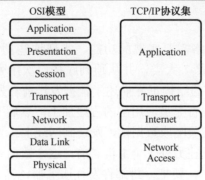

图 2-16 TCP/IP 协议集

TCP/IP 协议是一个协议集，它由十几个协议组成。TCP 协议和 IP 协议仅是其中较为重要的两个协议。

图 2-17 是 TCP/IP 协议集中各个协议之间的关系。

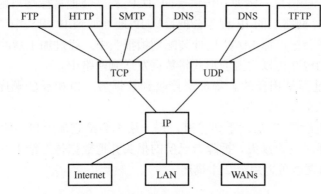

图 2-17 TCP/IP 协议集中的各个协议

TCP/IP 协议集给出了实现网络通信第三层以上的几乎所有的协议，非常完整。

主要的网络协议有以下几类。

应用层：FTP、TFTP、HTTP、SMTP、POP3、SNMP、DNS、Telnet。

传输层：TCP、UDP。

网络层：IP、ARP（地址解析协议）、RARP（逆向地址解析协议）、DHCP（动态 IP 地址分配）、ICMP（Internet Control Message Protocol）、RIP、IGRP、OSPF（属于路由协议）。

POP3、DHCP、IGRP、OSPF 虽然不是 TCP/IP 协议集的成员，但是都是非常知名的网络协议。我们仍然把它们放到 TCP/IP 协议的层次中来，可以更清晰地了解网络协议的全貌。

1. 应用层协议

FTP：文件传输协议。用于主机之间的文件交换。FTP 使用 TCP 协议进行数据传输，是一个可靠的、面向连接的文件传输协议。FTP 支持二进制文件和 ASCII 文件。

TFTP：简单文件传输协议。它比 FTP 简易，是一个非面向连接的协议，使用 UDP 进行传输。因此传送速度更快。该协议多用在局域网中，交换机和路由器这样的网络设备用它把自己的配置文件传输到主机上。

SMTP：简单邮件传输协议。

POP3：邮件传输协议，不属于 TCP/IP 协议集。

Telnet：远程终端仿真协议。可以使一台主机远程登录到其他机器，成为那台远程主机的显示设备和键盘终端。由于交换机和路由器等网络设备都没有自己的显示器和键盘，为了对它们进行配置，就需要使用 Telnet。

DNS：域名解析协议。根据域名解析出对应的 IP 地址。

SNMP：简单网络管理协议。网管工作站搜集、了解网络中交换机、路由器等设备的工作状态所使用的协议。

NFS：网络文件系统协议。允许网络上其他主机共享某机器目录的协议。

TCP/IP 协议的应用层协议有可能使用 TCP 协议进行通信，也可能使用更简易的传输层协议 UDP 完成数据通信。

2．传输层协议

传输层是 TCP/IP 协议集中协议最少的一层，只有两个协议：传输控制协议 TCP 和用户数据报协议 UDP。

TCP 协议要完成 5 个主要功能：端口地址寻址；连接的建立、维护与拆除；流量控制；出错重发；数据分段。

（1）端口地址寻址

网络中的交换机、路由器等设备需要分析数据报中的 MAC 地址、IP 地址，甚至端口地址。也就是说，网络要转发数据，会需要 MAC 地址、IP 地址和端口地址的三重寻址。因此在数据发送之前，需要把这些地址封装到数据报的报头中。

端口地址寻址对应用层程序寻址。当数据报到达目标主机后，链路层的程序会通过数据报的帧报尾进行 CRC 校验。校验合格的数据帧被去掉帧报头向上交给 IP 程序。IP 程序去掉 IP 报头后，再向上把数据交给 TCP 程序。TCP 程序把 TCP 报头去掉后，就可以通过 TCP 报头中源主机指出的端口地址了解到发送主机希望目标主机的什么应用层程序接收这个数据报。

图 2-18 表明了常用的端口地址。

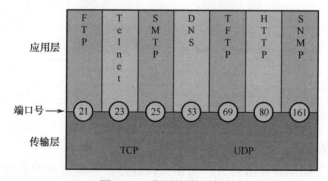

图 2-18 常用的端口地址

从图 2-18 中注意到，WWW 所用 HTTP 协议的端口地址是 80。另外一个在互联网中频繁使用的应用层协议 DNS 的端口号是 53。TCP 和 UDP 的报头中都需要支持端口地址。

目前，应用层程序的开发者都接受 TCP/IP 对端口号的编排。详细的端口号编排可以在 TCP/IP 的注释 RFC 1700 查到。

TCP/IP 规定端口号的编排方法如下。

① 低于 255 的编号：用于 FTP、HTTP 这样的公共应用层协议。

② 255～1023 的编号：提供给操作系统开发公司，为市场化的应用层协议编号。

③ 大于 1023 的编号：普通应用程序。

端口地址的编码范围从 0～65 535。其中从 1 024～49 151 的地址范围需要注册使用，49 152～65 535 的地址范围可以自由使用。

端口地址被源主机在数据发送前封装在其 TCP 报头或 UDP 报头中。图 2-19 给出了 TCP 报头的格式。

图 2-19 TCP 的报头格式

从图 2-19 所示的 TCP 报头格式可看到，端口地址使用两个字节 16 位二进制数来表示，被放在 TCP 报头的最前面。

计算机网络中约定，当一台主机向另外一台主机发出连接请求时，这台机器被视为客户机，而那台机器被视为这台机器的服务器。通常，客户机在给自己的程序编端口号时，随机使用一个大于 1023 的编号。例如，一台主机要访问 WWW 服务器，在其 TCP 报头中的源端口地址封装为 1391，目标端口地址则需要为 80，指明与 HTTP 通信。

图 2-20 端口地址的使用

（2）TCP 连接的建立、维护与拆除

TCP 协议是一个面向连接的协议。所谓面向连接，是指一个主机需要和另外一台主机通信时需要先呼叫对方，请求与对方建立连接。只有对方同意，才能开始通信。

这种呼叫与应答的操作非常简单。所谓呼叫，就是连接的发起方发送一个"建立连接请求"的报文包给对方。对方如果同意这个连接,就简单地发回一个"连接响应"的应答包,连接就建立起来了。

图 2-21 描述了 TCP 建立连接的过程。

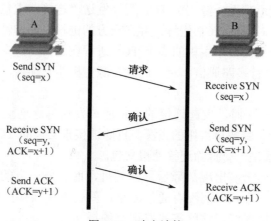

图 2-21　建立连接

主机 A 希望与主机 B 建立连接以交换数据,它的 TCP 程序首先构造一个请求连接报文包给对方。请求连接包的 TCP 报头中的报文性质码标志为 SYN,声明是一个"连接请求包"。主机 B 的 TCP 程序收到主机 A 的连接请求后,如果同意这个连接,就发回一个"确认连接包",应答 A 主机。主机 B 的确认连接包的 TCP 报头中的报文性质码标志为 ACK。

SYN 和 ACK 是 TCP 报头中报文性质码的连接标志位。建立连接时,SYS 标志位置 1,ACK 标志位置 0,表示本报文包是个同步 synchronization 包。确认连接的包,ACK 置 1,SYN 置 1,表示本报文包是个确认 acknowledgment 包。

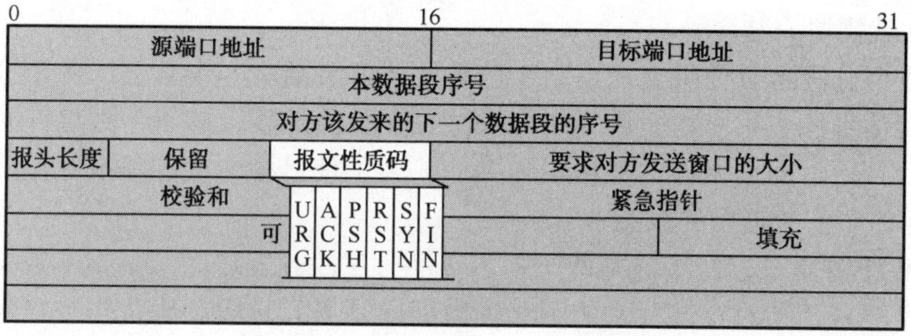

图 2-22　SYN 标志位和 ACK 标志位

从图 2-22 可以看到,建立连接有第三个包,是主机 A 对主机 B 的连接确认。主机 A 发送第三个包是考虑这样一种情况:主机 A 发送一个连接请求包,但这个请求包在传输过程中丢失。主机 A 发现超时仍未收到主机 B 的连接确认,会怀疑到有包丢失。主机 A 再重发个连接请求包。第二个连接请求包到达主机 B,保证了连接的建立。

但是如果第一个连接请求包没有丢失,而只是因为网络慢而导致主机 A 超时呢?这就会使主机 B 收到两个连接请求包,使主机 B 误以为第二个连接请求包是主机 A 的又一个请求。第三个确认包就是为防止这样的错误而设计的。

网络集成与综合布线

这样的连接建立机制被称为三次握手。

从功能实现的角度看，TCP 在数据通信之前先要建立连接，是为了确认对方是活跃的，并同意连接，这样的通信是可靠的。

从 TCP 程序设计的原理看，源主机 TCP 程序发送"连接请求包"是为了触发对方主机的 TCP 程序，开辟一个对应的 TCP 进程，并在双方的进程之间传输数据。即对方主机中开辟了多个 TCP 进程，分别与多个主机的多个 TCP 进程在通信。源主机也可以邀请对方开辟多个 TCP 进程，同时进行多路通信。对方同意与源主机建立连接，对方就要分出一部分内存和 CPU 时间等资源。

可以理解，当通信结束时，发起连接的主机应该发送拆除连接的报文包，通知对方主机关闭相应的 TCP 进程，释放所占用的资源。拆除连接报文包的 TCP 报头中，报文性质码的 FIN 标志位置 1，表明是一个拆除连接的报文包。

为了防止连接双方的一侧出现故障后异常关机，而另外一方的 TCP 进程无休止地驻留，任何一方如果发现对方长时间没有通信流量，就会拆除连接。但有时确实有一段时间没有流量，但还需要保持连接，这就需要发送空的报文包，以维持这个连接。维持连接的报文包的英语名称非常直观：keepalive。为了在一段时间内没有数据发送但还需要保持连接而发送 Keepalive 包，被称为连接的维护。

TCP 程序为实现通信而对连接进行建立、维护和拆除的操作，称为 TCP 的传输连接管理。

（3）TCP 报头中的报文序号

TCP 是将应用层交给的数据分段后发送的。为了支持数据出错重发和数据段组装，TCP 程序为每个数据段封装的报头中设计了两个数据报序号字段，分别称为发送序号和确认序号。

出错重发是指一旦发现有丢失的数据段，可以重发丢失的数据，以保证数据传输的完整性。如果数据没有分段，出错后源主机就不得不重发整个数据。为了确认丢失的是哪个数据段，报文就需要安装序号。

另外，数据分段可以使报文在网络中的传输非常灵活。一个数据的各个分段可以选择不同的路径到达目标主机。由于网络中各条路径在传输速度上的不一致性，有可能前面发出的数据段后到达，而后发出的数据段先到达。为了使目标主机能够按照正确的次序重新装配数据，也需要在数据段的报头中安装序号。

TCP 报头中的第三、四字段是两个基本点序号字段。发送序号是指本数据段是第几号报文包。接收序号是指对方该发来的下一个数据段是第几号段。确认序号实际上是已经接收到的最后一个数据段加 1。

如图 2-23 所示，左方主机发送 Telnet 数据，目标端口号为 23，源端口号为 1028。发送序号（Sequencing Numbers）为 10，表明本数据是第 10 段。确认序号（Acknowledgement Numbers）为 1，表明左方主机收到右侧主机发来的数据段数为 0，右侧主机应该发送的数据段是 1。

右侧主机向左方主机发送的数据报中，发送序号是 1，确认序号是 11。确认序号是 11 表明右侧主机已经接收到左方主机第 10 号包以前的所有数据段。

TCP 协议设计在报头中安装第二个序号字段是很巧妙的。这样，对对方数据的确认随着本主机的数据发送而载波过去，而不是单独发送确认包，大大节省了网络带宽和接收主机的 CPU 时间。

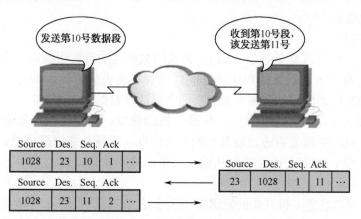

图 2-23　发送序号与确认序号

（4）PAR 出错重发机制

在网络中有两种情况会丢失数据包。如果网络设备（交换机、路由器）的负荷太大，当其数据包缓冲区满时，就会丢失数据包。另外一种情况是，如果在传输中因为噪声干扰、数据碰撞或设备故障，数据包就会受到损坏。在接收主机的链路层接受校验时就会被丢弃。

发送主机应该发现丢失的数据段，并重发出错的数据。

TCP 使用称为 PAR 的出错重发方案（Positive Acknowledgment and Retransmission），这个方案是许多协议都采用的。

TCP 程序在发送数据时，先把数据段都放到其发送窗口中，然后发送出去。然后，PAR 会为发送窗口中每个已发送的数据段启动定时器。被对方主机确认收到的数据段将从发送窗口中删除。如果某数据段的定时时间到仍然没有收到确认，PAR 就会重发这个数据段。

在图 2-24 中，发送主机的 2 号数据段丢失。接收主机只确认了 1 号数据段。发送主机从发送窗口中删除已确认的 1 号包，放入 4 号数据段（发送窗口=3，没有地方放更多的待发送数据段），将数据段 2、3、4 号发送出去。其中，数据段 2、3 号是重发的数据段。

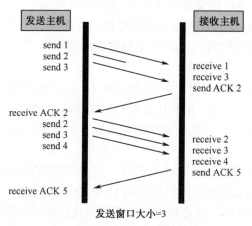

图 2-24　PAR 出错重发机制

尽管数据段 3 已经被接收主机收到，但是仍然被重发。这显然是一种浪费。但是 PAR 机制只能这样处理。

（5）流量控制

如果接收主机同时与多个 TCP 通信，接收的数据包的重新组装需要在内存中排队。如果接收主机的负荷太大，导致内存缓冲区满，就有可能丢失数据。因此，当接收主机无法承受发送主机的发送速度时，就需要通知发送主机放慢数据发送速度。

事实上，接收主机并不通知发送主机放慢发送速度，而是直接控制发送主机的发送窗口大小。接收主机如果需要对方放慢数据的发送速度，就减小数据报中 TCP 报头里"发送窗口"字段的数值。对方主机必须服从这个数值，减小发送窗口的大小，从而降低了发送速度。

在图 2-25 中，发送主机开始的发送窗口大小是 3，每次发送 3 个数据段。接收主机要求窗口大小为 1 后，发送主机调整了发送窗口的大小，每次只发送一个数据段，因此降低了发送速度。

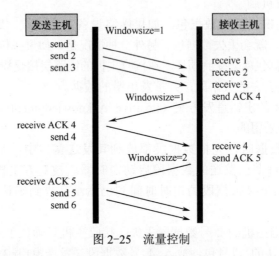

图 2-25 流量控制

极端的情况是，如果接收主机把窗口大小字段设置为 0，发送主机将暂停发送数据。

不过，尽管发送主机通过接受接收主机的窗口设置降低了发送速度，但是，发送主机自己会渐渐扩大窗口。这样做的目的是尽可能地提高数据发送速度。

在实际中，TCP 报头中的窗口字段不是用数据段的个数来说明大小的，而是以字节数为大小的单位的。

在 TCP/IP 协议集中设计了另外一个传输层协议：无连接数据传输协议（Connectionless Data Transport Protocol）。这是一个简化了的传输层协议。UDP 去掉了 TCP 协议中 5 个功能中的 3 个功能：连接建立、流量控制和出错重发，只保留了端口地址寻址和数据分段两个功能。

UDP 通过牺牲可靠性换得通信效率的提高。对于那些数据可靠性要求不高的数据传输（如 DNS、SNMP、TFTP、DHCP），可以使用 UDP 协议来完成。

UDP 报头的格式非常简单，核心内容只有源端口地址和目标端口地址两个字段。

UDP 程序需要与 TCP 一样完成端口地址寻址和数据分段两个功能。但是它不能知道数

据包是否到达目标主机，接收主机也不能抑制发送主机发送数据的速度。由于数据报中不再有报文序号，一旦数据包沿不同路由到达目标主机的次序出现变化，目标主机也无法按正确的次序纠正这样的错误。

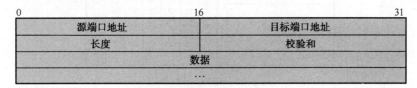

图 2-26 UDP 报头的格式

TCP 是一个面向连接的、可靠的传输；UDP 是一个非面向连接的、简易的传输。

3. 网络层协议

TCP/IP 协议集中最重要的成员是 IP 和 ARP。IP 协议的功能是寻址与路由。即用 IP 地址来标识 Internet 的主机：在每个 IP 数据报中都会携带源 IP 地址和目标 IP 地址来标识该 IP 数据报的源主机和目的主机。IP 数据报在传输过程中，每个中间节点（IP 网关）还需要为其选择从源主机到目的主机的合适的转发路径（即路由）。IP 协议可以根据路由选择协议提供的路由信息对 IP 数据报进行转发，直至抵达目的主机。ARP 协议则用来实现 IP 地址和物理的转换。

除了这两个协议外，网络层还有一些其他协议，如 RARP、DHCP、ICMP、RIP、IGRP、OSPF 等。

2.3.3 IEEE 802 标准

TCP/IP 没有对 OSI 模型最下面两层的实现。TCP/IP 协议主要是在网络操作系统中实现的。主机中应用层、传输层和网络层的任务由 TCP/IP 程序来完成，而主机 OSI 模型最下面两层数据链路层和物理层的功能则是由网卡制造厂商的程序和硬件电路来完成的。

网络设备厂商在制造网卡、交换机、路由器时，其数据链路层和物理层的功能是依照 IEEE 制订的 802 规范，也没有按照 OSI 的具体协议开发。

IEEE 制订的 802 规范标准规定了数据链路层和物理层的功能。

物理地址寻址：发送方需要对数据包安装帧报头，将物理地址封装在帧报头中。接收方能够根据物理地址识别是否是发给自己的数据。

介质访问控制：如何使用共享传输介质避免介质使用冲突。知名的局域网介质访问控制技术有以太网技术、令牌网技术和 FDDI 技术等。

数据帧校验：数据帧在传输过程中是否受到了损坏，丢弃损坏了的帧。

数据的发送与接收：操作内存中的待发送数据向物理层电路中发送的过程。在接收方完成相反的操作。

IEEE 802 根据不同的功能，有相应的协议规范，如标准以太网协议规范 802.3、无线局域网 WLAN 协议规范 802.11 等，统称为 IEEE 802x 标准。图 2-27 列出的是现在流行的 802 标准。

OSI模型		IEEE协议标准
链路层	LLC	IEEE 802.2
	MAC	
物理层		IEEE 802.1 / IEEE 802.3 / IEEE 802.3u / IEEE 802.3ab / IEEE 802.5 / IEEE 802.11 / IEEE 802.14

图 2-27　IEEE 协议标准

由图 2-27 可见，OSI 模型把数据链路层又划分为两个子层：逻辑链路控制（LLC，Logical Link Control）子层和介质访问控制（MAC，Media Access Control）子层。LLC 子层的任务是提供网络层程序与链路层程序的接口，使得链路层主体 MAC 层的程序设计独立于网络层的具体某个协议程序。这样的设计是必要的。例如，新的网络层协议出现时，只需要为这个新的网络层协议程序写出对应的 LLC 层接口程序，就可以使用已有的链路层程序，而不需要全部推翻过去的链路层程序。

MAC 层完成所有 OSI 对数据链路层要求完成的功能：物理地址寻址、介质访问控制、数据帧校验、数据发送与接收的控制。

IEEE 遵循 OSI 模型，也把数据链路层分为两层，设计出 IEEE 802.2 协议与 OSI 的 LLC 层对应，并完成相同的功能。（事实上，OSI 把数据链路层划分出 LLC 是非常科学的，IEEE 没有道理不借鉴 OSI 模型的如此设计。）

可见，IEEE 802.2 协议对应的程序是一个接口程序，提供了流行的网络层协议程序（IP、ARP、IPX、RIP 等）与数据链路层的接口，使网络层的设计成功地独立于数据链路层所涉及的网络拓扑结构、介质访问方式和物理寻址方式。

IEEE 802.1 有许多子协议，其中有些已经过时。但是新的 IEEE 802.1Q、IEEE 802.1D 协议（1998 年）则是最流行的 VLAN 技术和 QoS 技术的设计标准规范。

IEEE 802x 的核心标准是十余个跨越 MAC 子层和物理层的设计规范，目前关注的是如下 8 个知名的规范。

IEEE 802.3：标准以太网标准规范，提供 10 兆位局域网的介质访问控制子层和物理层设计标准。

IEEE 802.3u：快速以太网标准规范，提供 100 兆位局域网的介质访问控制子层和物理层设计标准。

IEEE 802.3ab：千兆位以太网标准规范，提供 1 000 兆位局域网的介质访问控制子层和物理层设计标准。

IEEE 802.5：令牌环网标准规范，提供令牌环介质访问方式下的介质访问控制子层和物理层设计标准。

IEEE 802.11：无线局域网标准规范，提供 2.4 GHz 微波波段 1～2 Mbps 低速 WLAN 的介质访问控制子层和物理层设计标准。

IEEE 802.11a：无线局域网标准规范，提供 5 GHz 微波波段 54 Mbps 高速 WLAN 的介质访问控制子层和物理层设计标准。

IEEE 802.11b：无线局域网标准规范，提供 2.4 GHz 微波波段 11 Mbps WLAN 的介质访

第 2 章 计算机网络基础

问控制子层和物理层设计标准。

IEEE 802.11g：无线局域网标准规范，提供 IEEE 802.11a 和 IEEE 802.11b 的兼容标准。

IEEE 802.14：有线电视网标准规范，提供 Cable MODEM 技术所涉及的介质访问控制子层和物理层设计标准。

在上述规范中，忽略掉了一些不常见的标准规范。尽管 802.5 令牌环网标准规范描述的是一个停滞了的技术，但它是以太网技术的一个对立面，因此仍然将它列出，以强调以太网介质访问控制技术的特点。

另外一个曾经红极一时的数据链路层协议标准 FDDI 不是 IEEE 课题组开发的（从名称上能够看出它不是 IEEE 的成员），而是美国国家标准协会 ANSI 为双闭环光纤令牌网开发的协议标准。

2.4 IP 规划

与邮政通信一样，网络通信也需要有对传输内容进行封装和注明接收者地址的操作。邮政通信的地址结构是有层次的，要分出城市名称、街道名称、门牌号码和收信人。网络通信中的地址也是有层次的，分为网络地址、物理地址和端口地址。网络地址说明目标主机在哪个网络上；物理地址说明目标网络中哪一台主机是数据报的目标主机；端口地址则指明目标主机中的哪个应用程序接收数据报。我们可以将计算机网络地址结构与邮政通信的地址结构比较起来理解：网络地址想象为城市和街道的名称；物理地址则比作门牌号码；而端口地址则与同一个门牌下哪个人接收信件很相似。

标识目标主机在哪个网络的是 IP 地址。IP 地址用四个点分十进制数表示，如 172.155.32.120。只是 IP 地址是个复合地址，完整地看是一台主机的地址。只看前半部分，表示网络地址。地址 172.155.32.120 表示一台主机的地址，172.155.0.0 则表示这台主机所在网络的网络地址。

IP 地址封装在数据报的 IP 报头中。IP 地址有两个用途：网络的路由器设备使用 IP 地址确定目标网络地址，进而确定该向哪个端口转发报文；另外一个用途就是源主机用目标主机的 IP 地址来查询目标主机的物理地址。

物理地址封装在数据报的帧报头中。典型的物理地址是以太网中的 MAC 地址。MAC 地址在两个地方使用：主机中的网卡通过报头中的目标 MAC 地址判断网络送来的数据报是不是发给自己的；网络中的交换机使用通过报头中的目标 MAC 地址确定数据报该向哪个端口转发。其他物理地址的实例是帧中继网中的 DLCI 地址和 ISDN 中的 SPID。

端口地址封装在数据报的 TCP 报头或 UDP 报头中。端口地址的作用是源主机告诉目标主机本数据报是发给对方的哪个应用程序的。如果 TCP 报头中的目标端口地址指明是 80，则表明数据是发给 WWW 服务程序的；如果是 25 130，则是发给对方主机的 CS 游戏程序的。

计算机网络是靠网络地址、物理地址和端口地址的联合寻址来完成数据传送的。缺少其中的任何一个地址，网络都无法完成寻址。但点对点连接的通信是一个例外。点对点通信时，两台主机用一条物理线路直接连接，源主机发送的数据只会沿这条物理线路到达另外那台主机，物理地址是没有必要的了。

2.4.1 IP 地址

IP 地址是一个四字节 32 位长的地址码。一个典型的 IP 地址为 200.1.25.7（以点分十进制表示）。

IP 地址可以用点分十进制数表示，也可以用二进制数来表示，如：

200.1.25.7

11001000 00000001 00011001 00000111

IP 地址被封装在数据包的 IP 报头中，供路由器在网间寻址时使用。因此，网络中的每个主机既有自己的 MAC 地址又有自己的 IP 地址。MAC 地址用于网段内寻址，IP 地址则用于网段间寻址，如图 2-28 所示。

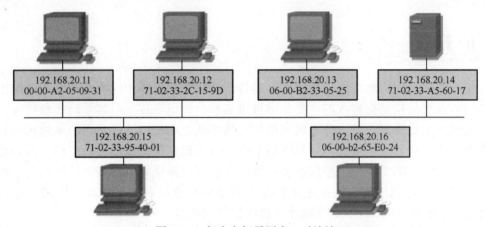

图 2-28 每台主机需要有一对地址

IP 地址分为 A、B、C、D、E 共 5 类地址，其中前三类是经常涉及的 IP 地址。分辨一个 IP 是哪类地址可以从其第一个字节来区别，如图 2-26 所示。

IP address class	IP address range (First Octet Decimal Value)
Class A	1-126 (00000001-01111110)*
Class B	128-191(10000000-10111111)
Class C	192-223(11000000-11011111)
Class D	224-239(11100000-11101111)
Class E	240-255(11110000-11111111)

图 2-29 IP 地址的分类

A 类地址的第一个字节在 1～126 之间，B 类地址的第一个字节在 128～191 之间，C 类地址的第一个字节在 192～223 之间。例如，200.1.25.7 是一个 C 类 IP 地址，155.22.100.25 是一个 B 类 IP 地址。

A、B、C 类地址是常用来为主机分配的 IP 地址。D 类地址用于组播组的地址标识。E 类地址是 Internet Engineering Task Force（IETF）组织保留的 IP 地址，用于该组织自己的研究。

一个 IP 地址分为两部分：网络地址码部分和主机码部分。A 类 IP 地址用第一个字节表示网络地址编码，低三个字节表示主机编码。B 类地址用第一、二个字节表示网络地址编码，后两个字节表示主机编码。C 类地址用前三个字节表示网络地址编码，最后一个字节表示主机编码。具体如图 2-30 所示。

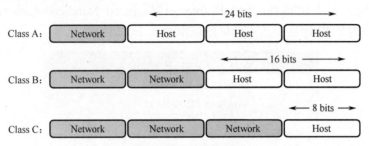

图 2-30　IP 地址的网络地址码部分和主机码部分

把一个主机的 IP 地址的主机码置为全 0 得到的地址码，就是这台主机所在网络的网络地址。例如，200.1.25.7 是一个 C 类 IP 地址。将其主机码部分（最后一个字节）置为全 0，200.1.25.7.0 就是 200.1.25.7 主机所在网络的网络地址。155.22.100.25 是一个 B 类 IP 地址。将其主机码部分（最后两个字节）置为全 0，155.22.0.0 就是 200.1.25.7 主机所在网络的网络地址。

由图 2-31 可见，有两类地址不能分配给主机：网络地址和广播地址。广播地址是主机码置为全 1 的 IP 地址。例如，198.150.11.255 是 198.150.11.0 网络中的广播地址。在图 2-31 中的网络里，198.150.11.0 网络中的主机只能在 198.150.11.1 到 198.150.11.254 范围内分配，198.150.11.0 和 198.150.11.255 不能分配给主机。

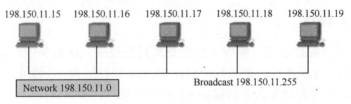

图 2-31　网络地址和广播地址不能分配给主机

MAC 地址是固化在网卡中的，由网卡的制造厂家随机生成。IP 地址则是由 InterNIC（The Internet's Network Information Center）分配的，它在美国 IP 地址注册机构（Internet Assigned Number Authority）的授权下操作。用户通常是从 ISP（互联网服务提供商）处购买 IP 地址，ISP 可以分配它所购买的一部分 IP 地址给用户。

A 类地址通常分配给非常大型的网络，因为 A 类地址的主机位有三个字节的主机编码位，提供多达 1 600 万个 IP 地址给主机（$2^{24}-2$）。也就是说，61.0.0.0 这个网络可以容纳多达 1 600 万个主机。全球一共只有 126 个 A 类网络地址，目前已经没有 A 类地址可以分配了。

B 类地址通常分配给大机构和大型企业，每个 B 类网络地址可提供 6 万 5 千多个 IP 主机地址（$2^{16}-2$），全球一共有 16 384 个 B 类网络地址。

C 类地址用于小型网络，大约有 200 万个 C 类地址。C 类地址只有一个字节用来表示这个网络中的主机，因此每个 C 类网络地址只能提供 254 个 IP 主机地址（$2^{8}-2$）。

A 类地址第一个字节最大为 126，而 B 类地址的第一个字节最小为 128。第一个字节为 127 的 IP 地址既不属于 A 类也不属于 B 类，而是被保留用作回返测试，即主机把数据发送给自己。例如，127.0.0.1 是一个常用的用作回返测试的 IP 地址。

有些 IP 地址不必从 IP 地址注册机构 Internet Assigned Numbers Authority （IANA）处申请得到，称为内部 IP 地址。这类地址的范围由图 2-32 给出。

Class	RFC 1918 internal address range
A	10.0.0.0 to 10.255.255.255
B	172.16.0.0 to 172.31.255.255
C	192.168.0.0 to 192.168.255.255

图 2-32　内部 IP 地址

RFC 1918 文件分别在 A、B、C 类地址中指定了三块作为内部 IP 地址。这些内部 IP 地址可以随便在局域网中使用，但是不能用在互联网中。

IP 地址是在 20 世纪 80 年代开始由 TCP/IP 协议使用的。但随着全球网络的普及，4 字节编码的 IP 地址不久就要被使用完了。

新的 IP 版本已经开发出来，称为 IPv6。而旧的 IP 版本称为 IPv4。IPv6 中的 IP 地址使用 16 字节的地址编码，拥有足够的地址空间迎接未来的商业需要。

由于现有的数以千万计的网络设备不支持 IPv6，所以如何平滑地从 IPv4 迁移到 IPv6 仍然是个难题。不过，在 IP 地址空间即将耗尽的压力下，人们最终会改用 IPv6 的 IP 地址描述主机地址和网络地址。

2.4.2　ARP 协议

主机在发送一个数据之前，需要为这个数据封装报头。在报头中，最重要的东西就是地址。在数据帧的三个报头中，需要封装目标 IP 地址和目标 MAC 地址。

要发送数据，应用程序要么给出目标主机的 IP 地址，要么给出目标主机的主机名或域名，否则就无法指明数据该发送给谁了。但目标主机的 MAC 地址是一个随机数，且固化在对方主机的网卡上。事实上，应用程序在发送数据时只知道目标主机的 IP 地址，无法知道目标主机的 MAC 地址。ARP 协议的程序则可以完成用目标主机的 IP 地址查到它的 MAC 地址的功能。

例如，当主机 176.10.16.1 需要向主机 176.10.16.6 发送数据时，它的 ARP 程序就会发出 ARP 请求广播报文，询问网络中哪台主机是 176.10.16.6 主机，并请它应答自己的查寻，如图 2-33 所示。网络中的所有主机都会收到这个查询请求广播，但是只有 176.10.16.6 主机会响应这个查询请求，向源主机发送 ARP 应答报文，把自己的 MAC 地址 FE:ED:31:A2:22:A3 传送给源主机。于是，源主机便得到了目标主机的 MAC 地址。

这时，源主机掌握了目标主机的 IP 地址和 MAC 地址，就可以封装数据报的 IP 报头和帧报头了。

为了下次再向主机 176.10.16.6 发送数据时不再向网络查询，ARP 程序会将这次查询的结果保存起来。ARP 程序保存网络中其他主机 MAC 地址的表称为 ARP 表。

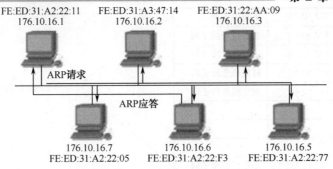

图 2-33 ARP 请求和 ARP 应答

当别人给 ARP 程序一个 IP 地址，要求它查询出这个 IP 地址对应的主机的 MAC 地址时，ARP 程序总是先查自己的 ARP 表，如果 ARP 表中有这个 IP 对应的 MAC 地址，则能够轻松、快速地给出所要的 MAC 地址。如果 ARP 表中没有，则需要通过 ARP 广播和 ARP 应答的机制来获取对方的 MAC 地址。

2.4.3　子网划分

如果一个单位申请获得一个 B 类网络地址 172.50.0.0，那么该单位所有主机的 IP 地址就将在这个网络地址里分配。如 172.50.0.1、172.50.0.2、172.50.0.3…。这个 B 类地址能为 $2^{16}-2$ 台主机分配 IP 地址。六万多台主机在同一个网络内工作会产生大量的介质访问冲突和广播，从而使网络根本无法工作。

因此，需要把 172.50.0.0 网络进一步划分成更小的子网，以在子网之间隔离介质访问冲突和广播报文。将一个大的网络进一步划分成一个个小的子网的另外一个目的是网络管理和网络安全的需要。

假设 172.50.0.0 这个网络地址分配给了铁道部，铁道部网络中的主机 IP 地址的前两个字节都将是 172.50。铁道部计算中心会将自己的网络划分成郑州机务段、济南机务段、长沙机务段等铁道部的各个子网。这样的网络层次体系是任何一个大型网络都需要的。

为了区别郑州机务段、济南机务段、长沙机务段等各个子网，需要给每个子网分配子网的网络 IP 地址。通行的解决方法是将 IP 地址的主机编码分出一些位来挪用为子网编码。

可以在 172.50.0.0 地址中将第三个字节挪用出来表示各个子网，而不再分配给主机地址。这样，可以用 172.50.1.0 表示郑州机务段的子网，172.50.2.0 分配给济南机务段作为该子网的网络地址，172.50.3.0 分配给长沙机务段作为长沙机务段子网的网络地址。于是，172.50.0.0 网络中有 172.50.1.0、172.50.2.0、172.50.3.0…等子网，如图 2-34 所示。

事实上，为了解决介质访问冲突和广播风暴的技术问题，一个网段超过 200 台主机的情况是很少的。一个好的网络规划中，每个网段的主机数都不超过 80 个。因此，划分子网是网络设计与规划中非常重要的一个工作。为了给子网编址，就需要挪用主机编码的编码位。

假设一小型企业分得了一个 C 类地址 202.33.150.0，准备根据市场部、生产部、车间、财务部分成 4 个子网。现在需要从最后一个主机地址码字节中借用 2 位（$2^2=4$）来为这 4 个子网编址。子网编址的结果如下。

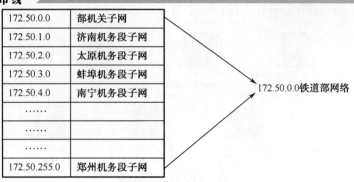

图 2-34　子网的划分

市场部子网地址：202.33.150.00000000＝＝202.33.150.0
生产部子网地址：202.33.150.01000000＝＝202.33.150.64
车间子网地址：　202.33.150.10000000＝＝202.33.150.128
财务部子网地址：202.33.150.11000000＝＝202.33.150.192

在上面的表示中，用下画线来表示从主机位挪用的位。下画线明确地表现出我们所挪用的两位。

现在，根据上面的设计，把 202.33.150.0、202.33.150.64、202.33.150.128 和 202.33.150.192 定为 4 个部门的子网地址，而不是主机 IP 地址。为了让使用者知道这些地址不是普通的主机地址，需要设计一种辅助编码，用这个编码来告诉别人子网地址是什么。这个编码就是掩码。一个子网的掩码是这样编排的：用 4 字节的点分二进制数来表示时，其网络地址部分全置为 1，它的主机地址部分全置为 0。如上例的子网掩码为：

　　　11111111.11111111.11111111.11000000

通过子网掩码就可以知道网络地址位是 26 位的，而主机地址的位数是 6 位。

子网掩码在发布时并不是用点分二进制数来表示的，而是将点分二进制数表示的子网掩码翻译成与 IP 地址一样的用 4 个点分十进制数。上面的子网掩码在发布时记作：

　　　255.255.255.192

子网掩码通常和 IP 地址一起使用，用来说明 IP 地址所在的子网的网络地址。

图 2-35 显示了 Windows XP 主机的 IP 地址配置情况。图中的主机配置的 IP 地址和子网掩码是 211.68.38.155、255.255.255.128。子网掩码 255.255.255.128 说明 211.68.38.155 这台主机所属的子网的网络地址。

一般情况下无法直接通过子网掩码 255.255.255.128 看出 211.68.38.155 该在哪个子网上，需要通过逻辑与计算来获得 211.68.38.155 所属子网的网络地址：

211.68.38.155　　　　　　　　11010011.0100100.00100110.10011011
255.255.255.128　　　　　　and 11111111.11111111.11111111.10000000
　　　　　　　　　　　　　　　11010011.0100100.00100110.10000000
＝211.68.38.128

因此，计算出 211.68.38.155 这台主机在 211.68.38.0 网络上的 211.68.38.128 子网上。

子网掩码在路由器设备上非常重要。路由器要从数据报的 IP 报头中取出目标 IP 地址，用子网掩码和目标 IP 地址进行与操作，进而得到目标 IP 地址所在网络的网络地址。路由器是根据目标网络地址来工作的。

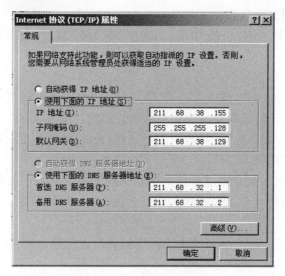

图 2-35　子网掩码的使用

划分子网会损失主机 IP 地址的数量。这是因为需要拿出一部分地址来表示子网地址、子网广播地址。另外，连接各个子网的路由器的每个接口也需要额外的 IP 地址开销。但是，为了网络的性能和管理的需要，不得不损失这些 IP 地址。

2.5　域名系统

用 IP 地址来表示一台计算机的地址，其点分十进制数不易记忆。由于没有任何可以联想的东西，即使记住后也很容易遗忘。Internet 上开发了一套计算机命名方案，称为域名服务（DNS，Domain Name Service），可以为每台计算机取一个域名，由一串字符、数字和点号组成，DNS 用来将这个域名翻译成相应的 IP 地址。有了域名，计算机的地址就很容易记住和被人访问了。

网络寻址是依靠 IP 地址、物理地址和端口地址完成的。所以，为了把数据传送到目标主机，域名需要被翻译成为 IP 地址供发送主机封装在数据报的报头中。负责将域名翻译成 IP 地址的是域名服务器。为此需要设置为自己服务的 DNS 服务器的 IP 地址。

2.5.1　域名的结构

国际上，域名规定是一个有层次的主机地址名，层次由"."来划分。越在后面的部分所在的层次越高。www.nju.edu.cn 这个域名中的 cn 代表中国，edu 表示教育机构，nju 则表示南京大学，www 表示南京大学 nju.edu.cn 主机中的 WWW 服务器。

域名的层次化不仅能使域名表现出更多的信息，而且为 DNS 域名解析带来了方便。域名解析是依靠一种庞大的数据库完成的。数据库中存放了大量域名与 IP 地址的对应记录。DNS 域名解析本来就是网络为了方便使用而增加的负担，需要高速完成。层次化可以为数据库在大规模的数据检索中加快检索速度。

在域名的层次结构中，每一个层次被称为一个域。cn 是国家和地区域，edu 是机构域。两个域是遵循一种通用的命名的。

常见的国家和地区域名有：cn—中国；us—美国；uk—英国；jp—日本；hk—中国香港；tw—中国台湾。

常见的机构域名有以下几个。

com：商业实体域名。这个域下的一般都是企业、公司类型的机构。这个域的域名数量最多，而且在不断增加，导致这个域中的域名缺乏层次，造成 DNS 服务器在这个域技术上的大负荷，以及对这个域管理上的困难。有考虑把 com 域进一步划分出子域，使以后新的商业域名注册在这些子域中。

edu：教育机构域名。这个域名是给大学、学院、中小学校、教育服务机构、教育协会的域。最近，这个域只给 4 年制以上的大学、学院，2 年制的学院、中小学校不再注册新的 edu 域下了。

net：网络服务域名。这个域名提供给网络提供商的机器、网络管理计算机和网络上的节点计算机。

org：非营利机构域名。

mil：军事用户。

gov：政府机构域名。不带国家域名的 gov 域被美国把持，只提供美国联邦政府的机构和办事处。

不带国家域名层的域名被称为顶级域名。顶级域名需要在美国注册。

2.5.2 DNS 服务原理

主机中的应用程序在通信时，把数据交给 TCP 程序。同时需要把目标端口地址、源端口地址和目标主机的 IP 地址交给 TCP。目标端口地址和源端口地址供 TCP 程序封装 TCP 报头使用，目标主机的 IP 地址由 TCP 程序转交给 IP，供 IP 程序封装 IP 报头使用。

如果应用程序拿到的是目标主机的域名而不是它的 IP 地址，就需要调用 TCP/IP 协议中应用层的 DNS 程序将目标主机的域名解析为它的 IP 地址。

一台主机为了支持域名解析，就需要在配置中指明为自己服务的 DNS 服务器。如图 2-36 所示，主机 A 为了解析一个域名，把待解析的域名发送给自己机器配置指明的 DNS 服务器。一般都是配置指向一个本地的 DNS 服务器。本地 DNS 服务器收到待解析的域名后，便查询自己的 DNS 解析数据库，将该域名对应的 IP 地址查到后，发还给 A 主机。

如果本地 DNS 服务器的数据库中无法找到待解析域名的 IP 地址，则将此解析交给上级 DNS 服务器，直到查到需要寻找的 IP 地址。

本地 DNS 服务器中的域名数据库可以从上级 DNS 提供处下载，并得到上级 DNS 服务器的一种称为"区域传输（Zone Transfer）"的维护。本地 DNS 服务器可以添加本地化的域名解析。

第 2 章 计算机网络基础

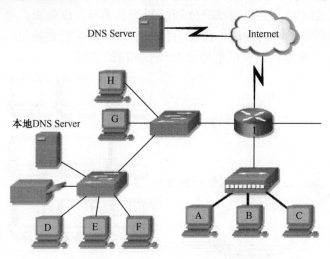

图 2-36 DNS 的工作原理

2.6 VLAN 划分

图 2-37 中是一个由 5 台二层交换机（交换机 1～5）连接大量客户机构成的网络。假设这时计算机 A 需要与计算机 B 通信。在基于以太网的通信中，必须在数据帧中指定目标 MAC 地址才能正常通信，因此计算机 A 必须先广播 "ARP 请求（ARP Request）信息"，来尝试获取计算机 B 的 MAC 地址。

交换机 1 收到广播帧（ARP 请求）后，会将它转发给除接收端口外的其他所有端口。接着，交换机 2 收到广播帧后也会进行转发，交换机 3、4、5 也进行同样的操作。最终 ARP 请求会被转发到同一网络中的所有客户机上。

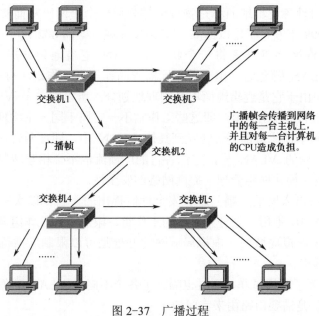

图 2-37 广播过程

在实际建设局域网时,会把局域网分割成若干个子网,以隔离广播和实现子网间访问的限制。如果采用划分子网的方法,需要为每个子网单独配置交换机,然后通过路由器来连接子网。如图 2-37 所示,假设每个楼层为一个部门的子网。

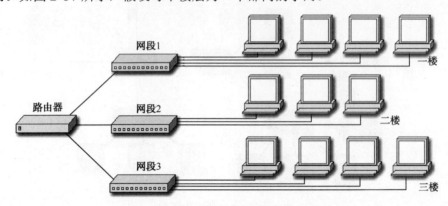

图 2-38 不使用 VLAN 的子网构造

图 2-38 中的构造有两个缺点。第一,如果三楼的若干节点划归一楼的部门(如办公室划归给一楼的部门),为了把三楼划归到一楼的主机迁移到一楼的子网中去,就需要重新沿三楼管线、竖井为这些主机布线,以便连接到一楼子网的交换机上。这样工作量大,也耗费人力、物力。第二,如果一楼的交换机端口数不够,就需要购买新的交换机(即使二楼的交换机有空余的端口也不能使用,因为它们不在一个子网上),这样就浪费了网络的投资。

综上所述,上述子网划分情况下,子网的物理位置变化非常困难,尤其是在建网初期无法准确确定子网划分的时候,这个问题更加突出。同时,交换机的端口不能充分利用,浪费网络投资。

为了解决这一问题,可以采用 VLAN(Virtual Local Area Network)技术。VLAN 是一种通过将局域网内的设备逻辑地而不是物理地划分成一个个网段从而实现虚拟工作组的新兴技术。IEEE 于 1999 年颁布了用以标准化 VLAN 实现方案的 802.1Q 协议标准草案。

VLAN 技术允许网络管理者将一个物理的 LAN 逻辑地划分成不同的广播域(即 VLAN),每一个 VLAN 都包含一组有着相同需求的计算机工作站,与物理上形成的 LAN 有着相同的属性。但由于它是逻辑地而不是物理地划分,所以同一个 VLAN 内的各个工作站无须被放置在同一个物理空间里,即这些工作站不一定属于同一个物理 LAN 网段。一个 VLAN 内部的广播和单播流量都不会转发到其他 VLAN 中,即使两台计算机有着同样的网段,但是它们没有相同的 VLAN 号,它们各自的广播流也不会相互转发,从而有助于控制流量、减少设备投资、简化网络管理、提高网络的安全性。

VLAN 是为解决以太网的广播问题和安全性而提出的,它在以太网帧的基础上增加了 VLAN 头,用 VLAN ID 把用户划分为更小的工作组,限制不同工作组间的用户二层互访,每个工作组就是一个虚拟局域网。虚拟局域网的好处是可以限制广播范围,并能形成虚拟工作组,动态管理网络。

既然 VLAN 隔离了广播风暴,同时也隔离了各个不同的 VLAN 之间的通信,所以不同的 VLAN 之间的通信是需要由路由来完成的。

2.6.1 VLAN 的划分方法

VLAN 有以下几种划分方法。

(1) 根据端口划分 VLAN

许多 VLAN 厂商都利用交换机的端口来划分 VLAN 成员。被设定的端口都在同一个广播域中。例如，一个交换机的 1、2、3、4、5 端口被定义为虚拟网 AAA，同一交换机的 6、7、8 端口组成虚拟网 BBB。这样做允许各端口之间的通信，并允许共享型网络的升级。但是这种划分模式将虚拟网限制在了一台交换机上。

第二代端口 VLAN 技术允许跨越多个交换机的多个不同端口划分 VLAN，不同交换机上的若干个端口可以组成同一个虚拟网。

(2) 根据 MAC 地址划分 VLAN

这种划分 VLAN 的方法是根据每个主机的 MAC 地址来划分，即对每个 MAC 地址的主机都配置它属于哪个组。这种划分 VLAN 方法的最大优点就是当用户物理位置移动时，即从一个交换机换到其他的交换机时，VLAN 不用重新配置，所以可以认为这种根据 MAC 地址的划分方法是基于用户的 VLAN，这种方法的缺点是初始化时，所有的用户都必须进行配置，如果有几百个甚至上千个用户的话，配置是非常烦琐的。而且这种划分的方法也导致了交换机执行效率的降低，因为在每一个交换机的端口都可能存在多个 VLAN 组的成员，这样就无法限制广播包了。另外，对于使用笔记本电脑的用户来说，他们的网卡可能经常更换，这样，VLAN 就必须不停地配置。

(3) 根据网络层划分 VLAN

这种划分 VLAN 的方法是根据每个主机的网络层地址或协议类型（如果支持多协议）划分的，虽然这种划分方法的根据是网络地址（如 IP 地址），但它不是路由，与网络层的路由毫无关系。

这种方法的优点是用户的物理位置改变了，不需要重新配置所属的 VLAN，而且可以根据协议类型来划分 VLAN，这对网络管理者来说很重要，还有，这种方法不需要附加的帧标签来识别 VLAN，这样可以减少网络的通信量。

这种方法的缺点是效率低，因为检查每一个数据包的网络层地址是需要消耗处理时间的（相对于前面两种方法），一般的交换机芯片都可以自动检查网络上数据包的以太网帧头，但要让芯片检查 IP 帧头，需要更高的技术，同时也更费时。当然，这与各个厂商的实现方法有关。

(4) 根据 IP 组播划分 VLAN

IP 组播实际上也是一种 VLAN 的定义，即认为一个组播组就是一个 VLAN，这种划分方法将 VLAN 扩大到了广域网，因此这种方法具有更大的灵活性，而且也很容易通过路由器进行扩展，当然这种方法不适合局域网，主要是效率不高。

(5) 基于规则的 VLAN

这是最灵活的 VLAN 划分方法，具有自动配置的能力，能够把相关的用户连成一体，在逻辑划分上称为"关系网络"。网络管理员只需在网管软件中确定划分 VLAN 的规则（或属性），那么当一个站点加入网络中时，将会被"感知"，并被自动地包含进正确的 VLAN 中。同时，对站点的移动和改变也可自动识别和跟踪。

采用这种方法，整个网络可以非常方便地通过路由器扩展网络规模。有的产品还支持一个端口上的主机分别属于不同的 VLAN，这在交换机与共享式 Hub 共存的环境中显得尤为重要。自动配置 VLAN 时，交换机中的软件自动检查进入交换机端口的广播信息的 IP 源地址，然后软件自动将这个端口分配给一个由 IP 子网映射成的 VLAN。

以上划分 VLAN 的方式中，基于端口的 VLAN 端口方式建立在物理层上；MAC 方式建立在数据链路层上；网络层和 IP 广播方式建立在第三层上。

2.6.2 VLAN 的工作过程

以交换机端口来划分网络成员，其配置过程简单明了。因此，从目前来看，这种根据端口来划分 VLAN 的方式仍然是最常用的一种方式。例如，可以把一台 24 口交换机的 1～6 端口指定给部门 1 的子网，把 7～20 端口指定给部门 2 的子网，把 21～24 端口指定给部门 3 的子网，如图 2-39 所示。

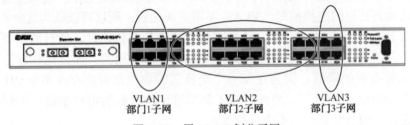

图 2-39　用 VLAN 划分子网

要实现上述子网划分的指定，只需要在普通交换机的交换表上增加一列虚网号就可以实现，如图 2-40 所示。

端 口 号	MAC地址	VLAN号
1	00789A　3004D4	1
2	00709A　563490	1
3	B10000　79C534	2
4	00709A　C5BF77	2
5	B10000　796723	1

图 2-40　带 VLAN 号的交换表

为了实现子网划分的功能，简单修改普通交换机对广播报文的处理就可以完成。我们知道，普通交换机处理广播报文的方法是向所有端口转发。现在修改成：对收到的广播报文只向同 VLAN 号的端口转发。这样一来，第一，广播报被限定在本子网中；第二，由于 ARP 广播不能被其他 VLAN 中的主机听到，也就无法直接访问其他子网的主机（尽管在同一台交换机上）。因此，这样的改进完全实现了子网划分所要求的功能。

由此可见，在交换机上通过简单地设置就能分割出子网。通过 VLAN 设置分割出的子网与分别使用几个交换机来物理分割出的子网，同样能实现以下功能：

① 子网之间的广播隔离；
② 子网之间主机相互通信需要路由器来转发。

一个数据报进入交换机后，交换机根据它是从哪个端口进入的，查交换表就可以得知

第 2 章 计算机网络基础

它属于哪个 VLAN。

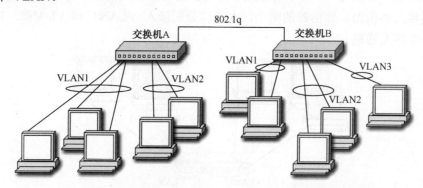

图 2-41 交换机级联时通过 802.1q 判断数据报属于哪个虚网

使用 VLAN 划分子网后的交换机级联时，级联导线上既传送 VLAN1 也传送 VLAN2 和 VLAN3 中的数据报。两个交换机的级联端口需要配置成属于所有 VLAN。问题是，图 2-41 所示的交换机 A 如果从级联端口收到一个交换机 B 的数据报后，它怎么知道这个数据报属于哪个 VLAN 呢？

802.1q 协议规定了，当交换机需要将一个数据报发往另外一个交换机时，需要把这个数据报上做一个帧标记，把 VLAN 号同时发往对方交换机。对方交换机收到这个数据报时，根据帧标记中的 VLAN 号，确定该数据报属于第几号虚拟子网。

802.1q 协议规定帧标记插入到以太网帧报头中源 MAC 地址和上层协议两个字段之间，如图 2-42 所示。

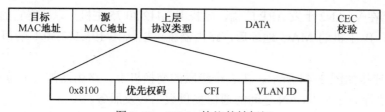

图 2-42 802.1q 协议的帧标记

802.1q 的帧标记用于把报文送往其他交换机时，通知对方交换机，发送该报文主机所属的 VLAN。对方交换机据此将新的 MAC 地址连同其 VLAN 号一起收录到自己交换表的级联端口中。

帧标记由源交换机从级联端口发送出去前嵌入帧报头中，再由接收方交换机从报头中卸下。（卸掉帧标记是非常重要的。如果没有这个操作，带有帧标记的数据报送到接收主机或路由器中时，接收主机或路由器就不能按照 802.3 协议正确解析帧报头中的各个字段。）

交换机的一个端口，如果对发出的数据报都插入帧标记，则称该端口工作在"Tag 方式"。交换机在刚出厂时，所有端口都默认为是"Untag 方式"。如果一个端口用于级联其他支持 VLAN 的交换机，则需要设置其为"Tag 方式"；否则，交换机就不能完成 802.1q 的帧标记操作。

接入交换机的主机之间，尽管在同一台交换机上，但是如果不在同一个 VLAN 内，仍然是无法通信的。不同 VLAN 之间的主机之间需要通信的话，就要借助路由器来在 VLAN

之间转发数据报。如图 2-43 所示的连接中,为了使 VLAN1 的主机与 VLAN2 的主机之间通信,需要接入路由器。路由器的两个以太端口分别接入 VLAN1 和 VLAN2,在两个子网之间形成一个转发通路。

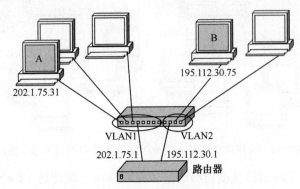

图 2-43　VLAN 之间的通信需要使用路由器

参照图 2-43,使用路由器连接一个交换机中两个不同虚网的工作过程如下。

① 当 VLAN1 中的 A 主机需要与 VLAN2 中的 B 主机通信时,因为交换机隔离了虚网之间的广播,A 主机查询 B 主机 MAC 地址的 ARP 广播,B 主机是无法收听到的。

② 路由器从 200.1.75.1 端口收听到这个 ARP 广播,就会用自己的 MAC 地址应答 A 主机。

③ A 主机把发给 B 主机的报文发给路由器。

④ 路由器收到这个数据报,从 IP 报头得知目标主机是 195.112.30.75,所在网络是 195.112.30.0。

⑤ 路由器在 VLAN2 上发 ARP 广播,寻找 195.112.30.75 主机,以获得它的 MAC 地址。

⑥ 获得了 B 主机的 MAC 地址后,路由器就可以从其 195.112.30.1 端口把报文发给 B 主机了。

更复杂的连接如图 2-44 所示。在 3 个级联的交换机上,路由器需要为每个 VLAN 提供 1 个端口,以确保为 3 个 VLAN 之间的通信提供数据转发服务。

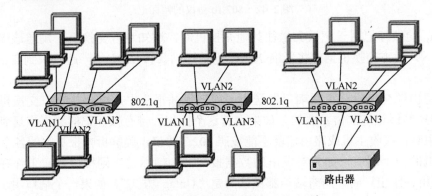

图 2-44　多交换机级联后的 VLAN 互连

另外,我们需要明确,交换机的级联端口需要配置为同时属于 VLAN1、VLAN2 和 VLAN3,才能同时为三个子网提供数据链路。级联端口配置了 802.1q 协议,可以在向其他交换机转发数据报时,把该数据报所属的虚网号报告给下一个交换机。读者可以自己分析

一个虚网中的主机向另外一个虚网的主机发送数据报的过程。

图 2-44 所示的路由器为了互连 3 个 VLAN，需要使用 3 个以太网端口。同时，还需要占用 3 个交换机的端口。图 2-45 所示的路由器只需要使用 1 个端口，也能完成相同的任务。这时，交换机与路由器连接的端口，也应该属于所有子网，并配置 802.1q 协议。

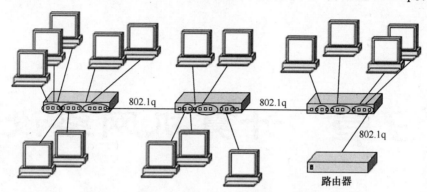

图 2-45　路由器只需要使用一个端口来连接多个虚网

通过子网掩码划分子网和划分 VLAN 有很多相似之处，但其实两种技术存在区别：划分子网的主要目的是提高 IP 地址的利用率，而 VLAN 主要是完成分割广播域的功能。同一个交换机下分成两个 VLAN，那么这两段之间通信必须通过路由实现，这两个 VLAN 之间的广播风暴是不通的，可视为两个单独的交换机。而在同一个交换机下划分的两个子网之间的通信也要通过路由，但是由于这两个子网接在同一个交换机上，所以当出现广播时，所有的端口都要接收。因为广播是以 MAC 地址为依据的，所以同一个交换机上所有的端口都要接收广播。

不同的应用环境下有不同的配置方法，子网和 VLAN 不是相对独立的，也并不矛盾，而应该配合使用。

思考与练习题 2

1．请列举出 5 种计算机网络的组成硬件。

2．根据覆盖的地理范围，计算机网络可以分为＿＿＿＿＿＿、＿＿＿＿＿＿和＿＿＿＿＿＿；根据链路传输控制技术，计算机网络可以分为＿＿＿＿＿＿、＿＿＿＿＿＿等类型。

3．什么是计算机网络的拓扑结构？有线网络的拓扑结构有哪些？无线网络的拓扑结构有哪些？

4．TCP/IP 协议结构如何？试列举出三种常用的网络协议。

5．IP 地址可以分为哪几类？它们有什么区别？

6．如果学校分配的地址是一个 C 类地址 222.192.168.0，全校需要分为 10 个子网，那子网掩码应该是什么？发布时应记做何种形式？

7．主机如何根据对方的 IP 地址获取 MAC 地址？

8．什么是域名系统？域名服务的原理是什么？

9．简述 VLAN 的划分方法和工作过程。

第3章 计算机网络设计

3.1 用户需求分析

3.1.1 用户情况与业务需求分析

设计者在进行网络系统设计之前,需要对用户所需的业务需求进行调查、分析和确认,这个过程就是用户业务需求分析。一般情况下,设计者需要对用户的一般情况及业务功能需求等方面进行调研分析。这个过程是系统集成的首要环节,是系统设计的基础,后续的所有工作都是基于这个过程的。

1. 用户一般情况分析

用户的一般情况分析主要包括分析用户群体的组织结构、地理位置、应用用户组成、网络连接状况、后续发展情况、行业特点、现有可用资源、投资预算和新系统要求等方面。

(1)用户群体的组织结构决定了系统有哪些使用者及不同使用者拥有的等级。

(2)系统所在的地理位置调查主要用于确定网络规模、网络拓扑结构、综合布线系统设计与施工等工作。

(3)应用用户组成及数量决定了网络规模及系统软/硬件配置及权限设置。

(4)网络连接状况包括集团公司网络、分支公司网络、供应商网络、合作伙伴网络及Internet的连接。如果在某些方面有连接需求,在网络系统设计时一定要预留出口,同时相应地要增加一些软/硬件设施。

(5)后续发展情况是指网络规模和系统应用水平的发展两个方面。一般情况下会根据用户近三年的发展状况来估算未来5年的可能发展水平。目的是确定网络各关键点的扩展能力,避免系统的生命周期过短。

(6)行业特点调查是确定业主所在的行业是否需要一些特殊的应用需求。

(7) 现有可用资源调查则充分考虑原有网络中的设备和资源是否可以继续使用,并且为新系统的网络设备选购和应用系统设计提供参考。

(8) 投资预算要在系统设计之前确定,否则无法为各部分进行细化预算。

2. 业务需求分析

业务性能需求分析决定了整个系统所采用的技术和设备,主要包括以下几个方面。

(1) 用户业务应用需求分析

用户业务应用需求分析主要指网络系统需要包含的各种应用功能。要详细地列出所有可能的应用,需要与各个部门具体负责网络应用的人员进行面对面的询问,并做好记录。

和软件工程中的需求分析类似,用户业务应用需求分析最后也要形成需求分析文档,并和部门负责人确认后,由相关部门主管签字才能生效。从确认生效之日开始,所有用户业务应用需求就变成可控需求。

(2) 用户业务功能需求分析

用户业务功能需求分析主要侧重于网络本身的功能,通常针对企业网络管理员或网络系统项目负责人提出的需求进行分析。网络自身功能是指基本功能之外的那些比较特殊的功能,如是否配置网络管理系统、服务器管理系统、第三方数据备份系统、磁盘阵列系统、网络存储系统和服务器容错系统等。更多的网络功能需求还体现在具体的网络设备上,如硬件服务器系统可以选择的特殊功能配置主要包括磁盘阵列、内存阵列、内存镜像、处理器对称或并行扩展、服务器群集等;交换机可以选择的特殊功能主要包括第三层路由、VLAN、第四层 QoS、第七层应用协议支持;路由器可以选择的特殊功能主要包括第二层交换、网络隔离、流量控制、身份验证和数据加密等。

3.1.2 用户性能需求分析

在分析网络设计技术要求时,应该将客户所能接受的网络性能标准,包括吞吐量、精确度、效率、延迟和响应时间等筛选出来。分析客户的网络性能目标与分析现有网络紧密相连,分析现有网络将会有助于确定做哪些修改才能满足性能目标。

1. 接入速率需求分析

接入速率需求是最基本的需求,是由端口速率决定的。

在以太网终端用户中,接入速率通常按 10 Mbps、100 Mbps 和 1 000 Mbps 三个档次划分。对于骨干层和核心层的端口速率,通常需要支持双绞线、光纤的吉比特每秒,甚至 10 吉比特每秒的速率。实际的接入速率受许多因素影响,包括端口带宽、交换设备性能、服务器性能、传输介质、网络传输距离和网络应用等的影响。

在广域网方面,接入速率是由相应的接入方式和相应的网络接入环境决定的,用户一般没有太多选择,只能根据自己的实际接入速率需求,选择符合自己的接入网类型。目前主要包括各种宽带和专线接入方式,如 ADSL、Cable MODEM、光纤接入等。

2. 响应时间需求分析

用户的一次功能操作可能由几个客户请求和服务器响应组成,从客户发出请求到该客户收到最后一个响应,经过的时间就是整体的响应时间。响应时间是客户最关注的网络性能目标之一。一般情况下,客户不了解传输延迟和抖动,也不了解每秒多少分组或每秒多少兆字节的吞吐量,他们也并不关心位差错率,但是他们能感觉到响应时间的长短,并且会因为响应时间过长而无法接受。

网络和服务器的时延和应用时延都对整体响应时间有影响。

网络整体响应时间受到不同机制的影响。在广域网中,所选择的协议在很大程度上会影响数据在网络中传输的延迟时间。这些时间包括处理时延、排队时延、传送或连续传输时延。传输时延包的损坏和丢失会降低信息的传输质量或增加额外的时延,因为需要重新传输。对于地面传输企业网络,等待和传输时延是网络时延的主要问题。而对于卫星网络,传输时延和访问协议是主要问题。

影响服务器时延的因素主要包括服务器本身和应用设计两个方面。服务器本身的性能包括处理器速度、存储器和 I/O 性能、磁盘驱动器速度及其他设备的性能。应用设计主要包括服务器架构设计和算法设计。

应用时延受几个独立的因素影响,如应用设计、交易的大小、所选择的协议及网络结构等。

当用户完成一个确定的交易时,其应用所需要的往返次数越少,受到网络结构的影响也就越小。而一个应用往往需要不断往返传输好多次,因此往返响应时间的多少还将取决于网络结构。通常局域网的响应时间较短,传输距离不是很长,因此协议单一,基本无须经过路由选择;而广域网通常响应时间较长,传输距离又较远,所以经过的路由节点多,协议复杂。

3. 吞吐性能需求分析

吞吐量在理论上是指在没有帧丢失的情况下,设备能够接受的最大速率。通常,吞吐量是针对某个特定连接或会话的,但在某些情况下,还需要说明网络的总吞吐量。理想的吞吐量应该与容量相等,但是在实际网络中,这是达不到的。

容量取决于所使用的物理层技术。即使在网络出现通信峰值时,网络的容量也应该足够处理提供负载。理论上讲,吞吐量应该随着提供负载的增加而增加,最终达到网络全部容量的最大值。但是网络吞吐量与存取方法、网络负载及差错率等因素有关。

通过网络吞吐量测试,用户可以在一定程度上评估网络设备之间的实际传输速率及交换机、路由器等设备的转发能力。当然,网络的实际传输速率同网络设备的性能、链路的质量、终端设备的数量、网络应用系统等因素都有关系。这种测试也适用于广域网点到点之间的传输性能测试。吞吐量和报文转发率是评价路由器和防火墙等设备应用的主要指标,一般采用全双工传输包(FDT, Full Duplex Throughput)来衡量,FDT 是指 64 字节数据包的全双工吞吐量,该指标既包括吞吐量指标也涵盖报文转发率指标。

随着 Internet 的日益普及,内部局域网用户访问 Internet 的需求在不断增加,一些企业也需要对外提供诸如 WWW 页面浏览、FTP 文件传输和 DNS 域名解析等服务,这些因素会导致网络流量的急剧增加。而路由器和防火墙作为内、外网之间的唯一数据通道,如果吞吐量太小,就会成为网络瓶颈,给整个网络的传输效率带来负面影响。因此,考量路由器和防火墙的吞吐能力,有助于更好地评价其性能表现。这也是测量路由器和防火墙性能的重要指标。

吞吐量的大小主要由路由器、防火墙及程序算法的效率决定，尤其是程序算法不合理，会使路由器和防火墙系统进行大量运算，使通信性能大打折扣。

4. 可用性能需求分析

可用性是指网络可供用户使用的时间，它通常是网络工程一个非常重要的指标。网络系统的可用性同样由许多因素共同决定，如网络设备自身的稳定性、网络系统软件和应用系统软件的稳定性、网络设备的吞吐能力（相当于接收/发送能力）和应用系统的可用性等方面。

（1）网络系统的稳定性

网络系统的稳定性主要是指设备在长期工作情况下的热稳定性和数据转发能力。

设备的热稳定性一般由品牌来保证，因为它关系到其中所用的元器件。在网络系统中，与稳定性有关的设备主要有网卡、交换机、路由器和防火墙等。在使用时最好把这些设备安装在通风条件比较好的机房中，能够经常感知到这些设备的温度情况。

在选择设备时一定选择其吞吐能力适合其网络规模、网络应用水平和发展水平的设备。例如，网卡的吞吐能力是受网卡芯片型号、接口带宽和接口类型等因素共同决定的；交换机的吞吐能力是由交换机芯片型号、相应接口带宽、背板带宽和接口类型等因素共同决定的；路由器吞吐能力主要是由路由器处理器型号、接口带宽、路由表大小、支持的路由协议和接口等因素共同决定的。

（2）应用系统的可用性

软件的可用性测试和评估是一个过程，这个过程在产品的初样阶段就开始了。因为一个软件设计的过程是反复征求用户意见、进行可用性测试和评估的过程。设计阶段反复征求意见的过程是后续进行可用性测试的基础，但不能取代真正的可用性测试；没有设计阶段反复征求意见的过程，仅靠用户最后对产品的一两次评估，也不能全面反映出软件的可用性。

应用系统的可用性测试需要在用户的实际工作任务和操作环境下进行，可用性测试必须在用户进行实际操作后，根据其完成任务的情况，进行客观的分析和评估。

最具有权威性的可用性测试和评估不应该由专业技术人员完成，而应该由产品的用户完成。因为无论这些专业技术人员的水平有多高，无论他们使用的方法和技术有多先进，最后起决定作用的还是用户对产品的满意程度。因此，对软件可用性的测试和评估主要由用户来完成。

5. 并发用户数需求分析

并发用户数是指系统运行期间同一时刻进行业务操作的用户数量，该数量取决于用户操作习惯、业务操作间隔和单笔交易的响应时间。并发用户数是整个用户性能需求的重要方面。通常是针对具体的服务器和应用系统，如域控制器、Web 服务器、FTP 服务器、E-mail 服务器、数据库系统、MIS 管理系统、ERP 系统等。并发用户数支持量的多少决定了相应系统的可用性和可扩展性。所支持的并发用户数多少是通过一些专门的工具软件进行测试的，测试过程模拟大量用户同时向某系统发出访问请求，并进行一些具体操作，以此来为相应系统加压。不同的应用系统所用的测试工具是不一样的。

并发性能测试的过程是一个负载测试和压力测试的过程。即逐渐增加负载，直到系统瓶颈或不能接收的性能点，通过综合分析交易执行指标和资源监控指标来确定系统并发性能的过程。负载测试（Load Testing）确定在各种工作负载下系统的性能，是一个分析软件应用程序和支撑架构，模拟真实环境的使用，从而来确定系统能够接收的性能的过程，其目的是测试当负载逐渐增加时系统组成部分的相应输出项，如通过量、响应时间、CPU 负载和内存使用等测试系统的性能。压力测试（Stress Testing）是通过确定一个系统的瓶颈或不能接收的性能点来获得系统能提供的最大服务级别的测试。

6．可扩展性需求分析

可扩展性是指网络设计必须支持的增长幅度。对于许多网络工程来说，可扩展性是最基本的目标之一。较大规模的网络工程经常以很快的速度增添用户应用、新站点及与外部网络的连接，所以向客户提交的网络设计应该能够适应网络范围的快速扩张。

在分析客户的可扩展性目标时，一定要考虑网络技术固有的、阻碍可扩展性问题的存在。由于网络设计是个循环反复的过程，网络的可扩展性目标及其解决方案将会在网络设计过程的不同阶段多次涉及。

网络系统的可扩展性最终体现在网络拓扑结构、网络设备、硬件服务器的选型及网络应用系统的配置等方面。

（1）网络拓扑结构的扩展性需求分析

在网络拓扑结构方面，所选择的拓扑结构要方便扩展，而且能满足用户网络规模发展需求。在网络拓扑结构中，网络扩展需求全面体现在网络拓扑结构的核心层（或称骨干层）、汇聚层和边缘层三层上。

一般的网络规模扩展主要是关键节点和终端节点的增加，如服务器、各层交换机和终端用户的增加。这就要求在拓扑结构中的核心层交换机上要留有一定量的冗余高速端口（具体量的确定可根据相应用户的发展速度而定），以备新增加的服务器、汇聚层交换机等关键节点的连接。通常增加的少数关键节点可直接在原结构中的核心交换机冗余的端口上连接；如果需要增加的关键节点比较多，则可以通过增加核心层交换机或汇聚层交换机集中连接。在汇聚层也应留有一定量的高速端口，以备新增加的边缘层交换机或终端用户的连接。增加少数的终端用户时也可以直接使用边缘层交换机上冗余端口连接；如果增加的终端用户比较多，则可使用汇聚层的高速冗余端口新增一个边缘交换机，集中连接这些新增的终端用户。

（2）交换机的扩展性需求分析

交换机端口的冗余，可通过实际冗余和模块化扩展两种方式来实现。实际冗余是对于固定端口配置的交换机而言的，而模块化结构交换机端口的可扩展能力要远远好于固定端口配置的交换机，但价格也贵许多。具体原结构中各层所应保留冗余的端口数量，要视具体的网络规模和发展情况而定。

可扩展性需求在网络设备选型方面的要求主要体现在端口类型和速率配置上，特别是核心层和汇聚层交换机。如果原来网络比较小，但企业网络规模发展比较快，此时在选择核心层、汇聚层交换机时，要注意评估是否需要选择支持光纤的吉比特位交换机。尽管目前可能用不上，但在较短的几年后就可能用到高性能的光纤连接，如与服务器、数据存储系统等的连接。当然双绞线吉比特位的支持是必不可少的，还要评估需要多少个这样的端

口，要冗余多少个双绞线和光纤端口。如果在网络系统设计时没有充分地考虑这些因素，则当用户规模或应用需求提高，需要使用光纤设备时，原来所选择的核心层和汇聚层交换机都不适用，需要重新购买，极大地增加了用户的投资。

（3）WLAN 网络的扩展性需求分析

与交换机类似的设备是 WLAN 网络中的无线接入点（AP），它同样具有连接性能问题。目前，WLAN 设备的连接性能还较低，设备所支持的 WLAN 标准决定了设备的用户支持数。例如，IEEE 802.11g 接入点设备通常只支持 20 个用户同时连接，即使可以连接更多的用户，也没有太大意义，因为这样用户分得的带宽就会大大下降，不能满足用户的应用。在 WLAN 网络的可扩展性方面，要注意的是频道的分配，因为总的可用频道有限（15个），而在同一覆盖范围中可用的上涨幅度频道就更少（只有 3 个），所以在网络系统设计之初，应尽可能预留一些频道给将来扩展使用，不要全部占用。

（4）服务器系统的扩展性需求分析

网络设备的可扩展性需求的另一个重要方面就是硬件服务器的组件配置。国内外几大主要服务器厂商（如 IBM、HP、Sun、联想、浪潮和曙光等）都有类似的"按需扩展"理念，为客户提供灵活的扩展方案。一般的服务器价格非常高，如果因为扩展性不好，服务器设备在短时间内遭到淘汰，则是一种极大的投资浪费。

服务器的可扩展性主要体现在支持的 CPU 数、内存容量、I/O 接口数和服务器是否有群集能力等几个方面。

（5）广域网系统的可扩展性需求分析

在广域网中同样存在可扩展性方面的需求，如 WAN 连接线路、WAN 连接方式及支持的用户数和业务类型等。一方面，体现在如路由器之类的网络边界设备的 WAN 端口数和所支持的 WAN 网络接口类型上；另一方面，体现在所选择的广域网连接方式所能提供的网络带宽是否可以满足用户数的不断增加，是否支持当前和未来可能需要的业务类型（如分组交换网、帧中继、DDN 专线等）。DDN 专线的速率通常在 2 Mbps 以内，只适用于小型用户的普通电话类业务，不适用于大中型企业用户、实时的多媒体业务和大容量的数据传输。而 ATM 的传输速率可达 622 Mbps，全面支持几乎所有接入网类型和业务，但成本较高，并且对以太网业务的支持不是很好。

（6）应用系统的可扩展性需求分析

网络应用系统功能配置，一方面要全面满足当前及可预见的和未来一段时间内的应用需求；另一方面要能方便地进行功能扩展，可灵活地增减功能模块。

3.1.3 服务管理需求分析

企业的发展不仅需要稳定和持续发展的业务支撑，还需要出色的服务水平，加强服务的可视性、可控性、自动化也越来越成为众多知名企业追求的目标。企业将提供什么样的服务管理，也是网络工程设计需求分析阶段应该考虑的问题。

1. 网络管理需求分析

在比较大型的网络系统中，配置一个专业的网络管理系统是非常必要的。否则，一方面网络管理效率非常低；另一方面，有些网络故障可能仅凭管理员经验难以发现，最终可能会因一些未能及时发现和排除的故障，给企业带来巨大的损失。

要正确选择网络管理系统，既要考虑用户的投资可能，又要对各种主流管理系统有一个较全面的了解。

2. 服务器管理需求分析

服务器管理系统通常是针对具体的应用服务器开发的，用于对具体应用服务器功能进行全面的管理。

（1）扩展服务器管理系统

当业务规模较小，网络上只有一两台服务器时，管理工作相对来说比较简单。但对于中型以上的网络系统，可能会有许多不同类型的服务器，如有多个域控制器、多个 DNS、DHCP、Windows 服务器，还可能有各种应用服务器，如 Web 服务器、FTP 服务器、邮件服务器和数据服务器等。如果仅凭手工操作或管理经验来管理这么多服务器，就显得力不从心，甚至无法有效管理了。这时就得依靠一些专业的服务器管理系统来自动或手工管理，提高管理效率和水平。例如使用微软公司的系统管理服务器（SMS）、惠普公司的 Openview、IBM 公司的 Tivoli、CA 公司的 Unicenter 及 Dell 公司的 OpenManage 服务器管理系统，都可以降低管理不同服务器的难度。这些软件产品都可以对整个网络的服务器进行集中监控和管理，而且这些管理系统通常是购买服务器时附带提供的，不需要单独购买。

（2）服务器的远程管理

随着网内服务器数量的增加，服务器的分布范围也日益分散，不再局限在一个房间里。管理员不可能在一个房间里完成对所有服务器的管理和维护工作，而需要进行远程管理。

Windows 2000 Server 和 Windows Server 2003 内置的终端服务可对服务器进行完全的远程控制。服务器管理员可以通过 Internet 或局域网，接入服务器桌面进行管理。在 Windows 2000 Server 中，这一服务被称为 Windows 终端服务的远程管理模式，在 Windows Server 2003 中则称为远程桌面。

一些第三方远程管理软件也可供选择。Radmin 是一种专供使用模拟调制解调器的低带宽 Windows 使用的远程控制程序。Tight VNC 是可以在 Windows 和 UNIX 上使用的免费软件。

3. 网络共享和访问控制需求分析

用户共享上网是必然的选择，不可能为每个用户配置一条 Internet 接入线路。目前可以选择共享上网的方式主要包括网关型共享、代理服务器型共享和路由器型共享 3 种。具体选择哪种共享方式，不仅要视企业现有的资源而定，还要根据企业对共享上网用户的访问控制要求而定。因为相同的共享上网方式所具有的访问控制能力并不相同。

网关共享方式主要有采用硬件网关和软件网关两种方式。硬件网关共享方式性能好，但价格高，目前主要是采用软件网关共享方式。

代理服务器型共享方式基本上是软件服务器方式。

路由器型共享方式包括硬件路由器共享方式和软件路由器共享方式。软件路由器共享方式配置较复杂。而硬件路由器共享方式中，有一种专门为宽带共享而推出的廉价宽带路

由器，性能非常不错，所以在路由器共享方式中，主要以硬件路由器共享方式为主。

几种共享上网方式的网络结构和主要特点各不相同。

（1）"网关型"共享方式

网关型共享方式是一种最基本、最简单的共享类型，工作于 OSI 参考模型的网络层和会话层。

它采用客户机/服务器（C/S）模式，所使用的服务就是网关（Gateway），需要对网关服务器和共享客户端两方面进行单独配置。但总体来说，网关型共享方式的服务器配置非常简单，只需把客户的默认网关设置成网关服务器 IP 地址即可。

（2）代理服务器型共享上网

代理服务器型共享上网是目前一种应用比较广泛的共享上网方式。采用的也是 C/S 工作模式，所用服务是代理（Proxy），它可以进行许多管理性质的用户权限配置，比网关型共享和路由器共享方式都具有明显的优势。

代理服务器型共享相对网关型共享方式来说，无论从功能上还是从网络配置上都要复杂许多。

在软件配置上与"网关型"共享方式基本类似，但不需要在客户端配置网关，代理服务器软件可以对各客户端用户进行 Internet 应用权限配置，而不是与所有共享用户权限一样。

这种共享上网方式也需要网络中的一台计算机作为代理服务器长期开启，也是一种纯软件方案。

代理服务器型共享方案主要适用于企事业员工共享上网，可防止员工进入其他网站浏览，或使用 QQ 聊天等 Internet 应用而耽误工作。

（3）路由器型共享上网

路由器型共享上网方式通常指的是利用宽带路由器共享上网。宽带路由器包括有线宽带路由器和无线宽带路由器两种，两种路由器的共享上网原理相同，但在具体的配置过程中有些不同。

路由器共享方式与前面介绍的两种共享方式完全不同。它不需要网络中的一台计算机作为服务器长期开启，而是各用户需要时直接上网，担当服务器角色的不再是某台计算机，而是宽带路由器。

这种共享方式对用户而言，无论采用的是专线方式还是虚拟拨号方式，都可以通过浏览器对路由器进行配置，由路由器来为网络计算机提供拨号或直接提供 Internet 连接服务。宽带路由器一般还带多个交换端口。提供 DHCP 服务、网络防火墙、VPN 通信，有的还具备打印服务器等功能。

在网络拓扑结构上，路由器方案有一些特殊之处。一般宽带路由器都带有 4 个左右的交换端口，此类路由器除了提供路由功能外，还具备交换机的集线器功能。若共享用户数在端口数范围内，则无须另外购买交换机，可大大节省用户的网络投资。

（4）共享方式的选择

从以上各种共享方式的特点可以看出，代理服务器的访问控制能力最强，但配置最复杂；网关型（特指软网关）共享的性能最低，访问控制能力居中；路由器共享性能最好，共享也最方便，但访问控制能力最差。

4. 安全性需求分析

网络是为广大用户共享网上的资源而互连的，然而网络的开放性与共享性也导致了网络的安全性问题。网络容易受到外界有意或无意的攻击和破坏，但不管属于哪一类，都会使信息的安全和保密性受到严重影响。因此，无论是使用专用网，还是 Internet 等公用网，都要注意保护本单位、本部门内部的信息资源不受外来因素的侵害。通常，人们希望网络能为用户提供众多的服务，同时又能提供相应的安全保密措施，而这些措施不应影响用户使用网络的方便性。目前，造成网络安全保密问题日益突出的主要原因有以下几点。

（1）网络的共享性

资源共享是建立计算机网络的基本目的之一，但这同样也给不法分子利用共享的资源进行破坏活动提供了机会。

（2）系统的复杂性

计算机网络是个复杂的系统，系统的复杂性使得网络的安全管理更加困难。

（3）边界的不确定性

网络的可扩展性同时也隐含了网络边界的不确定性。一个宿主机可能是两个不同网络中的节点，因此，一个网络中的资源可被另一个网络中的用户访问。这样，一些未经授权的怀有恶意的用户会对网络安全构成严重威胁。

（4）路径的不确定性

从用户宿主机到另一个宿主机可能存在多条路径。假设节点 A1 的一个用户想发一份报文给节点 B3 上的一个用户，而这份报文在到达节点 B3 之前可能要经过节点 A2 或 B2，即节点 A1 能提供令人满意的安全保密措施，而节点 A2 或 B2 可能不能，这样便会危害数据的安全。

面对越来越严重的危害计算机网络安全的问题，完全凭借法律手段来有效地防范计算机犯罪是十分困难的，应该深入地研究和发展有效的网络安全保密技术，以防止网络数据被非法窃取、篡改与毁坏，保证数据的保密性、原始性和完整性。

5. 数据备份和容灾需求分析

一直以来，提起数据安全，人们想到的就是网络安全、如何防止黑客攻击等方面。而对数据的完整性、可用性的重视不足。所谓数据安全，就是这些在企业中简单做了数据备份，就认为数据安全得到很好的保证，企业的系统完全有保障。其实这些都是最简单的想法，数据备份并不等于数据容灾，有了备份不等于万事大吉。因为备份的数据还可以有其他因素造成的数据损坏，如地震、火灾等，对于这些，企业应该在数据容灾方面提升能力，来进一步应对数据抵抗潜在不安全因素的能力。

数据备份是容灾的基础，是指为防止系统出现操作失误或系统故障导致数据丢失，而将全部或部分数据集合从应用主机的硬盘或阵列复制到其他存储介质的过程。传统的数据备份主要采用内置或外置的磁带机进行冷备份。但是这种方式只能防止操作失误等人为故障，而且其恢复时间也很长。随着技术的不断发展、数据的海量增加，不少企业开始采用网络备份。网络备份一般通过专业的数据存储管理软件结合相应的硬件和存储设备来实现。

（1）数据备份的意义

计算机里面重要的数据、档案或历史纪录，不论是对企业用户还是对个人用户，都是至关重要的，一旦不慎丢失，都会造成不可估量的损失，轻则辛苦积累起来的心血付之东流，严重的会影响企业的正常运作，给科研、生产造成巨大的损失。

为了保障生产、销售、开发的正常运行，企业用户应当采取先进、有效的措施，对数据进行备份、防患于未然。

（2）数据被破坏的主要原因

数据备份可以解决数据被破坏的问题。由于造成数据被破坏的因素很多，必须有针对性地进行预防，尽可能在主观上避免这些不利因素的发生，做好数据的保护工作。

造成网络数据被破坏的原因主要有以下几个方面。

① 自然灾害。如水灾、火灾、雷击和地震等，造成计算机系统的破坏，导致存储数据被破坏或丢失，这属于客观因素。

② 计算机设备故障。主要包括存储介质的老化、失效等，属于客观原因。但这种因素可以做到提前预防，只要经常进行设备维护，就可以及时发现问题，避免灾难的发生。

③ 系统管理员及维护人员的误操作。这属于主观因素，虽然不可能完全避免，但至少可以尽量减少。

④ 病毒感染造成的数据破坏和网络上的"黑客"攻击。这可以归属于客观因素，但还是可以做好预防的，完全有可能避免这类灾难的发生。

（3）有关数据备份的几种错误认识

① 把备份和复制等同起来。许多人简单地把备份单纯地看作更换磁带、为磁带编号等一个完全程式化的、单调的操作过程。其实不然，因为备份除了复制外，还包括更重要的内容，如备份管理和数据恢复。备份管理包括备份计划的制订、自动备份活动程序的编写、备份日志记录的管理等。备份管理是一个全面的概念，它不仅包含制度的制定和磁带的管理，还包含引进备份技术，如备份技术的选择、备份设备的选择、介质的选择乃至软件技术的选择等。

② 把双机热备份、磁盘阵列备份及磁盘镜像备份等硬件备份的内容和数据存储备份相提并论。事实上，所有的硬件备份都不能代替数据存储备份，硬件备份只是以一个系统或一个设备作牺牲来换取另一台系统或设备在短时间内的安全。若发生人为的错误、自然灾害、电源故障和病毒侵袭等，其后果将不堪设想，可能会造成所有系统瘫痪、所有设备无法运行，由此引起的数据丢失也将无法恢复。而数据存储备份能提供万无一失的数据安全保护。

③ 把数据备份与服务器的容错技术混淆起来。数据备份是指从在线状态将数据分离存储到媒体的过程，这与服务器的容错技术有着本质区别。

从目的上讲，这些技术都是为了消除或减弱意外事件给系统数据带来的影响，但其侧重的方向不同，实现手段和产生的效果也不相同。容错的目的是保证系统的高可用性。也就是说，当意外发生时，系统所提供的服务和功能不会因此而中断。对数据而言，容错技术保护服务器系统的在线状态，不会因单点故障而引起停机，保证数据可以随时被访问。备份的目的是将整个系统的数据或状态保存下来，这种方式不仅可以挽回硬件设备损坏带来的损失，也可以挽回系统错误和人为恶意破坏的损失。

一般来说，数据备份技术并不保证系统的实时可用性，即一旦有意外事件发生，备份技术只保证数据可以恢复，但是恢复过程需要一定的时间，在此期间，系统是不可用的，而且系统恢复的程度也不能保证回到系统被破坏前的即时状态，通常会有一定的数据丢失损坏，除非是进行了不间断的在线备份。通常，在具有一定规模的系统中，备份技术、服务器容错技术互相不可替代，但又都是不可缺少的，它们共同保证着系统的正常运转和数据的完整。

在 Microsoft 公司的 Windows 网络操作系统中集成了数据备份功能，而且功能比较强大，完全可以满足中小型企业的需求，但是对于在数据备份和容灾方面需求较高的企业用户来说，Windows 网络操作系统的"备份"工具远不能满足企业的需求。因为至少它不能进行网络备份，不支持大型数据备份系统，也不提供远程镜像、快速复制、在线备份等功能，所以这些企业用户需要选择一些专门的第三方数据备份和容灾系统。当然这个选择是要有依据的，因为并不是所有第三方备份系统都适合用户的需求。选择第三方备份系统主要考虑的因素是价格、功能模块和售后服务等几个方面。

3.2 硬件设备及其选型

3.2.1 网卡

网卡（NIC，Network Interface Card）又称为"网络适配器"。网卡是局域网中最基本的部件之一，它是连接计算机与网络的硬件设备。无论是连接双绞线、同轴电缆还是光纤，都必须借助于网卡才能实现数据的通信。网卡的功能主要包括以下几点。

（1）代表固定的网络地址

数据从一台计算机传输到另外一台计算机时，也就是从一块网卡传输到另一块网卡，即从源网络地址传输到目的网络地址。网络中的计算机就要靠网卡的物理地址来标识。

IEEE 802 标准为每个网卡规定了一个 6 字节 48 位的全局地址，它是站点的全球唯一的标识符，与其物理位置无关。这个地址即为 MAC 地址，也称为网卡的物理地址。

MAC 地址（Media Access Control ID）是一个 6 字节的地址码，每块主机网卡都有一个 MAC 地址，由生产厂家在生产网卡时固化在网卡的芯片中。

如图 3-1 所示的 MAC 地址 00-60-2F-3A-07-BC 的高 3 字节是生产厂家的企业编码 OUI，例如 00-60-2F 是思科公司的企业编码。低 3 字节 3A-07-BC 是随机数。MAC 地址以一定的概率保证一个局域网网段里的各台主机的地址唯一。

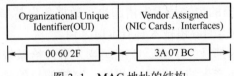

图 3-1 MAC 地址的结构

有一个特殊的 MAC 地址：ff-ff-ff-ff-ff-ff。这个二进制全为 1 的 MAC 地址是广播地址，表示这帧数据不是发给某台主机的，而是发给所有主机的。

在 Windows 操作系统机器上，可以在"命令提示符"窗口用 Ipconfig/all 命令查看到本

机的 MAC 地址。

由于 MAC 地址固化在网卡上，如果用户更换主机里的网卡，这台主机的 MAC 地址也就随之改变了。MAC 是 Media Access Control 的缩写，MAC 地址也称为主机的物理地址或硬件地址。

（2）数据转换

网络上传输数据的方式与计算机内部处理数据的方式是不相同的，它必须遵从一定的数据格式（通信协议）。当计算机将数据传输到网卡上时，网卡会将数据转换为网络设备可处理的字节，那样才能将数据送到网线上，网络上其他计算机才能处理这些数据。

在网络中，网卡的工作是双重的：一方面，它将本地计算机上的数据转换格式后送入网络；另一方面，它负责接收网络上传过来的数据包，对数据进行与发送数据时相反的转换，将数据通过主板上的总线传输给本地计算机。

（3）数据的封装与解封

发送时将上一层交下来的数据加上首部和尾部，成为以太网的帧。接收时将以太网的帧剥去首部和尾部，然后送交上一层。

（4）链路管理

主要是 CSMA/CD（Carrier Sense Multiple Access with Collision Detection，带冲突检测的载波监听多路访问）协议的实现。

（5）编码与译码

即曼彻斯特编码与译码。

1．网卡的工作原理

网卡工作在开放系统互连参考模型的最低两层，即物理层和数据链路层。物理层定义了数据传送与接收所需要的电与光信号、线路状态、时钟基准、数据编码和电路等，并向数据链路层设备提供标准接口。物理层的芯片称为 PHY。数据链路层则提供寻址机构、数据帧的构建、数据差错检查、传送控制、向网络层提供标准的数据接口等功能。以太网卡中数据链路层的芯片称为 MAC 控制器。

发送数据时，网卡首先侦听介质上是否有载波，如果有，则认为其他站点正在传送信息，继续侦听介质。一旦通信介质在一定时间段内是安静的，即没有被其他站点占用，则开始进行数据帧发送，同时继续侦听通信介质，以检测冲突。在发送数据期间，如果检测到冲突，则立即停止该次发送，并向介质发送一个"阻塞"信号，告知其他站点已经发生冲突，从而丢弃那些可能一直在接收的受到损坏的数据帧，并等待一段随机时间。在等待一段随机时间后，再进行新的发送。如果重传多次后（大于 16 次）仍发生冲突，就放弃发送。

接收数据时，网卡浏览介质上传输的每个帧，如果其长度小于 64 字节，则认为是冲突碎片。如果接收到的帧不是冲突碎片且目的地址是本地地址，则对帧进行完整性校验，如果帧长度大于 1518 字节或未能通过 CRC 校验，则认为该帧发生了畸变。通过校验的帧被认为是有效的，网卡将它接收下来进行本地处理。

2．网卡的分类

从工作方式上来看。网卡大致可分为 5 类。

（1）主 CPU 用 IN 和 OUT 指令对网卡的 I/O 端口寻址并交换数据。这种方式完全依靠主 CPU 来实现数据传送。当数据进入网卡缓冲区时，LAN 控制器发出中断请求调用 ISR，ISR 发出 I/O 端口的读/写请求，主 CPU 响应中断后将数据帧读入内存。

（2）网卡采用共享内存方式，即 CPU 使用 MOV 指令直接对内存和网卡缓冲区寻址。接收数据时数据帧先进入网卡缓冲区，ISR 发出内存读/写请求，CPU 响应后将数据从网卡送至系统内存。

（3）网卡采用 DMA 方式，ISR 通过 CPU 对 DMA 控制器编程，DMA 控制器一般在系统主板上，有的网卡也内置 DMA 控制器。DMA 控制器收到 ISR 请求后，向主 CPU 发出总线 HOLD 请求，获 CPU 应答后即向 LAN 发出 DMA 应答并接管总线，同时开始网卡缓冲区与内存之间的数据传输。

（4）主总线网卡能够裁决系统总线控制权，并对网卡和系统内存寻址，LAN 控制权裁决总线控制权后，以成组方式将数据传向系统内存，IRQ 调用 LAN 驱动程序 ISR，由 ISR 完成数据帧处理，并同高层协议一起协调接收和发送操作，这种网卡由于有较高的数据传输能力，常常省去了自身的缓冲区。

（5）智能网卡中有 CPU、RAM、ROM 及较大的缓冲区。其 I/O 系统可独立于主 CPU，LAN 控制器接收数据后由内置 CPU 控制所有数据帧的处理，LAN 控制器裁决总线控制并将数据成组地在系统内存和网卡缓冲区之间传递。IRQ 调用 LAN 驱动程序 ISR，通过 ISR 完成数据帧处理，并同高层协议一起协调接收和发送操作。

一般的网卡占用主机的资源较多，对主 CPU 的依赖较大，而智能型网卡拥有自己的 CPU，可大大增加 LAN 带宽，智能型网卡还有独立的 I/O 子系统，可将通道处理移至自身独立的处理器上。

从总线类型上来看，网卡大致可分为 5 类。

（1）ISA 总线网卡。ISA（工业标准体系结构）总线网卡作为传进 10 Mbps（在 10 Mbps 交换制时）或 100 Mbps 的媒介时，具有以下特点：ISA 总线只有 16 位宽；ISA 总线的工作时钟频率只有 8 MHz；ISA 总线不允许猝发式数据传输；大多数 ISA 总线为 I/O 映射型，从而降低了数据的传输速度。

随着 PC 架构的演化，ISA 总线因速度缓慢、安装复杂等自身难以克服的问题，结束了历史使命，ISA 总线的网卡也随之消亡了。一般来讲，10 Mbps 网卡多为 ISA 总线，大多用于低档的 PC 中。

（2）PCI 总线网卡。PCI 总线外部设备互连适配卡具有 4 位总线主控器。

该种适配卡具有以下性能特点：性能优良，具有 4 位总线主控器；全双工（FDX）操作；安装支持"即插即用"；配有外部状态 LED，用来显示链路（Link）及活动（Activity）状态；带有 RPL 可选件；支持 POST。

PCI 总线插槽仍是目前主板上最基本的接口。其基于 32 位数据总线，可扩展为 64 位。它的工作频率为 33 MHz/66 MHz。数据传输速率为 132 Mbps（32×33 MHz/s）。目前 PCI 接口网卡仍是家用消费级市场上的主流。

PCI-X 是 PCI 总线的一种扩展架构，它与 PCI 总线不同的是，PCI 总线必须频繁地在目标设备和总线之间交换数据，而 PCI-X 则允许目标设备仅与单个 PCI-X 设备进行交换，同时，如果 PCI-X 设备没有任何数据传送，总线会自动将 PCI-X 设备移除，以减少 PCI 设备间的等待周期。所以，在相同的频率下，PCI-X 将能提供比 PCI 提高 14%～35%的性能。目前服务器网卡经常采用此类接口的网卡。

（3）PCI-E 总线网卡。PCI Express 接口已成为目前主流主板的必备接口。不同于并行传输，PCI Express 接口采用点对点的串行连接方式，PCI Express 接口根据总线接口对位宽的要求不同而有所差异，分为 PCI Express lX（标准 250 Mbps，双向 500 Mbps）、2X（标准 500 Mbps）、4X（1 Gbps）、8X（2 Gbps）、16X（4 Gbps）、32X（8 Gbps）。采用 PCI-E 接口的网卡多为吉比特位网卡。

（4）USB 接口网卡。USB 接口（Universal Serial Bus，通用串行总线）分为 USB 2.0 和 USB 1.1 标准。USB 1.1 标准的传输速率的理论值是 12 Mbps。而 USB 2.0 标准的传输速率可以高达 480 Mbps，目前的 USB 有线网卡多为 USB 2.0 标准。

（5）PCMCIA 接口网卡。PCMCIA 接口是笔记本电脑专用接口，PCMCIA 总线分为两类：一类为 16 位的 PCMCIA；另一类为 32 位的 Card Bus，Card Bus 网卡的最大传输速率接近 90 Mbps。

从端口类型上来看，网卡还可以分为 RJ-45 端口（双绞线）网卡、AUI 端口（粗铜轴电缆）网卡、BNC 端口（细铜轴电缆）网卡和光纤端口网卡。按与端口的数量分，有单端口网卡、双端口网卡甚至三端口网卡（如 RJ-45+BNC、BNC+AUI、RJ-45+BNC+AUI）等，如图 3-2 所示。

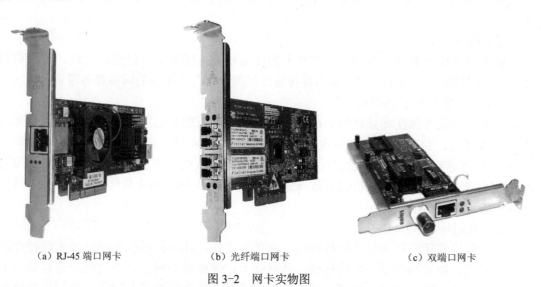

(a) RJ-45 端口网卡　　　　　(b) 光纤端口网卡　　　　　(c) 双端口网卡

图 3-2　网卡实物图

从网卡的带宽来看，目前主流的网卡主要有 10 Mbps 网卡、100 Mbps 以太网卡、10 Mbps/100 Mbps 自适应网卡、1 000 Mbps 千兆位以太网卡四种。

如果根据网卡所应用的计算机类型来分，可以将网卡分为应用于工作站的网卡和应用于服务器的网卡。前面所介绍的基本上都是工作站网卡，其实网卡通常也应用于普通的服务器上。但是在大型网络中，服务器通常采用专门的网卡。它相对于工作站所用的普通网卡来说在带宽（通常在 100 Mbps 以上，主流的服务器网卡都为 64 千兆位网卡）、接口数量、稳定性、纠错等方面都有比较明显的提高。有的服务器网卡支持冗余备份、热插拨等服务器专用功能。

3. 网卡选型

网卡看似一个简单的网络设备，它的作用却是决定性的。加上目前网卡品牌、规格繁多，稍不留意，很可能所购买的网卡根本就用不上，或者质量太差，用得不称心。如果网卡性能不好，其他网络设备性能再好也无法实现预期的效果。选择网卡时一般需要考虑以下几个因素。

（1）网卡的材质和制作工艺

网卡属于电子产品，所以它与其他电子产品一样，制作工艺主要体现在焊接质量、板面光洁度、网卡板材、元器件选择等方面。优质网卡的电路板焊点大小均匀，焊脚干净，焊接质量良好；而一般网卡会出现堆焊或虚焊等现象，焊接点看上去很不均匀，有时可以看见细小的气眼。比较好一点的板材通常采用喷锡板，而劣质网卡在电路板选材上选用非喷锡板材。

网卡的布线也会影响其工作性能。一般为了取得理想的数据传输效果，减少数据传输的不安全因素，网卡在布线方面应充分优化，通过合理的设计缩短各个线路长度的差别和过孔的数量。

（2）产品品牌

网卡作为一种成熟产品，不同品牌的产品在设计与技术原理上并没有太大的区别，它们之间的差别更多地体现在制作工艺上。常用品牌包括 3COM、Intel、D-Link、TP-Link 等。

（3）网络类型

由于网卡种类繁多，不同类型的网卡的使用环境可能是不一样的。因此，在选购网卡之前，应明确所选购网卡使用的网络及传输介质类型、与之相连的网络设备带宽等情况。

（4）计算机插槽总线类型

由于网卡是要插在计算机的插槽中的，这就要求所购买的网卡总线类型必须与装入机器的总线相符。总线的性能直接决定了从服务器内存和硬盘向网卡传递信息的效率。与 CPU 一样，影响硬件总线性能的因素有两个：数据总线的宽度和时钟速度。目前主流的是 PCI 接口的。如果需要更详细的信息，还可查看网卡所支持的 PCI 总线标准版本，一般情况下版本越高性能越好。

（5）使用环境

为了能使选择的网卡与计算机协同、高效地工作，还必须根据使用环境来选择合适的网卡。例如，如果购买了一块价格高、功能强大、速度快的网卡，安装到一台普通的工作站中，可能就发挥不了多大作用，这样就造成了很大的资源浪费和闲置。相反，如果在一台服务器中安装一只性能普通、传输速度低下的网卡，这样很容易会产生瓶颈现象，从而抑制整个网络系统的性能发挥。因此，在选用时一定要注意应用环境。例如，服务器端网卡由于技术先进，价钱会贵很多，为了减少主 CPU 占有率，服务器网卡应选择带有自高级容错、带宽汇聚等功能，这样服务器就可以通过增插几块网卡提高系统的可靠性。

3.2.2 集线器

集线器的功能是帮助计算机转发数据包，它是最简单的网络设备，价格也非常便宜。

如图 3-3 所示，简单地用一个集线器（Hub）就可以将数台计算机连接到一起，使计算机之间可以互相通信。在购买一台集线器后，只需要简单地用双绞线电缆把各台计算机与集线器连接到一起，并不需要再做其他事情，一个简单的网络就搭建成功了。

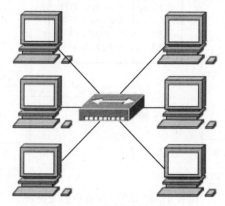

图 3-3 简单的网络连接

集线器的工作原理非常简单。当集线器从一个端口收到数据包时，它便简单地把数据包向所有端口转发。于是，当一台计算机准备向另外一台计算机发送数据包时，实际上集线器把这个数据包转发给了所有的计算机。

发送主机发送出的数据包有一个报头，报头中装着目标主机的地址（称为 MAC 地址），只有那台 MAC 地址与报头中封装的目标 MAC 地址相同的计算机才接收数据包。所以，尽管源主机的数据包被集线器转发给了所有计算机，但是，只有目标主机才会接收这个数据包。

集线器目前已经很少使用，此处也不对其进行更为详细的描述。

3.2.3 交换机

交换机（switch）也称为交换器。交换机是一个具有简单、低价、高性能和高端口密集特点的交换产品。交换机采用了一种桥接的复杂交换技术。交换机按每一数据帧中的 MAC 地址使用相对简单的决策进行信息转发，而这种转发决策一般不考虑帧中隐藏的更深的其他信息。

1. 交换机的工作原理

交换机将 PC、服务器和外设连接成一个网络。

因为集线器是一个总线共享型的网络设备，在集线器连接组成的网段中，当两台计算机通信时，其他计算机的通信就必须等待，这样的通信效率是很低的。而交换机区别于集线器的是能够同时提供点对点的多个链路，从而大大提高了网络的带宽。

交换机的核心是交换表。交换表是一个交换机端口与 MAC 地址的映射表。

一帧数据到达交换机后，交换机从其帧报头中取出目标 MAC 地址，通过查表，得知应该向哪个端口转发，进而将数据帧从正确的端口转发出去。如图 3-4 所示，当左上方的计算机希望与右下方的计算机通信时，左上方主机将数据帧发给交换机。交换机从 e0 端口收到数据帧后，从其帧报头中取出目标 MAC 地址 0260.8c01.4444。通过查交换表，得知应该向 e3 端口转发，进而将数据帧从 e3 端口转发出去。

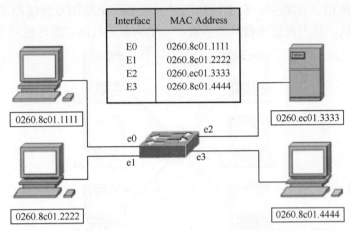

图 3-4 以太网交换机中的交换表

我们可以看到，在 e0、e3 端口进行通信的同时，交换机的其他端口仍然可以通信。例如 e1、e2 之间仍然可以同时通信。

如果交换机在自己的交换表中查不到该向哪个端口转发，则向所有端口转发。当然，广播数据报（目标 MAC 地址为 FFFF.FFFF.FFFF 的数据帧）到达交换机后，交换机将广播报文向所有端口转发。因此，交换机会将两种数据帧向所有端口转发：广播帧和用交换表无法确认转发端口的数据帧。

交换机的核心是交换表，交换表是通过自学习得到的。交换表放置在交换机的内存中。交换机刚上电时，交换表是空的。当 0260.8c01.1111 主机向 0260.ec01.2222 主机发送报文时，交换机无法通过交换表得知应该向哪个端口转发报文。于是，交换机将向所有端口转发。

虽然交换机不知道目标主机 0260.ec01.2222 在自己的哪个端口，但是它知道报文来自 e0 端口。因此，转发报文后，交换机便把帧报头中的源 MAC 地址 0260.8c01.1111 加入到其交换表 e0 端口行中。

交换机对其他端口的主机也是这样辨识其 MAC 地址。经过一段时间后，交换机通过自学习得到完整的交换表。

可以看到，交换机的各个端口是没有自己的 MAC 地址的。交换机各个端口的 MAC 地址是它所连接的 PC 的 MAC 地址。

如图 3-5 所示，当交换机级联时，连接到其他交换机的主机的 MAC 地址都会捆绑到本交换机的级联端口。这时，交换机的一个端口会捆绑多个 MAC 地址（如图 3-5 中 E1 端口所示）。

为了避免交换表中的垃圾地址，交换机对交换表有遗忘功能。即交换机每隔一段时间就会清除自己的交换表，重新学习、建立新的交换表。这样做付出的代价是重新学习花费的时间和对带宽的浪费。但这是迫不得已而必须做的。新的智能化交换机可以选择遗忘那些长时间没有通信流量的 MAC 地址，进而改进交换机的性能。

第 3 章　计算机网络设计

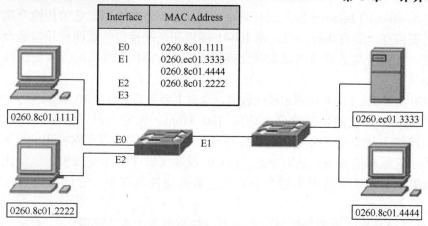

图 3-5　交换机的一个端口可以捆绑多个 MAC 地址

如果用以太网交换机连接一个简单的网络，一台新的交换机不需要任何配置，将各个主机连接到交换机上就可以工作了。这时，使用交换机与使用集线器连网同样简单。

2. 交换机的分类

（1）根据网络覆盖范围划分

① 广域网交换机。广域网交换机主要应用于电信城域网互连、Internet 接入等领域的广域网中，提供通信用的基础平台。

② 局域网交换机。局域网交换机应用于局域网络，用于连接终端设备，如服务器、工作站、集线器、路由器、网络打印机等网络设备，提供高速独立通信通道。

（2）根据交换机使用的网络传输介质及传输速度的不同划分

① 以太网交换机。这里所指的"以太网交换机"是指带宽在 100 Mbps 以下的以太网所用交换机。以太网包括三种网络接口：RJ-45、BNC 和 AUI，所用的传输介质分别为双绞线、细同轴电缆和粗同轴电缆。双绞线类型的 RJ-45 接口在网络设备中最为普遍。

② 快速以太网交换机。这种交换机用于 100 Mbps 快速以太网。快速以太网是一种在普通双绞线或光纤上实现 100 Mbps 传输带宽的网络技术。快速以太网不都是真正 100 Mbps 带宽的端口，事实上目前基本上还有 10/100 Mbps 自适应型的。这种快速以太网交换机所采用的介质通常也是双绞线，有的快速以太网交换机为了兼顾与其他光传输介质的网络互连，会留有少数的光纤接口。

③ 吉比特位以太网交换机。吉比特位以太网交换机用于目前较新的吉比特位以太网中，它一般用于一个大型网络的骨干网段，所采用的传输介质有光纤和双绞线两种，对应的接口为"SC"和"RJ-45"等。

④ 10 吉比特位以太网交换机。10 吉比特位以太网交换机主要是为了适应当今 10 吉比特位以太网络的接入，它一般是用于骨干网段上，采用的传输介质为光纤，其接口方式为光纤接口。

⑤ ATM 交换机。ATM 交换机是用于 ATM 网络的交换机。ATM 网络由于其独特的技术特性，现在还只用于电信、邮政网的主干网段，因此其在市场上很少看到。在 ADSL 宽带接入方式中如果采用 PPPOA 协议，在局端（NSP 端）就需要配置 ATM 交换机，有线电

视的 Cable Modem 的 Internet 接入法在局端也采用 ATM 交换机。它的传输介质一般采用光纤，接口类型同样一般有两种：以太网 RJ-45 接口和光纤接口。这两种接口适合与不同类型的网络互连。相对于物美价廉的以太网交换机而言，ATM 交换机的价格比较高，在普通局域网中应用很少。

⑥ FDDI 交换机。FDDI 技术出现比较早，当时主要是为了解决 10 Mbps 以太网和 16 Mbps 令牌网速度的局限，它的传输速度可达到 100 Mbps，但它当时是采用光纤作为传输介质的，比以双绞线为传输介质的网络成本高许多，所以随着快速以太网技术的发展，FDDI 技术也就失去了它原有的市场。正因如此，FDDI 设备（如 FDDI 交换机）也就比较少见了，FDDI 交换机主要用于老式中小型企业的快速数据交换网络中，它的接口形式都为光纤接口。

⑦ 令牌环交换机。主流局域网中曾经有一种被称为"令牌环网"的网络。它是由 IBM 公司在 20 世纪 70 年代开发的，在老式的令牌环网中，数据传输速率为 4 Mbps 或 16 Mbps，新型的快速令牌环网速度可达 100 Mbps，目前已经进行了标准化。令牌环网的传输方法在物理上采用星形拓扑结构，在逻辑上采用环形拓扑结构。与之相匹配的交换机产品就是令牌环交换机。由于令牌环网逐渐失去了市场，相应的纯令牌环交换机产品也非常少见。但是在一些交换机中仍留有一些 BNC 或 AUI 接口，以方便令牌环网进行连接。

（3）根据交换机所应用的网络层次划分

① 核心层交换机。核心层交换机属于一类高端交换机，一般采用模块化的结构，可作为企业网络骨干构建高速局域网，所以它通常用于企业网络的顶层。

核心层交换机可以提供用户化定制、优先级队列服务和网络安全控制，并能很快适应数据增长和改变的需要，从而满足用户的需求。对于有更多需求的网络，核心层交换机不仅能传送海量数据和控制信息，更具有硬件冗余和软件可伸缩性特点，保证网络的可靠运行。核心层交换机一般都是吉比特位以上以太网交换机。核心层交换机所采用的端口一般为光纤接口，这主要是为了保证交换机高的传输速率。

② 接入层交换机。接入层交换机是面向部门级网络使用的交换机。这类交换机可以固定配置，也可以模块化配置，一般除了常用的 RJ-45 双绞线接口，还带有光纤接口。接入层交换机一般具有较为突出的智能型特点，支持基于端口的 VLAN 划分，可实现端口管理，可任意采用全双工或半双工传输模式，可对流量进行控制，有网络管理的功能，可通过 PC 的串口或经过网络对交换机进行配置、监控和测试。

③汇聚层交换机。汇聚层交换机是多台接入层交换机的汇聚点，它必须能够处理来自接入层设备的所有通信量，并提供到核心层的上行链路，因此汇聚层交换机与接入层交换机相比，需要更高的性能和更高的交换速率。

（4）按交换机的端口结构划分

① 固定端口交换机。固定端口交换机所带有的端口是固定的，如果是 8 端口交换机，就只能使用 8 个端口，再不能添加；16 个端口交换机也就只能有 16 个端口，不能再扩展。目前这种固定端口的交换机比较常见，端口数量没有明确的规定，一般的端口标准是 8 端口、16 端口、24 端口和 48 端口。非标准的端口数主要有 4 端口、5 端口、10 端口、12 端口、20 端口、22 端口和 32 端口等。

固定端口交换机虽然相对来说价格便宜，但它只能提供有限的端口和固定类型的接

口，因此，无论从可连接的用户数量上，还是从可使用的传输介质上来讲都具有一定的局限性。这种交换机在工作组中应用较多，一般适用于小型网络和桌面交换环境。

固定端口交换机因其安装架构不同又分为桌面式交换机和机架式交换机。机架式交换机更易于管理，更适用于较大规模的网络，它的结构尺寸要符合 19 英寸国际标准，它与其他交换设备或路由器、服务器等集中安装在一个机柜中。而桌面式交换机，由于只能提供少量端口且不能安装于机柜内，通常只用于小型网络。

② 模块化交换机。模块化交换机虽然在价格上要贵很多，但拥有更大的灵活性和可扩充性，用户可任意选择不同数量、不同速率和不同接口类型的模块，以适应变化的网络需求。而且，模块化交换机大都有很强的容错能力，支持交换模块的冗余备份，并且往往拥有可热插拔的双电源，以保证交换机的电力供应。在选择交换机时，应按照需要和经费综合考虑选择模块化交换机还是固定端口交换机。一般来说，企业级交换机应考虑其扩充性、兼容性和排错性，因此，应当选用模块化交换机；而工作组交换机则由于任务较为单一，故可采用简单、高效的固定端口交换机。

(5) 按交换机是否支持网络管理功能划分

① 网管型交换机。网管型交换机的任务就是使所有的网络资源处于良好的状态。网管型交换机产品提供了基于终端控制口（Console）、基于 Web 页面及支持 Telnet 远程登录网络等多种网络管理方式。因此网络管理人员可以对该交换机的工作状态、网络运行状况进行本地或远程的实时监控，纵观全局地管理所有交换端口的工作状态和工作模式。网管型交换机支持 SNMP，SNMP 由一整套简单的网络通信规范组成，可以完成所有基本的网络管理任务，对网络资源的需求量少，具备一些安全机制。SNMP 的工作机制非常简单，主要通过各种不同类型的消息，即 PDU（协议数据单位）实现网络信息的交换。但是网管型交换机相对于非网管型交换机来说要贵许多。

② 非网管型交换机。非网管型交换机不具有网络管理功能，一般桌面型交换机都属于非网管型交换机。

3. 交换机的主要性能指标

交换机的主要性能指标包括以下几项。

(1) 交换机类型

交换机类型包括机架式交换机与固定配置式（具有或不具有扩展槽）交换机。机架式交换机是一种插槽式的交换机，该类交换机的扩展性较好，可以支持不同的网络类型，但价格较高；固定配置式带扩展槽交换机是一种有固定端口数并带少量扩展槽的交换机，这种交换机在支持固定端口类型网络的基础上，还可以支持其他类型的网络，价格居中；固定配置式不带扩展槽交换机仅支持一种类型的网络，价格也是最便宜的。

(2) 端口

端口指的是交换机的接口数量及端口类型。一般来说，端口数量越多，其价格就会越高。端口类型一般为多个 RJ-45 接口，还会提供一个 UP-Link 接口或堆叠接口，用来实现交换设备的级联或堆叠。另外，有的端口还支持 MDI/MDIX 自动跳线功能，通过该功能可以在级联交换设备时自动按照适当的线序连接，无须进行手工配置。

(3) 传输速率

现在市面上的交换机主要分为 100 Mbps、吉比特、10 吉比特交换机 3 种，100 Mbps 交换机主要以 10/100 Mbps 自适应交换机为主，能够通过自动判断网络自适应运行，如果是一般公司或家庭局域网，100 Mbps 交换机能够满足用户的需求。当然，有条件的用户也可以选择 100/1 000 Mbps 自适应交换机，以适应未来网络升级的需要。在大型网络的核心层，可以选择 10 吉比特交换机，提供高速网络传输通道。

(4) 传输模式

目前的交换机一般都支持全/半双工自适应模式。全双工指可以同时接收和发送数据，数据流是双向的；半双工模式指不能同时接收和发送数据，在接收数据时，不能发送数据，数据流是单向的。

(5) 是否支持网管

网管是指网络管理员通过网络管理程序对网络上的资源进行集中化的管理，包括配置管理、性能和记账管理、问题管理、操作管理和变化管理等。一般交换机厂商会提供管理软件或第三方管理软件来远程管理交换机，现在常见的网管类型包括：IBM 网络管理（Netview）、HP Openview、Sun Solstice Domain Manager、RMON 管理、SNMP 管理、基于 Web 管理等，网络管理界面分为命令行方式（CLI）与图形用户界面（GUI）方式，不同的管理程序反映了该设备的可管理性及可操作性。

(6) 交换方式

目前交换机采用的交换方式主要有"存储转发"与"直接转发"两种，存储转发指的是在交换机接收到全都数据包后再决定如何转发，可以检测数据包的错误，支持不同速率的输入/输出端口的交换，但数据处理时延较长。直接转发是指在交换机收到完整数据包之前就已经开始转发数据，这样可以减少数据处理时延，但由于交换机直接转发所有的非完整数据包和错误数据包会给交换网络带来许多垃圾通信包。如今大部分交换产品支持存储转发技术。

(7) 背板吞吐量

背板吞吐量又称为背板带宽，是指交换机接口处理器和数据总线之间所能吞吐的最大数据量，交换机的背板带宽越高，其处理数据的能力就越强。背板吞吐量越大的交换机，其价格越高。

(8) 支持的网络类型

交换机支持的网络类型是由交换机的类型决定的。一般情况下，固定配置式不带扩展槽的交换机仅支持一种类型的网络，是按需定制的。机架式交换机和固定式配置带扩展槽交换机可支持一种以上的网络类型，如支持以太网、快速以太网、吉比特以太网、ATM、令牌环及 FDDI 网络等，一台交换机支持的网络类型越多，其可用性、可扩展性就越强，同时价格也越高。

(9) 安全性及 VLAN 支持

网络安全性越来越受到人们的重视，交换机可以在底层把非法的客户隔离在网络之外，网络安全一般是通过 MAC 地址过滤或将 MAC 地址与固定端口绑定的方法来实现的，同时 VLAN 也是强化网络管理、保护网络安全的有力手段。一个 VLAN 是一个独立的广播域，可以有效地防止广播风暴，由于 VLAN 是基于逻辑连接而不是物理连接的，因此配置十分灵活，一个广播域可以是一组任意选定的 MAC 地址组成的虚拟网段，这样网络中工作组就可以突破共享网络中的地理位置限制，根据管理功能来划分。现在交换机是否支持 VLAN 已成为衡量其性能好坏的重要参数。

（10）冗余支持

交换机在运行过程中可能会出现故障，所以是否支持冗余也是交换机的重要的指标，当交换机的一个部件出现故障时，其他部件能够接替出故障部件的工作，而不影响交换机的正常运转。冗余组件一般包括管理卡、交换结构、接口模块、电源、冷却系统、机箱风扇等。另外，对于提供关键服务的管理引擎及交换阵列模块，不仅要求冗余，还要求这些部分具有"自动切换"的特性，以保证设备冗余的完整性，当一块这样的部件失效时，冗余部件能够接替其工作，以保障设备的可靠性。

4．选择交换机的基本原则

选择交换机时要注意以下原则。

（1）适用性与先进性相结合的原则

不同品牌的交换机产品价格差异较大，功能也不一样，因此选择时不能只看品牌或追求高价。也不能只注意价格低的，应该根据应用的实际情况，选择性能价格比高、既能满足目前需要又能适应未来几年网络发展的交换机，以求避免重复投资或过于超前投资。

（2）选择市场主流产品的原则

选择交换机时，应选择在国内、国际市场上有相当的份额，具有高性能、高可靠性、高安全性、高可扩展性、高可维护性的产品，如 Cisco、3Com、华为等公司的产品市场份额较大。

（3）安全可靠的原则

交换机的安全性决定了网络系统的安全性，交换机的安全性主要表现在 VLAN 的划分、交换机的过滤技术等方面。

（4）产品与服务相结合的原则

选择交换机时，既要看产品的品牌又要看生产厂商和销售商是否有强大的技术支持和良好的售后服务，否则当购买的交换机出现故障时既没有技术支持又没有产品服务，就会使用户蒙受损失。

以下为选择三层交换机需要注意的事项。

对于第三层交换机的选择，由于不同用户的网络结构和应用不同，选择第三层交换机的侧重点就会有所不同。但对于用户而言，一般要注意以下几个方面。

（1）注重满配置时的吞吐量

选择三层交换机时，首先要分析各种产品的性能指标，然而对诸如交换容量、背板带宽、处理能力、吞吐量等众多技术指标，用户必须重点考察"满配置时的吞吐量"这个指标，因为其他技术指标用户一般没有能力进行测量，唯有吞吐量是用户可以使用 Smart Bits 和 IXIA 等测试仪表直接测量和验证的。

（2）分布式优于集中式

不同品牌的交换机所采用的交换机技术也不同，主要可分为集中式和分布式两类。传统总线式交换结构模块是集中式的，现代交换矩阵模块是分布式的。由于企业内连网中运行的音频、视频及数据信息量越来越大，使之对交换机处理能力的要求也越来越高，为了实现在高端口密度条件下的高速无阻塞交换，采用分布式第三层交换机是明智的选择。因为总线式交换机模块在以太网环境下仍然避免不了冲突，而矩阵式恰恰避免了端口交换时的冲突现象。

（3）关注延时与延时抖动指标

企业网、校园网几乎都是高速局域网，其任务之一就是进行音频和视频等大容量多媒体数据的传输，而这些大容量多媒体数据包最忌因延时较长和数据包丢失使信息传输产生抖动。导致延时过高的原因通常包括阻塞设计的交换结构和过量使用缓冲等，所以，关注延时实际上需要关注产品的模块结构。

（4）性能稳定

三层交换机多用于核心层和汇聚层，如果性能不稳定，则会波及网络系统的大部分主机，甚至整个网络系统。所以，只有性能稳定的第三层交换机才是网络系统连续、可靠、安全和正常运行的保证。性能稳定看似抽象，似乎需要实际检测才有说服力。其实不然，由于设备性能实际上是通过多项基本技术指标和市场声誉来实现的。所以，用户可以通过吞吐量、延迟、丢帧率、地址表深度、线端阻塞和多对一功能等多项指标及市场应用调查来确定。

（5）安全可靠

作为网络核心设备的第三层交换机是被攻击的重要对象。要求必须将第三层交换机纳入网络安全防护的范围。这里所说的"安全可靠"应该包括第三层交换机的软件和硬件。所以，从"安全"上讲，配备支持性能优良、没有安全漏洞防火墙功能的第三层交换机是非常必要的。从"可靠"上看，因客观上任何产品都不能保证其不发生故障，而发生故障时能否迅速切换到一个好设备上是需要关心的问题。另外，在硬件上要考虑冗余能力，如电源、管理模块和端口等重要部件是否支持冗余，这对诸如电信、金融企业等对安全可靠性要求高的用户尤其重要。还有就是散热方式，如散热风扇设置是否合理等。最后，对宽带运营商来说，认证功能也是考察的重要方面。

（6）功能齐全

产品不但要满足现有需求，还应满足未来一段时间内的需求，从而给用户一个增值空间。如当公司员工增加时，可以插上模块来扩充而不必淘汰原有设备。还有一些功能，如组播、QoS、端口干路（Port Trunking）、802.1d 跨越树（Spanning Free）及是否支持 RIP、OSPF 等路由协议，对第三层交换机来说都是十分重要的。以组播为例，在 VOD 应用中，如果一组用户同时点播一个节目，用组播协议可以保证交换机在高密度视频流点播时非常顺畅地进行数据处理，反之，如果交换机不支持组播协议，则占用的带宽相当大。再如，QoS 功能可以根据用户的不同需求将其划分为不同等级，可以使宽带运营商按端口流量计费，从而为不同用户提供不同的服务。

3.2.4 路由器

路由器工作在 OSI 参考模型第三层——网络层，负责数据包的转发。路由器通过转发数据包来实现网络互连。虽然路由器可以支持多种协议（如 TCP/IP、IPX/SPX、AppleTalk

等协议),但是绝大多数路由器都运行在 TCP/IP 的协议族环境中。

路由器通常连接两个或多个由 IP 子网或点到点协议标识的逻辑端口,至少拥有两个物理端口。路由器根据收到数据包中的网络层地址及路由器内部维护的路由表决定输出端口,并且重写链路层数据包头,实现转发数据包。路由器通过动态维护路由表来反映当前的网络拓扑结构,并通过与网络上其他路由器交换路由和链路信息来维护路由表。

路由器的基本功能如下。

(1)网络互连:路由器支持各种局域网和广域网接口,主要用于互连局域网和广域网,实现不同网络互相通信。

(2)数据处理:提供包括分组过滤、分组转发、优先级控制、数据复用、数据加密、数据压缩和防火墙等功能。

(3)网络管理:路由器具有包括路由器配置管理、性能管理、容错管理和流量控制等功能。

1. 路由器的工作原理

路由器在局域网中用来互连各个子网,同时隔离广播和介质访问冲突。

正如前面所介绍的,路由器将一个大网络分成若干个子网,以保证子网内通信流量的局域性,屏蔽其他子网无关的流量,进而更有效地利用带宽。对于那些需要前往其他子网和离开整个网络前往其他网络的流量,路由器提供必要的数据转发。

通过图 3-6 来解释路由器的工作原理。

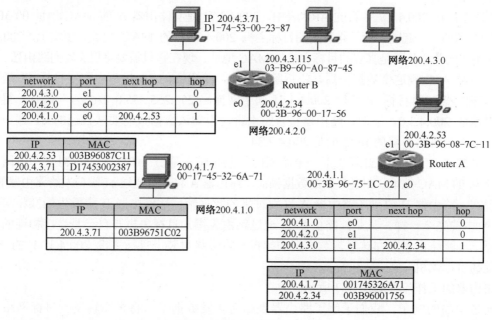

图 3-6 路由器的工作原理

图 3-6 中有三个子网,由两个路由器连接起来。三个 C 类地址子网分别是 200.4.1.0、200.4.2.0 和 200.4.3.0。

从图中可以看出,路由器的各个端口也需要有 IP 地址和主机地址。路由器的端口连接

在哪个子网上，其 IP 地址就应属于该子网。例如，路由器 A 两个端口的 IP 地址 200.4.1.1、200.4.2.53 分别属于子网 200.4.1.0 和子网 200.4.2.0。路由器 B 的两个端口的 IP 地址 200.4.2.34、200.4.3.115 分别属于子网 200.4.2.0 和子网 200.4.3.0。

每个路由器中有一个路由表，主要由网络地址、转发端口、下一跳路由器的 IP 地址和跳数组成。

网络地址：本路由器能够前往的网络。

端口：前往某网络该从哪个端口转发。

下一跳：前往某网络，下一跳的中继路由器的 IP 地址。

跳数：前往某网络需要穿越几个路由器。

下面来看一个需要穿越路由器的数据报是如何被传输的。

如果主机 200.4.1.7 要将报文发送到本网段上的其他主机，源主机通过 ARP 程序可获得目标主机的 MAC 地址，由链路层程序为报文封装帧报头，然后发送出去。

当 200.4.1.7 主机要把报文发向 200.4.3.0 子网上的 200.4.3.71 主机时，源主机在自己机器的 ARP 表中查不到对方的 MAC，则发 ARP 广播请求 200.4.3.71 主机应答，以获得它的 MAC 地址。但是，这个查询 200.4.3.71 主机 MAC 地址的广播被路由器 A 隔离了，因为路由器不转发广播报文。所以，200.4.1.7 主机无法直接与其他子网上的主机通信。

路由器 A 会分析这条 ARP 请求广播中的目标 IP 地址。经过掩码运算，得到目标网络的网络地址是 200.4.3.0。路由器查路由表，得知自己能提供到达目的网络的路由，便向源主机发 ARP 应答。

请注意：在 200.4.1.7 主机的 ARP 表中，200.4.3.71 是与路由器 A 的 MAC 地址 00-3B-96-75-1C-02 捆绑在一起的，而不是真正的目标主机 200.4.3.71 的 MAC 地址。事实上，200.4.1.7 主机并不需要关心是否是真实的目标主机的 MAC 地址，现在它只需要将报文发向路由器。

路由器 A 收到这个数据报后，将拆除帧报头，从里面的 IP 报头中取出目标 IP 地址。然后，路由器 A 将目标 IP 地址 200.4.3.71 同子网掩码 255.255.255.0 做"与"运算，得到目标网络地址 200.4.3.0。下面，路由器将查路由表，得知该数据报需要从自己的 e1 端口转发出去，且下一跳路由器的 IP 地址是 200.4.2.34。

路由器 A 需要重新封装在下一个子网的新数据帧。通过 ARP 表，取得下一跳路由器 200.4.2.34 的 MAC 地址。封装好新的数据帧后，路由器 A 将数据通过 e1 端口发给路由器 B。

现在，路由器 B 收到了路由器 A 转发过来的数据帧。在路由器 B 中发生的操作与在路由器 A 中的完全一样。只是，路由器 B 通过路由表得知目标主机与自己是直接相连的，而不需要下一跳路由了。在这里，数据报的帧报头将最终封装上目标主机 200.4.3.71 的 MAC 地址发往目标主机。

路由器的工作流程如图 3-7 所示。

通过上面的例子，我们了解了路由器是如何转发数据报、将报文转发到目标网络的。路由器使用路由表将报文转发给目标主机，或交给下一级路由器转发。总之，发往其他网络的报文将通过路由器传送给目标主机。

数据报穿越路由器前往目标网络时，它的帧报头每穿越一次路由器，就会被更新一次。这是因为 MAC 地址只在网段内有效，它是在网段内完成寻址功能的。为了在新的网段内完成物理地址寻址，路由器就必须重新为数据报封装新的帧报头。

第 3 章 计算机网络设计

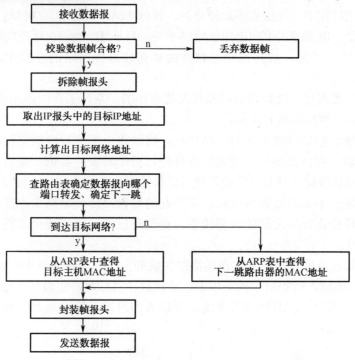

图 3-7 路由器的工作流程

在图 3-8 中，200.4.1.7 主机发出的数据帧的目标 MAC 地址指向 200.4.1.1 路由器，数据帧发往路由器。路由器收到这个数据帧后，会拆除这个帧的帧报头，更换成下一个网段的帧报头。新的帧报头中，目标 MAC 地址是下一跳路由器的，源 MAC 地址则换为 200.4.1.1 路由器 200.4.2.53 端口的 MAC 地址 00-38-96-08-7c-11。当数据到达目标网络时，最后一个路由器发出的帧的目标 MAC 地址是最终的目标主机的物理地址，数据被转发到了目标主机。

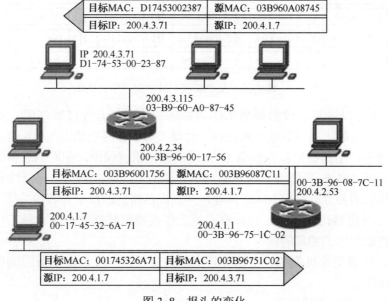

图 3-8 报头的变化

网络集成与综合布线

数据包在传送过程中，帧报头不断被更换，目标 MAC 地址和源 MAC 地址穿越路由器后都要改变。但是，IP 报头中的 IP 地址始终不变，目标 IP 地址永远指向目标主机，源 IP 地址永远是源主机。可见，数据报在穿越路由器前往目标网络的过程中，帧报头不断改变，IP 报头保持不变。

路由器在接收数据报、处理数据报和转发数据报的一系列工作中，完成了 OSI 模型中物理层、链路层和网络层的所有工作。

在物理层，路由器提供物理上的线路接口，将线路上的比特数据位流移入自己接口中的接收移位寄存器，供链路层程序读取到内存中。对于转发的数据，路由器的物理层完成相反的任务，将发送移位寄存器中的数据帧以比特数据位流的形式串行发送到线路上。

路由器在链路层中完成数据的校验，为转发的数据报封装帧报头，控制内存与接收移位寄存器和发送移位寄存器之间的数据传输。在链路层中，路由器会拒绝转发广播数据报和损坏了的数据帧。

路由器的网间互连能力集中于它在网络层完成的工作。在这一层中，路由器要分析 IP 报头中的目标 IP 地址，维护自己的路由表，选择前往目标网络的最佳路径。正是由于路由器的网间互连能力集中在它的网络层表现，所以人们习惯于称它是一个网络层设备，它工作在网络层。

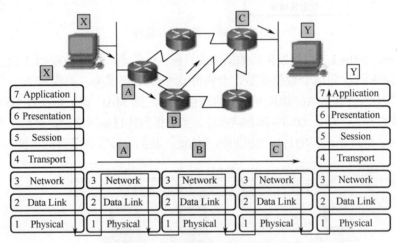

图 3-9　路由器涉及 OSI 模型最下面三层的操作

在图 3-9 中可以看见，数据报到达路由器后，数据报会经过物理层、链路层、网络层、链路层、物理层的一系列数据处理过程，体现了数据在路由器中的非线性。

所谓线性状态，是指数据报在如图 3-9 所示的传输过程中，在网络设备上经历的凸起折线小到近似直线。Hub 只需要在物理层再生数据信号，因此它的凸起折线最小，线性化程度最高。交换机需要分析目标 MAC 地址，并完成链路层的校验等其他功能，它的凸起折线略大。但是与路由器比较起来，仍然称它是工作在线性状态的。路由器工作在网络层，因此它对数据传输产生了明显的延迟。

我们看到，就像交换机的工作全依靠其内部的交换表一样，路由器的工作也完全依靠其内存中的路由表。

图 3-10 列出了路由表的构造。

目标网络地址	端口	下一跳	距离	协议	定时
160.4.1.0	e0		0	C	
160.4.1.32	e1		0	C	
160.4.1.64	e1	160.4.1.34	1	RIP	00:00:12
200.12.105.0	e1	160.4.1.34	3	RIP	00:00:12
178.33.0.0	e1	160.4.1.34	12	RIP	00:00:12

图 3-10　路由表的构造

　　路由表主要由六个字段组成，指出能够前往的网络和如何前往那些网络。路由表的每一行表示路由器了解的某个网络的信息。

　　网络地址字段列出本路由器了解的网络的网络地址。端口字段标明前往某网络的数据报该从哪个端口转发。

　　下一跳字段是在本路由器无法直接到达的网络中，下一跳的中继路由器的 IP 地址。

　　距离字段表明到达某网络有多远，指出在 RIP 路由协议中需要穿越的路由器数量。

　　协议字段表示本行路由记录是如何得到的。图 3-10 中，C 表示是手工配置，RIP 表示本行信息是通过 RIP 协议从其他路由器学习得到的。

　　定时字段表示动态学习的路由项在路由表中已经多久没有刷新了。如果一个路由项长时间没有被刷新，该路由项就被认为是失效的，需要从路由表中删除。

　　我们注意到，前往 160.4.1.64、200.12.105.0、178.33.0.0 网络，下一跳都指向 160.4.1.34 路由器。其中 178.33.0.0 网络最远，需要 12 跳。路由表不关心下一跳路由器将沿什么路径把数据报转发到目标网络，它只要把数据报转发给下一跳路由器就完成任务了。

　　路由表是路由器工作的基础。路由表中的表项有静态配置和动态学习两种获得方法。静态配置是将计算机与路由器的 console 端口连接，使用计算机上的超级终端软件或路由器提供的配置软件就可以对路由器进行配置。

　　手工配置路由表需要大量的工作。动态学习路由表是最为行之有效的方法。一般情况下，都手工配置路由表中直接连接的网段的表项，而间接连接的网络的表项使用路由器的动态学习功能来获得。

　　动态学习路由表的方法非常简单。每个路由器定时把自己的路由表广播给邻居，邻居之间互相交换路由表。路由器通过其他路由器的路由广播可以了解更多、更远的网络，这些网络都将被收到自己的路由表中，只要把路由表的下一跳地址指向邻居路由器就可以了。

　　静态配置路由表的优点是可以人为地干预网络路径选择。静态配置路由表的端口没有路由广播，节省带宽和邻居路由器 CPU 维护路由表的时间。对邻居屏蔽自己的网络情况时，要使用静态配置。静态配置的最大缺点是不能动态发现新的和失效的路由。如果一条路由失效而不能及时发现，数据传输就失去了可靠性，同时，无法到达目标主机的数据报不停地发送到网络中，浪费了网络的带宽。对于一个大型网络来说，人工配置工作量大也是静态配置的一个问题。

　　动态学习路由表的优点是可以动态了解网络的变化。新增、失效的路由都能动态地导致路由表做相应变化。这种自适应特性是使用动态路由的重要原因。对于大型网络，无一

网络集成与综合布线

不采用动态学习的方式维护路由表。动态学习的缺点是路由广播会耗费网络带宽。另外，路由器的 CPU 也需要停下数据转发工作来处理路由广播，维护路由表，降低了路由器的吞吐量。

路由器中大部分路由信息是通过动态学习得到的。但是，路由器即使使用动态学习的方法，也需要静态配置直接相连的网段。不然，所有路由器都对外发布空的路由表，互相之间是无法学习的。

2. 路由器的分类

（1）从性能高低上划分，可将路由器分为高、中、低端路由器。

通常将路由器吞吐量大于 40 Gbps 的路由器称为高端路由器，吞吐量在 25 Gbps～40 Gbps 之间的路由器称为中端路由器，而将低于 25 Gbps 的路由器看作低端路由器。当然，这只是一种宏观上的划分标准，各厂家的划分标准并不完全一致，实际上路由器档次的划分不仅是以吞吐量为依据的，它是由一个综合指标所控制的。

（2）从结构上划分，可将路由器分为"模块化路由器"和"非模块化路由器"。

模块化结构可以灵活地配置路由器，以适应用户不断增加的业务需求，非模块化的路由器只能提供固定的端口。通常中高端路由器为模块化结构，低端路由器为非模块化结构。

（3）从功能上划分，可将路由器分为"骨干级路由器"、"企业级路由器"和"接入级路由器"。

骨干级路由器是实现企业级网络互连的关键设备，数据吞吐量大。对骨干级路由器的基本性能要求是高速度和高可靠性。为了获得高可靠性，网络系统普遍采用诸如热备份、双电源、双数据通路等传统冗余技术。

企业级路由器连接许多终端系统，但系统相对简单，且数据流量较小。对这类路由器的要求是以尽量简单的方法实现尽可能多的端点互连。同时还要求能够支持不同的服务质量。

接入级路由器主要应用于连接家庭或 ISP 内的小型企业客户群体。

（4）根据所处网络位置划分，可将路由器分为"边界路由器"和"中间节点路由器"。

"边界路由器"处于网络边缘，用于不同网络路由器间的连接；而"中间节点路由器"则处于网络的中间，通常用于连接不同网络，起到数据转发的桥梁作用。由于各自所处的网络位置有所不同，其主要性能也就有相应的侧重，中间节点路由器因为要面对各种各样的网络，需要具有较强的 MAC 地址记忆功能。边界路由器由于它可能要同时接收来自许多不同网络路由器发来的数据，要求这种边界路由器的背板带宽要足够。

此外，路由器还可以分为"线速路由器"和"非线速路由器"。"线速路由器"完全可以按传输介质的带宽进行通畅传输，基本上没有间断和延时。通常线速路由器是高端路由器，具有非常强大的端口带宽和数据转发能力；中低端路由器一般是非线速路由器，但一些新型的宽带接入路由器也有线速转发能力。

3. 路由器的主要性能指标

路由器具有如下主要性能指标。

1）路由器的配置

（1）接口种类：路由器能支持的接口种类体现了路由器的通用性。常见的接口种类有：通用串行接口（通过电缆转换成 RS 232 DTE/DCE 接口、V.35 DTE/DCE 接口、X.21 DTE/DCE 接口、RS 449 DTE/DCE 接口和 EIA 530 DTE 接口等）、10 Mbps 以太网接口、快速以太网接口、10/100 Mbps 自适应以太网接口、吉比特位以太网接口、ATM 接口（2 MB、25 MB、155 MB、633 MB 等）、POS 接口（155 MB、622 MB 等）、令牌环接口、FDDI 接口、E1/Tl 接口、E3/T3 接口、ISDN 接口等。

（2）用户可用槽数：该指标指模块化路由器中除 CPU 板、时钟板等必要系统板或系统板专用槽位外用户可以使用的插槽数。根据该指标及用户板端口密度可以计算该路由器所支持的最大端口数。

（3）CPU：无论在中低端路由器中还是在高端路由器中，CPU 都是路由器的心脏。通常在中低端路由器中，CPU 负责交换路由信息、路由表查找及转发数据包的工作。在上述路由器中，CPU 的能力直接影响路由器的吞吐量和路由计算能力。在高端路由器中，包转发和查表通常由 ASIC 芯片完成，CPU 只实现路由协议、计算路由及分发路由表。高端路由器中许多工作都可以由硬件（专用芯片）实现，CPU 性能并不完全反映路由器性能。路由器性能由路由器吞吐量、时延和路由计算能力等指标体现。

（4）内存：路由器中具有多种内存，如 Flash、DRAM 等。内存提供路由器配置、操作系统、路由协议软件的存储空间。通常来说，路由器内存越大越好（不考虑价格）。但是与 CPU 能力类似，内存同样不直接反映路由器的性能，因为高效的算法与优秀的软件可能大大节约内存。

（5）端口密度：该指标体现路由器制作的集成度。由于路由器体积不同，该指标应当折合成机架内每英寸端口数。但是出于直观和方便考虑，通常可以使用路由器对每种端口支持的最大数量来替代。

2）对协议的支持

（1）对路由信息协议（RIP）的支持：RIP 是基于距离向量的路由协议，通常用跳数作为计量标准。RIP 是一种内部网关协议。该协议收敛较慢，一般用于规模较小的网络。RIP 协议在 RFC 1058 中有规定。

（2）对路由信息协议版本 2（RIPv2）的支持：该协议是 RIP 的改进版本，允许携带更多的信息，并且与 RIP 保持兼容。在 RIP 基础上增加了地址掩码（支持 CIDR）、下一跳地址、可选的认证信息等内容。该版本在 RFC 1723 中进行规范。

（3）对开放的最短路径优先协议版本 2（OSPFv2）的支持：该协议是一种基于链路状态的路由协议，由 IETF 内部网关协议工作组专为 IP 开发。OSPF 的作用在于最小代价路由、多相同路径计算和负载均衡。OSPF 拥有开放性和使用 SPF 算法两大特性。

（4）对"中间系统-中间系统"（Is-Is）协议的支持：Is-Is 协议同样是基于链路状态的路由协议。该协议由 ISO 提出。最初用于 OSI 网络环境，后修改成可以在双重环境下运行。该协议与 OSPF 协议类似，可用于大规模 IP 网并作为内部网关协议。

（5）对边缘网关协议（BGP4）的支持：BGP4 是当前 IP 网上最流行的也是唯一可选的自治域间路由协议。该版本协议支持 CIDR，并且可以使用路由聚合机制大大减小路由表规模。BGP4 协议可以利用多种属性来灵活地控制路由策略。

（6）对 802.3、802.1Q 的支持：802.3 是 IEEE 针对以太网的标准，支持以太网接口的路由器必须符合 802.3 协议。802.1Q 是 IEEE 对虚拟网的标准，符合 802.1Q 的路由器接口可以在同一物理接口上支持多个 VLAN。

（7）对 IPv6 的支持：未来的 IP 网可能是一个采用 IPv6 的网络。IPv6 解决的问题是扩大地址空间，同时还在 IP 层增加了认证和加密的安全措施，并且为实时业务的应用定义了流标签（Flow Label）。但是由于市场的巨大惯性及无类别编址（CIDR）的有效应用大大推迟了 IP 地址耗尽的时间，IPv6 至今尚未得到广泛应用。但是随着业务的增加、Internet 的进一步发展，采用 IPv6 是不可避免的。

（8）对 IP 以外协议的支持：除支持 IP 外，路由器设备还可以支持 IPX、DECNet、AppleTalk 等协议。这些协议在国外有一定应用，在国内应用较少。

（9）对 PPP 与 MLPPP 的支持：PPP 是 Internet 协议中的一个重要协议，早期的网络是由路由器使用 PPP 点到点连接起来的，并且大多数用户采用 PPP 接入。所以凡是具有串口的路由器都应当支持 PPP。MLPPP 是将多个 PPP 链路捆绑使用的方法。

（10）对 PPPOE 的支持：PPP Over Ethernet 是一种新型的协议，用于解决对以太网接入用户的认证和计费问题。与此类似的是 PPP Over ATM 协议。当前 PPPOE 与 PPPOA 协议存在的问题是容量问题。大多数支持该协议的路由器只能处理几千个活动的会话。

3）组播支持

Internet 组管理协议（IGMP）运行于主机和与主机直接相连的组播路由器之间，是 IP 主机用来报告多址广播组成员身份的协议。通过 IGMP，一方面可以通过 IGMP 主机通知本地路由器希望加入并接收某个特定组播组的信息；另一方面，路由器通过 IGMP 周期性地查询局域网内某个已知组的成员是否处于活动状态。

4）VPN 支持

虚拟专用网（Virtual Private Network，VPN）是一条穿过公用网络的安全、稳定的隧道。通过对网络数据的封装和加密传输，在一个公用网络（通常是 Internet）建立一个临时的、安全的连接，从而实现在公网上传输私有数据、达到私有网络的安全级别。在 VPN 中可能使用的协议有 L2TP、GRE、IP Over IP、IPSec 等。

5）全双工线速转发能力

路由器最基本且最重要的功能就是数据包转发。在同样端口速率下转发小包是对路由器包转发能力的最大考验。全双工线速转发能力是指以最小包长（以太网 64 字节、POS 端口 40 字节）和最小包间隔（符合协议规定）在路由器端口上双向传输同时不引起丢包。该指标是体现路由器性能的重要指标。

6）吞吐量

（1）设备吞吐量：设备吞吐量指设备整机包转发能力。路由器的工作在于根据 IP 包头或 MPLS 标记进行选路。设备吞吐量通常不小于路由器所有端口吞吐量之和。

（2）端口吞吐量：端口吞吐量是指端口包转发能力，通常使用 packet/s（包每秒）来衡量，它是路由器在某端口上的包转发能力。通常采用两个相同速率接口测试。但是测试接口可能与接口位置及关系相关。例如，同一插卡上端口间测试的吞吐量可能与不同插卡上端口间吞吐量值不同。

7）背靠背帧数

背靠背帧数是指以最小帧间隔发送最多数据包不引起丢包时的数据包数量。该指标用于测试路由器缓存能力。具有线速全双工转发能力的路由器该指标值无限大。

8）背板能力

背板能力是路由器的内部实现。背板能力体现在路由器吞吐量上，背板能力通常要大于依据吞吐量和测试场所计算的值。但是背板能力只能在设计中体现，一般无法测试。

9）丢包率

丢包率是指测试中所丢失数据包数量占所发送数据包的比例，通常在吞吐量范围内测试。丢包率与数据包长度及包发送频率相关。在测试时也可以附加路由抖动和大量路由。

10）时延

时延是指从数据包第一个比特进入路由器到最后一比特从路由器输出的时间间隔。在测试中通常使用测试仪表，测出以发出测试包到收到数据包的时间间隔。时延与数据包长度相关，通常在路由器端口吞吐量范围内测试，超过吞吐量测试该指标没有意义。

11）时延抖动

时延抖动是指时延变化。数据业务对时延抖动不敏感，只有在包括语音、视频业务的环境中，该指标才有测试的必要性。

12）无故障工作时间

该指标按照统计方式指出设备无故障工作的时间。一般无法测试，可以通过主要器件的无故障工作时间计算或按照大量相同设备的工作情况计算。

13）路由表能力

路由器通常依靠所建立及维护的路由表来决定如何转发数据包。路由表能力是指路由表内所容纳路由表项数量的极限。该项目是路由器性能的重要体现。

14）支持 QoS 能力

QoS（服务质量）是用来解决网络延迟和阻塞等问题的一种技术。如果没有这一功能，某些应用系统（如音频和视频）就不能可靠地工作。

4．选择路由器的基本原则

选择路由器要注意两大基本原则。

1）制造商的技术能力

目前，国内的路由器市场除了老牌的国外厂商之外，涌现了很多国产品牌，如华为、锐捷等。因此，用户选择路由器产品组建自己的网络时，要多方考察设备制造企业的能力。这些能力包括产品本身的能力，如性能、功能和价格，整体方案能力，如安全性、可管理性、可靠性、稳定性及厂商的规模、服务能力、后续开发能力等。充分了解设备制造企业，对用户未来面对产品升级和网络维护服务等问题都大有好处。在高端路由器市场上国外厂商具有一定的技术优势，但国内的华为、中兴、锐捷等厂商生产的路由器产品已具有与国外产品相抗衡的技术能力。

2）满足自身的需求

选择路由器时，要符合自身的需求，具体表现为以下 5 个原则。

（1）实用性原则：采用成熟的、经实践证明其实用性的技术。这既能满足现行业务的需求，又能适应 3~5 年的业务发展需要。

（2）可靠性原则：要尽量选择可靠性高的路由器产品，保证网络系统运行的稳定性和可靠性。

（3）先进性原则：所选择的路由器应支持 VLAN 划分技术、HSRP（热备份路由协议）技术、OSPF 等协议，保证网络的传输性能和路由快速收敛性，抑制局域网内广播风暴，减少数据传输延时。

（4）扩展性原则：在业务不断发展的情况下，路由系统可以不断升级和扩充，并保证系统的稳定运行。

（5）性价比：不要盲目追求高性能产品，要购买适合自身需求的产品。

5. 选择核心路由器需要注意的事项

核心路由器的系统交换能力与处理能力是区别于一般路由器的重要体现。目前，核心路由器的背板交换能力应达到 40 Gbps 以上，同时，系统即使暂时不提供 OC-192/STM-64 接口，也必须将来在无须对现有接口卡和通用部件升级的情况下支持该接口。在设备处理能力方面，当系统满负荷运行时，所有接口应该能够以线速处理短包，同时，核心路由器的交换矩阵应该能够无阻塞地以线速处理所有接口的交换，且与流量的类型无关。

选择核心路由器最需要注意的就是路由器的可靠性和可用性。在核心路由器技术规范中，核心路由器的可靠性应达到以下要求。

（1）系统应达到或超过 99.999%的可用性。

（2）无故障连续工作时间：MTBF>10 万小时。

（3）故障恢复时间：系统故障恢复时间<30 min。

（4）系统应具有自动保护切换功能。主备用切换时间应小于 50 ms。

（5）SDH 和 ATM 接口应具有自动保护切换功能，切换时间应小于 50 ms。

（6）要求设备具有高可靠性和高稳定性。主处理器、主存储器、交换矩阵、电源、总线仲裁器和管理接口等系统主要部件应具有热备份冗余。线卡要求 $m+n$ 备份并提供远端测试诊断功能。

（7）系统必须不存在单故障点。

3.2.5 三层交换机与无线AP

1. 三层交换机

第三层交换技术也称为 IP 交换技术或高速路由技术。第三层交换技术是相对于传统交换概念而提出的。传统的交换技术是在 OSI 网络参考模型中的第二层（数据链路层）进行操作的，而第三层交换技术则在网络参考模型中的第三层实现了数据包的高速转发。简单地说，第三层交换技术就是第二层交换技术与第三层转发技术的结合。

一个具有第三层交换功能的设备是一个带有第三层路由功能的第二层交换机。第二层交换机的接口模块都是通过高速背板总线交换数据的，在第三层交换机中，与路由器有关的第三层路由硬件模块也插接在高速背板总线上，这种方式使得路由模块可以与需要路由的其他模块间高速地交换数据，从而突破了传统的外接路由器接口速率的限制（10 Mbps、100 Mbps）。

第三层交换的目标是，如果在源地址和目的地址之间有一条更为直接的第二层通路，就没有必要经过路由器转发数据包。第三层交换使用第三层路由协议确定传送路径，此路径可以只用一次，也可以存储起来供以后使用，以后数据包可以通过一条虚电路绕过路由器快速发送。

第三层交换技术的出现，解决了局域网中网段划分之后，网段中子网必须依赖路由器进行管理的局面，解决了传统路由器低速、复杂所造成的网络瓶颈问题。当然，三层交换技术并不是网络交换机与路由器的简单叠加，而是二者的有机结合，形成一个集成的、完整的解决方案。

三层交换技术具有如下特点。

1）支持线速路由

和传统的路由器相比，第三层交换机的路由速度一般要快十倍或数十倍。传统路由器采用软件来维护路由表，而第三层交换机采用 ASIC 硬件来维护路由表，因而能实现线速的路由。

2）支持 IP 路由

在局域网上，二层交换机通过源 MAC 地址来标识数据包的发送者，根据目的 MAC 地址来转发数据包。对于一个目的地址不在本局域网上的数据包，二层交换机不可能直接把它送到目的地，需要通过路由设备（如传统的路由器）来转发，这时就要把交换机连接到路由设备上。如果把交换机的默认网关设置为路由设备的 IP 地址，交换机会把需要经过路由转发的包送到路由设备上。路由设备检查数据包的目的地址和自己的路由表，如果在路由表中找到转发路径，路由设备把该数据包转发到其他的网段上，否则丢弃该数据包。专用（传统）路由器昂贵、复杂、速度慢，易成为网络瓶颈，因为它要分析所有的广播包并转发其中的一部分，还要和其他的路由器交换路由信息，而且这些处理过程都是由 CPU 来处理的（不是专用的 ASIC），所以速度慢。第三层交换机既能像二层交换机那样通过 MAC 地址来标识转发数据包，也能像传统路由器那样在两个网段之间进行路由转发。而且由于通过专用的芯片来处理路由转发，第三层交换机能实现线速路由。

3）具有强大的路由功能

比较传统的路由器，第三层交换机不仅路由速度快，而且配置简单。最简单的情况下（即第三层交换机默认启动自动发现功能时），一旦交换机接进网络，只要设置完成 VLAN，并为每个 VLAN 设置一个路由接口，第三层交换机就会自动把子网内部的数据流限定在子网之内，并通过路由实现子网之间的数据包交换。管理员也可以通过人工配置路由的方式，设置基于端口的 VLAN，给每个 VLAN 配置 IP 地址和子网掩码，就产生了一个路由接口。随后，手工设置静态路由或启动动态路由协议。

4）支持多种路由协议

第三层交换机可以通过自动发现功能来处理本地 IP 包的转发及学习邻近路由器的地址，同时也可以通过动态路由协议 RIP1、RIP2、OSPF 来计算路由路径。

5）自动发现功能

有些第三层交换机具有自动发现功能，该功能可以减少配置的复杂性。第三层交换机可以通过监视数据流来学习路由信息，通过对端口入站数据包的分析，第三层交换机能自动地发现和产生一个广播域、VLAN、IP 子网并更新它们的成员。自动发现功能在不改变任何配置的情况下提高网络的性能。第三层交换机启动后就自动具有 IP 包的路由功能，它检查所有的入站数据包来学习子网和工作站的地址，它自动发送路由信息给邻近的路由器和三层交换机，转发数据包。一旦第三层交换机连接到网络，它就开始监听网上的数据包，并根据学习到的内容建立并不断更新路由表。交换机在自动发现过程中，不需要额外的管理配置，也不会发送探测包来增加网络的负担。用户可以先用自动发现功能来获得简单、高效的网络性能，然后根据需要来添加其他路由和 VLAN 等功能。

在第三层，自动发现有如下过程。

（1）通过侦察 ARP、RARP 或 DHCP 响应包的原 IP 地址，在几秒之内发现 IP 子网的拓扑结构。在同一网络的不同网段之间建立一个逻辑连接，即在网段间进行路由，实现网段间信息通信。

（2）学习地址，根据 IP 子网、网络协议或组播地址来配置 VLAN，使用 IGMP（Internet Group Management Protocol）来动态更新 VLAN 成员。

（3）存储学习到的路由到硬件中，用线速转发这些地址的数据包。

（4）把目的地址不在路由表中的包发送给网络上的其他路由器。

（5）通过侦听 ARP 请求来学习每一台工作站的地址。

（6）在子网之内实现 IP 包的交换。

在第二层，自动发现有如下过程。

（1）通过硬件地址（MAC）的学习，发现基于硬件地址（MAC）的网络结构。

（2）根据 ARP 请求，建立路由表。

（3）交换各种非 IP 包。

（4）查看收到的数据包的目的地址，如果目的地址是已知的，将包转发到已知端口，否则将包广播给它所在的 VLAN 的所有成员。

6）过滤服务功能

过滤服务功能用来设定界限，以限制不同 VLAN 的成员之间和使用单个 MAC 地址和组 MAC 地址的不同协议之间进行帧的转发。帧过滤依赖一定的规则，交换机根据这些规则来决定是转发还是丢弃相应的帧。早期的 IEEE 802.1d 标准（1993）定义的基本过滤的服务规定，交换机必须广播所有的组 MAC 地址的包到所有的端口。新的 IEEE 802.1d 标准（1998）定义的扩展过滤服务规定，对组 MAC 地址的包也可以进行过滤，对于交换机的外

连端口,要过滤掉所有的组播地址包。如果没有设置静态的或动态的过滤条件,交换机将采用默认的过滤条件。

7) 二层(链路层)VLAN

在第二层,可以支持基于端口的 VLAN 和基于 MAC 地址的 VLAN。基于端口的 VLAN 可以快速地划分单个交换机上的冲突域,基于 MAC 地址的 VLAN 可以支持笔记本电脑的移动应用。

8) 三层(网络层)VLAN

三层 VLAN 可以划分为 IP 子网地址、网络协议、组播地址。

第三层交换机的第三层 VLAN,不仅可以手工配置,还可以由交换机自动产生。交换机通过对数据包的分析,自动配置 VLAN,自动更新 VLAN 的成员。第三层交换机能够工作在以 DHCP(Dynamic Host Control Protocol)分配 IP 地址的网络环境中。交换机能自动发现 IP 地址,动态产生基于 IP 子网的 VLAN,当通过 DHCP 分配一个新的 IP 地址时,第三层交换机能很快地定位这个地址。第三层交换机通过 IGMP、GMRP、ARP 和包探测技术来更新其三层的 VLAN 成员组。通过基于 Web 的网络管理界面,可以对自动学习的范围进行设定,自动学习可以是完全不受限、部分受限或完全禁止。

二层交换机与三层交换机的对比和总结如下。二层交换机用于小型的局域网络。在小型局域网中,广播包对整个网络影响不大,二层交换机的快速交换功能、多个接入端口和低廉价格为小型网络用户提供了相对完善的解决方案。三层交换机的最重要的功能是加快大型局域网络内部的数据的快速转发,加入路由功能也是为了达到这个目的。如果把大型网络按照部门、地域等因素划分成一个个小局域网,这将导致大量的网际互访;如单纯地使用路由器,由于接口数量有限和路由转发速度慢,将限制网络的速度和网络规模,采用具有路由功能的快速转发的三层交换机就成为首选。

三层交换机与路由器都工作在 OSI 参考模型的第三层——网络层,三层交换机也具有"路由"功能,与传统路由器的路由功能在总体上是一致的。虽然如此,三层交换机与路由器还存在着相当大的本质区别。三层交换机与路由器的主要区别如下。

(1) 主要功能不同。

虽然三层交换机与路由器都具有路由功能,但它仍是交换机产品,只不过它是具备了一些基本路由功能的交换机,它的主要功能仍是数据交换。也就是说,三层交换机同时具备了数据交换和路由转发两种功能,但其主要功能还是数据交换;而路由器仅具有路由转发这一种主要功能。

(2) 适用环境不同。

三层交换机的路由功能通常比较简单,因为它所面对的主要是简单的局域网连接。在局域网中的主要用途还是提供快速数据交换功能,满足局域网数据交换频繁的应用特点。而路由器则不同,它的设计初衷就是为了满足不同类型的网络连接,虽然也适用于局域网之间的连接,但它的路由功能更多地体现在不同类型网络之间的互连上,如局域网与广域网之间的连接、不同协议的网络之间的连接等,所以路由器主要用于不同类型的网络之间。它最主要的功能就是路由转发,解决好各种复杂路由路径网络的连接就是它的最终目的,所以路由器的路由功能通常非常强大,不仅适用于同种协议的局域网间,更适用于不同协议的局域网与广域网间。为了与各种类型的网络进行连接，路由器的接口类型非常丰富，而三层交换机则一般仅提供同类型的局域网接口。

（3）工作原理不同。

从技术上讲，路由器和三层交换机在数据包交换操作上存在着明显区别。路由器一般由基于微处理器的软件路由引擎执行数据包交换，而三层交换机通过硬件执行数据包交换。三层交换机在对第一个数据流进行路由后，它将会产生一个 MAC 地址与 IP 地址的映射表，当同样的数据流再次通过时，将根据此表直接从二层通过而不是再次路由选择，从而消除了路由器进行路由选择而造成的网络延迟，提高了数据包的转发效率。同时，三层交换机的路由查找是针对数据流的，它利用缓存技术，很容易利用 ASIC 技术来实现，因此，可以大大降低成本，并实现快速转发。而路由器的转发采用最长匹配的方式，实现复杂，通常使用软件来实现，转发效率较低。

从整体性能上比较，三层交换机的性能要远优于路由器，非常适用于数据交换频繁的局域网；而路由器虽然路由功能非常强大，但它的数据包转发效率远低于三层交换机，更适合于数据交换不是很频繁的不同类型网络的互连，如局域网与广域网的互连。如果把路由器，特别是高端路由器用于局域网中，则在相当大程度上是一种浪费（就其强大的路由功能而言），而且还不能很好地满足局域网通信性能需求，影响子网间的正常通信。

综上所述，三层交换机与路由器之间还是存在本质区别的。在局域网中进行多子网连接，最好选用三层交换机，特别是在不同子网数据交换频繁的环境中，一方面，可以确保子网间的通信性能需求；另一方面，省去了另外购买交换机的投资。当然，如果子网间的通信不是很频繁，也可采用路由器，以达到子网安全隔离和相互通信的目的。

2．无线 AP

AP 即 Access Point，也称无线接入点。它是用于无线网络的无线交换机，也是无线网络的核心。无线 AP 是移动计算机用户进入有线网络的接入点，主要用于宽带家庭、大楼内部及园区内部，典型覆盖距离为几十米至上百米，目前主要技术为 802.11 系列。它定义了单一的 MAC 层和多样的物理层，其物理层标准主要有 IEEE 802.11b、IEEE 802.11a、IEEE 802.11g 和 IEEE 802.11n 几种。

1）IEEE 802.11b

1999 年 9 月正式通过的 IEEE 802.11b 标准是 IEEE 802.11 协议标准的扩展。它可以支持最高 11 Mbps 的数据传输速率，运行在 2.4 GHz 的 ISM 频段上，采用的调制技术是 CCK。但是随着用户不断增长的对数据传输速率的要求，CCK 调制方式就不再是一种合适的方法了。因为对于直接序列扩频技术来说，为了取得较高的数据传输速率，并达到扩频的目的，选取的码片的速率就要更高，这对于现有的码片来说比较困难；对于接收端的 RAKE 接收机来说，在高数据速率的情况下，为了达到良好的时间分集效果，要求 RAKE 接收机有更复杂的结构，在硬件上不易实现。

2）IEEE 802.11a

IEEE 802.11a 工作 5 GHz 频段上，使用 OFDM 调制技术可支持 54 Mbps 的传输速率。802.11a 与 802.11b 两个标准都存在着各自的优缺点，802.11b 的优势在于价格低廉但速率较低（最高 11 Mbps）；而 802.11a 的优势在于传输速率快（最高 54 Mbps）且受干扰少，但价格相对较高。另外，802.11a 与 802.11b 工作在不同的频段上，不能工作在同一 AP 的网络里，因此 802.11a 与 802.11b 互不兼容。

3）IEEE 802.11g

为了解决上述问题，同时为了进一步推动无线局域网的发展，2003 年 7 月 802.11 工作组颁布了 802.11g 标准。该草案与以前的 802.11 协议标准相比有以下两个特点：其在 2.4 GHz 频段使用 OFDM 调制技术，使数据传输速率提高到 20 Mbps 以上；IEEE 802.11g 标准能够与 802.11b 的 WiFi 系统互相连通，共存在同一 AP 的网络里，保障了后向兼容性。这样原有的 WLAN 系统可以平滑地向高速无线局域网过渡，延长了 IEEE 802.11b 产品的使用寿命。

4）IEEE 802.11n

IEEE 802.11n 将 WLAN 的传输速率从 802.11a 和 802.11g 的 54 Mbps 增加至 108 Mbps 以上，最高速率可达 500 Mbps 以上。和以往的 802.11 标准不同，802.11n 协议为双频工作模式（包含 2.4 GHz 和 5 GHz 两个工作频段），这样 802.11n 保障了与以往的 802.11a、b、g 标准兼容。

IEEE 802.11n 采用 MIMO 与 OFDM 相结合的方式，使传输速率成倍提高。另外，无线技术及传输技术的发展，使得无线局域网的传输距离大大增加，可以达到几公里（并且能够保障 100 Mbps 的传输速率）。IEEE 802.11n 标准全面改进了 802.11 标准，不仅涉及物理层标准，同时也采用新的高性能无线传输技术提升 MAC 层的性能，优化数据帧结构，提高网络的吞吐量性能。

当前的无线 AP 可以分为两类：单纯型 AP 和扩展型 AP。

单纯型无线 AP（见图 3-11）就是一个无线交换机，仅提供无线信号发射功能。单纯型无线 AP 的工作原理是将网络信号通过双绞线传送过来，经过 AP 产品的编译，将电信号转换成为无线电信号发送出来，形成无线网的覆盖。而扩展型 AP 也就是市场上的无线路由器，由于它功能比较全面，大多数扩展型 AP 不但具有路由交换功能还有 DHCP、网络防火墙等功能。

单纯型无线 AP 作为一个无线局域网的中心设备，以星形连接其覆盖范围内的具有无线网卡的计算机，然后通过无线 AP 上的双绞线连接到有线网络中的交换机或 HUB 上，所以结构非常简单。

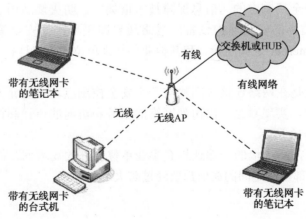

图 3-11　单纯型无线 AP

无线路由器（见图 3-12）结构与无线 AP 组网结构类似，不同的是无线路由器还可以通过双绞线以有线的方式连接计算机，轻松实现有线和无线的互相通信。

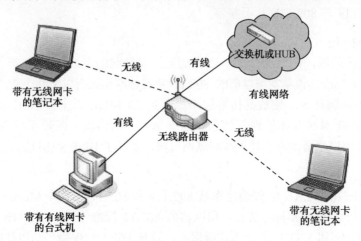

图 3-12　无线路由器

3.2.6　防火墙

1. 防火墙的概念与功能

防火墙是指设置在不同网络（如可信任的企业内部网和不可信的公共网）或网络安全域之间的一系列部件的组合。它是不同网络或网络安全域之间信息的唯一出入口，能根据用户的安全策略控制（允许、拒绝、监测）出入网络的信息流，且本身具有较强的抗攻击能力。它是提供信息安全服务、实现网络和信息安全的基础设施。

在逻辑上，防火墙是一个分离器、一个限制器，也是一个分析器，能有效地监控内部网和 Internet 之间的任何活动，保证内部网络的安全。

典型的防火墙具有以下 3 个方面的基本特性。

（1）内部网络和外部网络之间的所有网络数据流都必须经过防火墙。这是防火墙所处网络位置的特性，同时也是一个前提。只有当防火墙是内、外部网络之间通信的唯一通道时，才可以全面、有效地保护用户内部网络不受侵害。

根据美国国家安全局制定的《信息保障技术框架》，防火墙适用于用户网络系统的边界，属于用户网络边界的安全保护设备。网络边界即采用不同安全策略的两个网络连接处，如用户网络和 Internet 之间连接、和其他业务往来单位的网络连接、用户内部网络不同部门之间的连接等。

防火墙的目的就是在网络连接之间建立一个安全控制点，通过允许、拒绝或重新定向经过防火墙的数据流，实现对进、出内部网络的服务和访问的审计和控制。典型的防火墙体系网络结构如图 3-13 所示。

从图中可以看出，防火墙的一端连接企事业单位内部的局域网，而另一端则连接着互联网，所有的内、外部网络之间的通信都要经过防火墙。

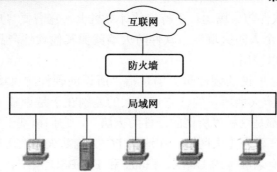

图 3-13　防火墙在 OSI 上的位置

（2）只有符合安全策略的数据流才能通过防火墙。防火墙最基本的功能是确保网络流量的合法性，并在此前提下将网络的流量快速地从一条链路转发到另外的链路上去。原始的防火墙是一台"双穴主机"，即具备两个网络接口，同时拥有两个网络层地址。防火墙通过相应的网络接口接收网络上的流量，按照 OSI 协议栈的七层结构顺序上传，在适当的协议层进行访问和安全审查，然后将符合通过条件的报文从相应的网络接口送出，而对于那些不符合通过条件的报文则予以阻断。因此，从这个角度上来说，防火墙是一个类似于桥接或路由器的多端口的（网络接口≥2）转发设备，它跨接于多个分离的物理网段之间，并在报文转发过程之中完成对报文的审查。

（3）防火墙自身应具有非常强的抗攻击免疫力。这是防火墙能担当用户内部网络安全防护重任的先决条件。防火墙处于网络边缘，它就像一个边界卫士，每时每刻都要面对黑客的入侵，这样就要求防火墙自身具有非常强的抗击入侵能力。这其中防火墙操作系统本身是关键，只有自身具有完整信任关系的操作系统才可以保证系统的安全性。其次就是防火墙自身具有非常低的服务功能，除了专门的防火墙嵌入系统外，再没有其他应用程序在防火墙上运行。当然这些安全性也只是相对的。

一般来说，防火墙具有以下几种功能。

① 允许网络管理员定义一个中心点来防止非法用户进入内部网络。

② 可以很方便地监视网络的安全性，并报警。

③ 可以作为部署网络地址变换（Network Address Translation，NAT）的地点，利用 NAT 技术，将有限的 IP 地址动态或静态地与内部的 IP 地址对应起来，用来缓解地址空间短缺的问题。

④ 审计和记录 Internet 使用费用的一个最佳地点。网络管理员可以在此向管理部门提供 Internet 连接的费用情况，查出潜在的带宽瓶颈位置，并依据本机构的核算模式提供部门级的计费。

⑤ 可以连接到一个单独的网段上，从物理上和内部网段隔开，并在此部署如 WWW 服务器和 FTP 服务器等，将其作为向外部发布内部信息的地点。从技术角度来讲，就是非军事区（DMZ）。

2．防火墙的分类

（1）从防火墙的软、硬件形式来分，防火墙可分为软件防火墙、硬件防火墙及芯片级防火墙。

① 软件防火墙。软件防火墙运行于特定的计算机上，它需要客户预先安装的计算机操作系统的支持，俗称"个人防火墙"。软件防火墙就像其他软件产品一样需要先在计算机上安装并做好配置才可以使用。

② 硬件防火墙。这里说的硬件防火墙是指"所谓的硬件防火墙"。之所以加上"所谓"二字是针对芯片级防火墙所说的，它们最大的差别在于是否基于专用的硬件平台。目前市场上大多数防火墙都是这种"所谓的硬件防火墙"，它们都基于 PC 架构，就是说，它们和普通的家庭用的 PC 没有太大区别。在这些 PC 架构防火墙上运行一些经过裁剪和简化的操作系统，最常用的有老版本的 UNIX、Linux 和 FreeBSD 系统。值得注意的是，此类防火墙依然会受到 OS（操作系统）本身安全性的影响。

传统硬件防火墙一般至少应具备 3 个端口，分别为接内网、外网和 DMZ 区（非军事化区），现在一些新的硬件防火墙往往扩展了端口，常见的四端口防火墙一般将第四个端口作为配置端口或管理端口。很多防火墙还可以进一步扩展端口数目。

③芯片级防火墙。芯片级防火墙基于专门的硬件平台。专有的 ASIC 芯片促使它们比其他种类的防火墙速度更快，处理能力更强，性能更高。以这类防火墙著名的厂商有 NetScreen、FortiNet、Cisco 等。这类防火墙由于使用专用 OS（操作系统），因此防火墙本身的漏洞比较少，不过价格相对比较高。

（2）从防火墙的技术实现来分，防火墙可分为包过滤型防火墙、应用代理型防火墙及入侵状态检测防火墙三大类。

① 包过滤（Packet Filtering）型防火墙。

包过滤型防火墙工作在 OSI 参考模型的网络层和传输层，它根据数据包头源地址、目的地址、端口号和协议类型等确定是否允许通过。只有满足过滤条件的数据包才被转发到相应的目的地，其余的数据包则从数据流中丢弃。

包过滤方式是一种通用、廉价和有效的安全手段。之所以通用，是因为它不针对各个具体的网络服务采取特殊的处理方式，适用于所有网络服务；之所以廉价，是因为大多数路由器都提供数据包过滤功能，所以这类防火墙多数是由路由器集成的；之所以有效，是因为它能在很大程度上满足绝大多数用户的安全要求。

在整个防火墙技术的发展过程中，包过滤技术出现了两种不同版本，称为"第一代静态包过滤"和"第二代动态包过滤"。

第一代静态包过滤型防火墙几乎是与路由器同时产生的，它根据定义好的过滤规则审查每个数据包，以便确定其是否与某一条包过滤规则匹配。过滤规则基于数据包的报头信息进行制定。报头信息中包括 IP 源地址、IP 目标地址、传输协议（TCP、UDP、ICMP 等）、TCP/UDP 目标端口、ICMP 消息类型等。

第二代动态包过滤型防火墙采用动态设置包过滤规则的方法，避免了静态包过滤所具有的问题。这种技术后来发展成为包状态监测（Stateful Inspection）技术。采用这种技术的防火墙对通过的每一个连接都进行跟踪，并且根据需要动态地在过滤规则中增加或更新条目。

包过滤方式的优点是不用改动客户机和主机上的应用程序，因为它工作在网络层和传输层，与应用层无关。但其弱点也是明显的，过滤判别的依据只是网络层和传输层的有限信息，因而各种安全要求不可能得到充分满足；在许多过滤器中，过滤规则的数目是有限制的,且随着规则数目的增加,性能会受到很大的影响;由于缺少上下文关联信息,不能有效地过滤如 UDP、RPC 一类的协议;另外,大多数过滤器中缺少审计和报警机制,它只能依据包头信息,而不能对用户身份进行验证,很容易受到"地址欺骗型"攻击;对安全管理人员素质要求高,建立安全规则时,必须对协议本身及其在不同应用程序中的作用有较深入的理解。因此,过滤器通常和应用网关配合使用,共同组成防火墙系统。

② 应用代理(Application Proxy)型防火墙。

应用代理型防火墙工作在 OSI 的最高层,即应用层。其特点是完全"阻隔"了网络通信流,通过对每种应用服务编制专门的代理程序,实现监视和控制应用层通信流的作用。其典型网络结构如图 3-14 所示。

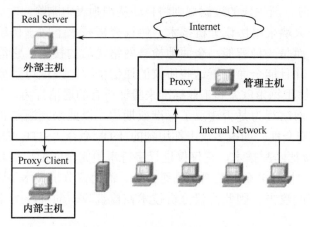

图 3-14 应用代理型防火墙

在代理型防火墙技术的发展过程中,它也经历了两个版本,即第一代应用网关型代理防火墙和第二代自适应代理型防火墙。

第一代应用网关(Application Gateway)型防火墙是通过一种代理(Proxy)技术参与到 TCP 连接的全过程。从内部发出的数据包经过这样的防火墙处理后,就好像是源于防火墙外部网卡一样,从而可以达到隐藏内部网结构的效果。这种类型的防火墙被网络安全专家和媒体公认为最安全的防火墙。它的核心技术就是代理服务器技术。

第二代自适应代理(Adaptive Proxy)型防火墙是近几年才得到广泛应用的一种新防火墙类型。它可以结合代理类型防火墙的安全性和包过滤防火墙的高速度等优点,在毫不损失安全性的基础之上将代理型防火墙的性能提高十倍以上。组成这种类型防火墙的基本要素有两个:自适应代理服务器(Adaptive Proxy Server)与动态包过滤器(Dynamic Packet Filter)。

在"自适应代理服务器"与"动态包过滤器"之间存在一个控制通道。在对防火墙进行配置时,用户仅将所需要的服务类型、安全级别等信息通过相应代理的管理界面进行设置就可以了。然后,自适应代理就可以根据用户的配置信息,决定是使用代理服务从应用层代理请求,还是从网络层转发包。如果是后者,它将动态地通知包过滤器增减过滤规则,满足用户对速度和安全性的双重要求。

代理类型防火墙最突出的优点就是安全。由于它工作于最高层,所以它可以对网络中任何一层数据通信进行筛选保护,而不是像包过滤那样,只对网络层的数据进行过滤。

另外，代理型防火墙采取的是一种代理机制，它可以为每一种应用服务建立一个专门的代理，所以内、外部网络之间的通信不是直接的，都需先经过代理服务器审核通过后再由代理服务器代为连接，根本没有给内、外部网络计算机任何直接会话的机会，从而避免了入侵者使用数据驱动类型的攻击方式入侵内部网。

代理防火墙的最大缺点就是速度相对比较慢，当用户对内、外部网络网关的吞吐量要求较高时，代理防火墙就会成为内、外部网络之间的瓶颈。

③ 入侵状态检测防火墙（Stateful Inspection Firewall）。

入侵状态检测防火墙也叫自适应防火墙或动态包过滤防火墙。它根据过去的通信信息和其他应用程序获得的状态信息来动态生成过滤规则，根据新生成的过滤规则过滤新的通信。当新的通信结束时，新生成的过滤规则将自动从规则表中删除。

入侵状态检测防火墙采用协议分析技术。协议分析技术不同于传统的基于已知攻击特征的模式匹配技术，而是一种智能、全面地检查网络通信的技术。它能够知道各种不同的协议是如何工作的，并且能全面分析这些协议的通信情况，发现可疑或异常的行为。对于每个应用，防火墙能够根据 RFCs 和工业标准来验证所有的通信行为，只要发现它不能满足期望就报警。它分析网络行为是否违反了标准或期望，以此来判断是否会危害网络安全，因此，它具有很高的安全性。如很多攻击都用到的 FTP 命令"SITE EXEC"，它用来执行 Shell 命令。若使用特征匹配技术，它仅仅进行字符串的完全匹配，而攻击者就可以在命令 SITE 与参数 EXEC 中插入多余的空格来逃避检查。而协议分析技术知道如何去分析这个命令，很容易发现存在的攻击。因此协议分析技术在检查攻击的性能上比传统的特征匹配技术高得多。

（3）从防火墙结构上分，防火墙可分为单一主机防火墙、路由器集成式防火墙和分布式防火墙3种。

单一主机防火墙是最传统的防火墙，独立于其他网络设备，它位于网络边界。这种防火墙其实与一台计算机结构差不多，同样包括 CPU、内存、主板、磁盘等基本组件，且主板上也有南、北桥芯片。它与一般计算机最主要的区别就是单一主机防火墙都集成了两个以上的以太网卡，因为它需要连接一个以上的内、外部网络。其中的磁盘就是用来存储防火墙所用的基本程序，如包过滤程序和代理服务器程序等，有的防火墙还把日志记录也记录在此磁盘上。

随着防火墙技术的发展及应用需求的提高，单一主机的防火墙现在已发生了许多变化。最明显的变化就是现在许多中、高档的路由器中已集成了防火墙功能，有的防火墙已不再是一个独立的硬件实体，而是由多个软、硬件组成的系统，这种防火墙俗称"分布式防火墙"。

分布式防火墙也不只是位于网络边界，而是渗透于网络的每一台主机，对整个内部网络的主机实施保护。在网络服务器中，通常会安装一个防火墙系统管理软件，在服务器及各主机上安装有集成网卡功能的 PCI 防火墙卡，这样一块防火墙卡同时兼有网卡和防火墙的双重功能。这样一个防火墙系统就可以彻底保护内部网络。各主机把任何其他主机发送的通信连接都视为"不可信"的，都需要严格过滤。而不像传统边界防火墙那样，仅对外部网络发出的通信请求"不信任"。

（4）按防火墙的应用部署位置，防火墙可以分为边界防火墙、个人防火墙和混合式防

火墙三大类。

① 边界防火墙是最传统的防火墙，它们位于内、外部网络的边界，所起的作用是对内、外部网络实施隔离，保护边界内部网络。这类防火墙一般都是硬件类型的，价格较高，性能较好。

② 个人防火墙安装于单台主机中，防护的也只是单台主机。这类防火墙应用于广大的个人用户计算机中，通常为软件防火墙，价格最低，性能也最差。

③ 混合式防火墙就是"分布式防火墙"或"嵌入式防火墙"，它是一整套防火墙系统，由若干个软、硬件组件组成，分布于内、外部网络边界和内部各主机之间，既对内、外部网络之间的通信进行过滤，又对网络内部各主机间的通信进行过滤。它属于最新的防火墙技术之一，性能最好，价格也最高。

3. 防火墙的主要性能指标

随着防火墙技术的日渐成熟，各大防火墙生产厂商提供了很多具有不同特点的防火墙产品。选择适合自己的防火墙产品，必须了解防火墙的主要性能指标。

防火墙产品有如下主要性能指标。

1）LAN 接口

LAN 接口类型：LAN 接口类型决定防火墙所能保护的网络类型，如以太网、快速以太网、吉比特位以太网、ATM、令牌环及 FDDI 等。

支持的最大 LAN 接口数是指防火墙所支持的局域网络接口数目，也是其能够保护的不同内网的数量。

2）操作系统平台

防火墙所运行的操作系统平台（如 Linux、UNIX、Windows NT、专用安全操作系统等）。

3）协议支持

除支持 IP 之外，是否支持 AppleTalk、DECnet、IPX 及 NETBEUI 等协议；是否支持构建 VPN 通道所使用的协议，如 IPSec、PPTP 和专用协议等。

4）加密支持

加密支持是指防火墙支持的加密算法。例如，数据加密标准 DES、3DES、RC4 及国内专用的加密算法。加密除用于保护传输数据以外，还应用于其他领域，如身份认证、报文完整性认证、密钥分配等。防火墙提供的加密方法有硬件加密方法和软件加密方法两种，基于硬件的加密可以提供更快的加密速度和更高的加密强度。

5）认证支持

防火墙能够为本地或远程用户提供经过认证与授权的对网络资源的访问，防火墙管理员必须决定客户以何种方式通过认证。

防火墙生产厂商可以选择自己的认证方案，但应符合相应的国际标准，并且需要注意实现的认证协议是否与其他认证产品兼容互通。

6）访问控制

访问控制一般通过包过滤、代理及 NAT 3 种技术来实现。

包过滤防火墙的过滤规则集由若干条规则组成，它应涵盖对所有出入防火墙的数据包的处理方法，对于没有明确定义的数据包，应该有一个默认处理方法；过滤规则应易于理解、易于编辑修改；同时应具备一致性检测机制，防止冲突。IP 包过滤的依据主要是根据 IP 包头部信息（如源地址和目的地址）进行过滤，如果 IP 头中的协议字段表明封装协议为 ICMP、TCP 或 UDP，那么再根据 ICMP 头信息（类型和代码值）、TCP 头信息（源端口和目的端口）或 UDP 头信息（源端口和目的端口）执行过滤。

应用层代理支持是指防火墙是否支持应用层代理，如 HTTP、FTP、TELNET、SNMP 代理等。代理服务在确认客户端连接请求有效后接管连接，代为向服务器发出连接请求，代理服务器应根据服务器的应答决定如何响应客户端请求。

NAT 是指将一个 IP 地址域映射到另一个 IP 地址域，从而为终端主机提供透明路由的方法。NAT 常用于私有地址域与公有地址域的转换，以解决 IP 地址匮乏问题。在防火墙上实现 NAT 后，可以隐藏受保护网络的内部结构，在一定程度上提高网络的安全性。NAT 技术一般和防火墙中的访问控制列表共同作用，实现防火墙的访问控制。

7）防御能力

防火墙的防御能力主要体现在以下几个方面：

（1）支持病毒扫描的能力；

（2）提供内容过滤的能力；

（3）防御的 DoS 攻击的能力；

（4）阻止 ActiveX、Java、Cookies、Javascript 等侵入手段的能力；

（5）主动防御的能力。

8）安全特性

防火墙的安全性主要体现在以下几方面：

（1）支持转发和跟踪 ICMP（ICMP 代理）的能力；

（2）提供入侵实时警告机制，当发生危险事件时，能够及时报警；

（3）提供实时入侵防范，当发生入侵事件时，防火墙能够动态响应，调整安全策略，阻挡恶意报文；

（4）识别、记录、防止 IP 地址欺骗。

9）管理功能

防火墙管理是指对防火墙具有管理权限的管理员行为和防火墙运行状态的管理。管理员的行为主要包括通过防火墙的身份鉴别、编写防火墙的安全规则、配置防火墙的安全参数、查看防火墙的日志等。

对防火墙运行状态的管理一般分为本地管理、远程管理和集中管理等。

本地管理是指管理员通过防火墙的 Console 端口或防火墙提供的键盘和显示器对防火墙进行配置管理。

远程管理是指管理员通过以太网或防火墙提供的广域网接口对防火墙进行管理，管理

的通信协议可以基于 FTP、Telnet、HTTP 等。

集中管理是指通过集成策略集中管理多个防火墙。

10）记录和报表功能

防火墙的记录和报表功能主要包括以下几方面。

（1）防火墙处理完整日志的方法：防火墙规定对符合条件的报文做日志，并且提供日志信息管理和存储方法。

（2）自动日志扫描：防火墙具有的日志自动分析和扫描功能，可以使用户获得详细的统计结果，达到事后分析、亡羊补牢的目的。

（3）实时统计：防火墙对其所记录的日志进行分析后，所获得的智能统计结果一般用图表显示。

4．选择防火墙的基本原则

选择防火墙有很多因素，但最重要的有以下几个原则。

1）总拥有成本和价格

防火墙产品作为网络系统的安全屏障，其总拥有的成本不应该超过受保护网络系统可能遭受最大损失的成本。不同价格的防火墙所提供的安全程度是不同的。对于有条件的用户来说，最好选择整套企业级的防火墙解决方案。目前国外产品集中在高端市场，价格比较高。对于规模较小的企业来说，可以选择国内品牌。

2）确定总体目标

选择防火墙产品最重要的问题是确定系统的总体目标，即防火墙应体现运行这个系统的策略。安装后的防火墙是为了明确地拒绝对网络连接至关重要的服务之外的所有服务；或者安装就绪的防火墙就是以非威胁方式对"鱼贯而入"的访问提供一种计量和审计的方法。在这些选择中，可能存在着某种程度的威胁。防火墙的最终功能将是管理的结果，而非工程上的决策。

3）明确系统需求

明确用户需要的网络监视、冗余度及控制水平。确定总体目标，确定可接受的风险水平，列出必须监测哪些数据传输、必须允许哪些数据流通行及应当拒绝什么类型数据传输的清单。也就是开始时先列出总体目标，然后把需求分析与风险评估结合在一起，挑出与风险始终对立的需求，加入到计划完成的工作清单中。

4）防火墙的基本功能

防火墙的基本功能是选择防火墙产品的依据和前提，用户在选购防火墙产品时应注意下述基本功能：

（1）LAN 接口要丰富；

（2）协议支持数量要多；

（3）支持多种安全特性。

5）应满足用户的特殊要求

用户的安全政策中，某些特殊需求并不是每种防火墙都能提供的，这常会成为选择防火墙时需考虑的因素之一，用户常见的需求如下几个方面：秘密控制标准；访问控制；特殊防御功能。

6）防火墙本身是安全的

作为信息系统安全产品，防火墙本身也应该保证安全，不给外部侵入者以可乘之机。如果像马其顿防线一样，正面虽然牢不可破，但进攻者能够轻易地绕过防线进入系统内部，网络系统也就没有任何安全可言了。

7）不同级别用户选择防火墙的类型不同

防火墙价格从几千元到几十万元不等，部署位置从服务器、网关到客户端，所面对的应用环境千差万别。在众多的防火墙中，如何选择到适合自身的产品很关键。

电信级用户对防火墙产品的主要需求特点如下（见表3-1）：

（1）性能需求，主要是对吞吐量的要求；

（2）反拒绝服务攻击能力的需求；

（3）远程维护能力的需求；

（4）与其他安全产品互操作能力的需求；

（5）负载分担能力的需求；

（6）高可靠性的需求；

（7）内网安全性需求。

表 3-1　电信级用户产品要求

面向用户对象	一般为大的 ISP、ICP、IC
主要特点	内部网络有大量的服务器、高带宽、网络流量大、网络访问主要从外部客户端发起
能够承受的费用	能够承受高额的实施费用及后继的维护费用
相应的技术能力	技术能力强，有能力维护防火墙的运行

企业级用户对防火墙产品的主要需求如下（见表3-2）：

（1）内网安全性需求；

（2）细度访问控制能力需求；

（3）VPN 需求；

（4）统计、计费功能需求；

（5）带宽管理能力需求。

表 3-2　企业级用户对防火墙产品要求

面向用户对象	上网企业、政府机构、TSP 内部网络
主要特点	相对低带宽，网络访问主要从内部客户端向外部发起，内网一般包含关键性企业内部数据
能够承受的费用	能够承受适中的实施费用及后继的维护费用
相应的技术能力	中等

大型企业应根据部署位置选择防火墙。大型企业应该选择一套可管理的防火墙体系，将防火墙分别部署到网络的服务器、网关和客户端上。每一个位置对防火墙的性能指标要求都不一样。在服务器端部署防火墙，可限定内网的随意访问，防止来自内部的攻击。由

于经常有大量的访问,对防火墙的安全性能提出了较高的要求。在网关上,防火墙往往成为整个网络的效率瓶颈,如果选择不好,有可能影响整个网络的效率,因此,必须选择一款并发连接数高的高性能防火墙。在客户端,可由防火墙管理系统进行统一管理。

中小企业应根据网络规模选择防火墙。中小企业一般在网关级配置防火墙,可选择100兆或吉比特接口传输速率的防火墙。具体可根据自身应用的规模和数据流量来定,避免出现"小马拉大车"的情况,也要避免"大马拉小车"的情况。此类用户对防火墙产品的主要需求如下(见表3-3):

(1)内网安全性需求;
(2)VPN需求;
(3)网络地址翻译。

表3-3　中小企业对防火墙产品要求

面向用户对象	小于50个节点的网络用户
主要特点	相对低带宽,网络访问主要从内部客户端向外部发起,内网一般包含关键企业内部数据
能够承受的费用	低
相应的技术能力	低

个人单机级用户对防火墙产品的主要需求如下(见表3-4):
(1)保护本机不被非授权用户访问;
(2)防止本机非授权向外传送信息;
(3)每一次的连接都可以向用户做出警告。

表3-4　个人单机级用户对防火墙产品要求

面向用户对象	移动办公的笔记本电脑的用户,拨号上网的用户
主要特点	直接连接Internet,只是需要保护本机
能够承受的费用	低
相应的技术能力	低

8)管理与培训

管理和培训是评价一个防火墙系统的重要指标。在计算防火墙的使用成本时,不能只简单地计算购置成本,还必须考虑其总拥有成本。人员的培训和日常维护费用通常会占据较大的比例。一家优秀的安全产品供应商必须为其用户提供良好的培训和售后服务。

9)可扩充性

在网络系统建设初期,由于内部信息系统的规模较小,遭受攻击造成的损失也较小,因此没有必要购置过于复杂的、昂贵的防火墙产品。但随着网络的扩容和网络应用的增加,网络的风险成本也会急剧上升,因此需要增加具有更高安全性的防火墙产品。如果早期购置的防火墙没有可扩充性,或扩充性成本极高,就会造成投资的浪费。好的产品应该留给用户足够大的弹性空间,在安全要求水平不高的情况下,可以只选购基本系统,而随着要求的提高,用户仍然有进一步增加选件的余地。这样不仅能够保护用户的投资,对提供防火墙产品的厂商来说,也扩大了产品覆盖面。

10）防火墙的安全性

防火墙产品最难评估的方面是防火墙的安全性能，即防火墙是否能够有效地阻挡外部入侵。这一点同防火墙自身的安全性一样，普通用户通常无法判断，即使安装好防火墙，如果没有实际的外部入侵，也无从得知产品性能的优劣。但在实际应用中检测安全产品的性能是极为危险的，所以用户在选择防火墙产品时，应该尽量选择占市场份额较大同时又通过了国家权威认证机构认证测试的产品。

3.2.7 服务器

网络服务器是被网络终端访问的计算机系统，通常是一台高性能的计算机，如大型机、小型机、UNIX 工作站和服务器 PC，安装上服务器软件后构成网络服务器，被分别称为大型机服务器、小型机服务器、UNIX 工作站服务器和 PC 服务器。

网络服务器是计算机网络的核心设备，网络中可共享的资源，如数据库、大容量磁盘、外部设备和多媒体节目等，通过服务器提供给网络终端。服务器按照可提供的服务分为文件服务器、数据库服务器、打印服务器、Web 服务器、电子邮件服务器和代理服务器等。

1. 服务器的特点

1）高可靠性

为了实现高可靠性，服务器的硬件结构需要进行专门设计，如机箱、电源、风扇，这些在 PC 上要求并不苛刻的部件在服务器上就需要进行专门的设计，并且提供冗余。服务器处理器的主频、前端总线等关键参数一般低于主流消费级处理器，这也是为了降低处理器的发热量，提高服务器工作的稳定性。服务器内存技术（如 ECC、Chipkill、内存镜像、在线备份等）也提高了数据的可靠性和稳定性。服务器磁盘的热插拔技术、磁盘阵列技术也是为了保证服务器稳定运行和数据的安全保障而设计的。

2）高可用性

高可用性是指随时存在并可以立即使用的特性。它既可以指系统本身，也可以指用户实时访问其所需内容的能力。高可用性的另一个主要方面就是从系统故障中迅速恢复的能力。高可用性系统可能使用、也可能不使用冗余组件，但是它们应该具备运行关键热插拔组件的能力。热插拔是指在电源仍然接通且系统处于正常运行状态的情况下，用新组件替换故障组件的能力。

3）高可扩充性

可扩充性是指增加服务器容量（在合理范围内）的能力。可扩充性的因素包括：增加内存的能力；增加处理器的能力；增加磁盘容量的能力；操作系统的限制。

2. 服务器的分类

（1）按应用层次不同，可把服务器划分为入门级服务器、工作组级服务器、部门级服务器和企业级服务器 4 类。

① 入门级服务器通常只使用一块 CPU，并根据需要配置相应的内存（如 1GB）和大容

量 IDE 磁盘，必要时也会采用 IDE RAID（目的是保证数据的可靠性和可恢复性）进行数据保护。入门级服务器主要针对基于 Windows NT、NetWare 等网络操作系统的用户，可以满足办公室型的中小型网络用户的文件共享、打印服务、数据处理、Internet 接入及简单数据库应用的需求，也可以在小范围内完成诸如 E-mail、Proxy、DNS 等服务。

② 工作组级服务器一般支持 1～2 个处理器，可支持大容量的 ECC（一种内存技术，多用于服务器内存）内存，功能全面，可管理性强且易于维护，具备了小型服务器所必备的各种特性，如采用 SCSI（一种总线接口技术）总线的 I/O（输入/输出）系统，SMP 对称多处理器结构、可选装 RAID、热插拔磁盘、热插拔电源等，具有高可用性特性。其适用于为中小企业提供 Web、E-mail 等服务，也能够用于学校等教育部门的数字校园网、多媒体教室的建设等。

③ 部门级服务器通常可以支持 2～4 个处理器，具有较高的可靠性、可用性、可扩展性和可管理性。首先，部门级服务器集成了大量的监测及管理电路，具有全面的服务器管理能力，可监测如温度、电压、风扇、机箱等状态参数。此外，结合服务器管理软件，可以使管理人员及时了解服务器的工作状况。同时，大多数部门级服务器具有优良的系统扩展性，用户在业务量迅速增大时能够及时在线升级系统，可保护用户的投资。目前，部门级服务器是企业网络中分散的各基层数据采集单位与最高层数据中心保持顺利连通的必要环节。适合中型企业（如金融、邮电等行业）作为数据中心、Web 站点等应用。

④ 企业级服务器属于高端服务器，普遍可支持 4～8 个处理器，拥有独立的双 PCI 通道和内存扩展设计，具有高内存带宽、大容量热插拔磁盘和热插拔电源，具有强大的数据处理能力。这类产品具有高度的容错能力、优异的扩展性能和系统性能、极长的系统连续运行时间，能在很大程度上保护用户的投资，可作为大型企业级网络的数据库服务器。

目前，企业级服务器主要适用于需要处理大量数据、高处理速度和对可靠性要求极高的大型企业和重要行业（如金融、证券、交通、邮电、通信等行业），可用于提供 ERP（企业资源计划）、电子商务、OA（办公自动化）等服务。

（2）按用途划分，可以把服务器分为通用型服务器和专用型服务器两类。

① 通用型服务器不是为某种特殊服务专门设计的，可以提供各种服务功能，当前大多数服务器是通用型服务器。这类服务器因为不是专为某一功能而设计的，所以在设计时就要兼顾多方面的应用需要。服务器的结构就相对较为复杂，而且要求性能较高，当然在价格上也就更高些。

② 专用型（或称"功能型"）服务器是专门为某一种或某几种功能专门设计的服务器。在某些方面与通用型服务器不同。例如，光盘镜像服务器主要是用来存放光盘镜像文件的，在服务器性能上也就需要具有相应的功能与之相适应。光盘镜像服务器需要配备大容量、高速的磁盘及光盘镜像软件。FTP 服务器主要用于在网络上进行文件传输，这就要求服务器在磁盘稳定性、存取速度、I/O（输入/输出）带宽方面具有明显优势。而 E-mail 服务器则主要是要求服务器配置高速宽带上网工具、大容量磁盘等。这些功能型服务器的性能要求比较低，因为它只需要满足某些需要的功能应用即可，所以结构比较简单。

（3）按服务器的机箱结构来划分，可以把服务器划分为"塔式服务器"、"机架式服务器"和"刀片式服务器"三类。

① 塔式服务器是目前应用最为广泛、最为常见的一种服务器。塔式服务器从外观上看

上去就像一台体积比较大的 PC，机箱做工一般比较扎实，非常沉重。

塔式服务器由于机箱很大，可以提供良好的散热性能和扩展性能，并且配置可以很高，可以配置多路处理器、多条内存和多块磁盘，当然也可以配置多个冗余电源和散热风扇。

塔式服务器由于具备良好的扩展能力，配置上可以根据用户需求进行升级，可以满足企业大多数应用的需求，所以塔式服务器是一种通用的服务器，可以集多种应用于一身，非常适合对服务器采购数量要求不高的用户。塔式服务器在设计成本上要低于机架式服务器和刀片式服务器，所以价格通常也较低。目前主流应用的工作组级服务器一般都采用塔式结构，当然部门级和企业级服务器也会采用这一结构。

② 顾名思义，机架式服务器就是"可以安装在机架上的服务器"。机架式服务器相对塔式服务器来说大大节省了空间，节省了机房的托管费用。并且随着技术的不断发展，机架式服务器有着不逊色于塔式服务器的性能，机架式服务器是一种平衡了性能和空间占用的解决方案。

机架式服务器可以统一地安装在按照国际标准设计的机柜当中，机柜的宽度为 19 英寸，机柜的高度以 U 为单位，1U 是一个基本高度单元，为 1.75 英寸，机柜的高度有多种规格，如 10U、24U、42U 等，机柜的深度没有特别要求。通过机柜安装服务器可以使管理和布线更为方便、整洁，也方便了和其他网络设备的连接。

机架式服务器也是按照机柜的规格进行设计的，高度也以 U 为单位，比较常见的机架服务器有 1U、2U、4U、5U 等规格。通过机柜进行安装可以有效地节省空间，但是机架式服务器由于机身受到限制，在扩展能力和散热能力上不如塔式服务器，这就需要对机架式服务器的系统结构专门进行设计，如主板、接口、散热系统等。这样就使机架式服务器的设计成本提高，所以价格一般也要高于塔式服务器。由于机箱空间有限，机架式服务器也不能像塔式服务器那样配置均衡、可以集多种应用于一身，所以机架式服务器还是比较适用于一些针对性比较强的应用，如需要密集型部署的服务运营商、群集计算等。

③ 刀片式结构是一种比机架式更为紧凑整合的服务器结构，它是专门为特殊行业和高密度计算环境所设计的。刀片式服务器在外形上比机架式服务器更小，只有机架式服务器的 1/3～1/2，这样就可以使服务器密度更加集中，节省了空间。

每个刀片就是一台独立的服务器，具有独立的 CPU、内存、I/O 总线，通过外置磁盘可以独立地安装操作系统，可以提供不同的网络服务，相互之间并不影响。刀片式服务器也可以像机架式服务器那样，安装到刀片式服务器机柜中，形成一个刀片服务器系统，可以实现更为密集的计算部署。

多个刀片式服务器可以通过刀片架进行连接，通过系统软件可以组成一个服务器集群，可以提供高速的网络服务，实现资源共享，为特定的用户群服务。如果需要升级，可以在集群中插入新的刀片式服务器，刀片式服务器可以进行热插拔，升级非常方便。每个刀片式服务器不需要单独的电源等部件，可以共享服务器资源，这样可以有效降低功耗，并节省成本。刀片式服务器不需要对每个服务器单独进行布线，可以通过机柜统一进行布线和集中管理，这样为连接管理提供了非常大的方便，可以有效节省企业总体拥有成本。

3. 选择服务器的基本原则

用户在选择服务器时，要注意价格与成本、产品扩展与业务扩展和售后服务 3 个方面。首先，用户要注意的是服务器产品的价格与成本，服务器价格低并不代表总拥有成本低，总拥有成本还包括后续的维护成本、升级成本等。其次，用户要注意自身业务增长的速度，一方面要满足业务的需要，另一方面也要保护原有的投资。最后，服务是购买任何产品都要考虑的，由于用户自身技术水平和人力所限，当产品出现故障后，用户更加依赖厂商的售后服务。

具体地说，选择服务器有如下 6 个原则。

1）稳定可靠原则

为了保证网络的正常运转，用户选择的服务器首先要确保稳定，特别是运行用户重要业务的服务器或存放核心信息的数据库服务器，一旦出现死机或重启，就可能造成信息的丢失或整个系统的瘫痪，甚至给用户造成难以估计的损失。

2）合适够用原则

如果单纯考虑稳定可靠，就会使服务器采购走向追求性能、求高求好的误区，因此，合适够用原则是第二个要考虑的因素。对于用户来说，最重要的是从当前实际情况及将来的扩展出发，有针对性地选择满足当前的应用需要并适当超前、投入又不太高的解决方案。另外，对于那些现有的、已经无法满足需求的服务器，可以将它改成其他性能要求较低的服务器，如 DNS、FTP 服务器等，或者进行适当扩充，采用集群的方式提升性能，将来再为新的网络需求购置新型服务器。

3）扩展性原则

为了减少升级服务器带来的额外开销和对业务的影响，服务器应当具有较高的可扩展性，可以及时调整配置来适应用户自身的发展。服务器的可扩展性主要表现在以下两方面。

（1）在机架上要为磁盘和电源的增加留有充分余地。

（2）主机板上的插槽不但种类齐全，而且要有一定数量，以便让用户可以自由地对配件进行增加，以保证运行的稳定性，同时也可提升系统配置和增加功能。

4）易于管理原则

易于操作和管理主要是指用相应的技术来简化管理以降低维护费用成本，一般通过硬件与软件两方面来达到这个目标。硬件方面，一般服务器主板机箱、控制面板及电源等零件上都有相应的智能芯片来监测。这些芯片监控着其他硬件的运行状态并做出日志文件，发生故障时还能做出相应的处理。而软件则通过与硬件管理芯片的协作将其人性化地提供给管理员。例如，通过网络管理软件，用户可以在自己的计算机上监控服务器的故障并及时处理。

5）售后服务原则

选择售后服务好的厂商的产品是明智的决定。在具体选购服务器时，用户应该考察厂商是否有一套面向客户的完善的服务体系及未来在该领域的发展计划。换言之，只有"实

"力派"厂商才能真正将用户作为其自身发展的推动力,只有它们更了解客户的实际情况,在产品设计、价位、服务等方面更能满足客户的需求。

6)特殊需求原则

不同用户对信息资源的要求不同,有的用户在局域网服务器存储了许多重要的业务信息,这就要求服务器能够 24 小时不间断地工作,这时用户必须选择高可用性的服务器。如果服务器中存放的信息属于企业的商业机密,那么安全性就是服务器选择时的第一要素。这时要注意服务器中是否安装了防火墙、入侵保护系统等,以及产品在硬件设计上是否采取了保护措施等。当然,要使服务器能够满足用户的特殊需求,用户也需要更多的资金投入。

4. 选购服务器时需考虑的相关问题

选择服务器主要考虑以下几个方面的问题。

1)服务器的主要配置参数

(1)CPU 和内存。CPU 的类型、主频和数量在相当程度上决定着服务器的性能;服务器应采用专用的 ECC 校验内存,并且应当与不同的 CPU 搭配使用。

(2)芯片组与主板。即使采用相同的芯片组,不同的主板设计也会对服务器性能产生重要影响。

(3)网卡。服务器应当连接在传输速率最快的网络端口上,并最少配置一块吉比特网卡。对于某些有特殊应用的服务器(如 FTP 和文件服务器或视频点播服务器),还应当配置两块吉比特网卡。

(4)磁盘和 RAID 卡。磁盘的读取/写入速率决定着服务器的处理速度和响应速率。除了在入门级服务器上可采用 IDE 磁盘外,通常都应采用传输速率更高、扩展性更好的 SCSI 磁盘。对于一些不能轻易中止运行的服务器而言,还应当采用热插拔磁盘,以保证服务器的不停机维护和扩容。

(5)冗余。磁盘冗余采用两块或多块磁盘来实现磁盘阵列;网卡、电源、风扇等部件冗余可以保证部分硬件损坏之后服务器仍然能够正常运行。

(6)热插拔,是指带电进行磁盘或板卡的插拔操作,实现故障恢复和系统扩容。

2)64 位服务器覆盖的应用范围

这里主要介绍安腾、AMD 64 等一些新型 64 位服务器。从应用类型来看,大致可分为主域服务器、数据库服务器、Web 服务器、FTP 服务器和邮件服务器、高性能计算集群系统几类。

(1)主域控制器。主域控制器为网络、用户、计算机的管理中心提供安全的网络工作环境。主域控制器的系统瓶颈是网络、CPU 及内存配置。

(2)文件服务器。文件服务器作为网络的数据存储仓库,其性能要求是在网络上的用户和服务器磁盘子系统之间快速传递数据。

(3)数据库服务器。数据库引擎包括 DB2、SQL Server、Oracle、Sybase 等。数据库服务器一般需要使用多处理器的系统,以 SQL Server 为例,SQL Server 能够充分利用 SMP 技术来执行多线程任务,通过使用多个 CPU,对数据库进行并行操作来提高吞吐量。另外,

SQL Server 对 L2 缓存的点击率达到 90%，所以 L2 缓存越大越好。内存和磁盘子系统对数据库服务器来说也是至关重要的部分。

（4）Web 服务器。Web 服务器用来响应 Web 请求，其性能是由网站内容来决定的。如果 Web 站点是静态的，系统瓶颈依次是网络、内存、CPU；如果 Web 服务器主要进行密集计算（如动态产生 Web 页），系统瓶颈依次是内存、CPU、磁盘、网络，因为这些网站使用连接数据库的动态内容产生交易和查询，这都需要额外的 CPU 资源，更要有足够的内存来缓存和处理动态页面。

（5）高性能计算用的集群系统。高性能计算用的集群系统一般在 4 节点以上，节点机使用基于安腾、AMD64 技术的 Opteron 系统，这种集群系统的性能主要取决于厂商的技术实力、集群系统的设计、针对应用的调优等方面。

3）多处理器服务器的选择

在购买多处理器系统之前，必须了解工作负载有多大，还要选择合适的应用软件和操作系统，然后确定使它们可以运行起来的服务器。最好购买比目前所需的计算能力稍高一些的服务器，以便适应未来扩展的需要。

处理器的选择与操作系统平台和软件的选择密切相关。可以选择 SPARC、Power PC 等处理器，它们分别应用于 Sun Solaris、IBM AIX 或 Linux 等操作系统上。大多数用户出于价格和操作系统方面的考虑也采用 Intel 处理器。

4）存储问题

服务器所支持的驱动仓个数必然会影响服务器的外形和高度。如果将服务器连接到 SAN 上，则对内部存储没有太多的要求。但是，如果设备安放在没有 SAN 的远程位置上，那么可以购买支持多个可外部访问的热插拔 SCSI 驱动器的系统。

5）刀片式服务器使用问题

刀片式服务器最初定位于寻求将大量的计算能力压缩到狭小空间中的服务提供商和大型企业。现在，许多系统厂商把能够整合数据中心基础设施、去除杂乱的线缆和优化管理、高性价比等作为卖点来销售这些薄片状的服务器。刀片式服务器的大小仅为标准的 IU 服务器的几分之一，并且需要的电能更少，安装在使它们可以共享资源的专用机箱中。

部署刀片式服务器将得到节省空间费用的回报。在使用刀片式服务器时，能够在每机架单位上达到 10 GHz 的计算能力，而在使用传统平台时，每机架单位实际有 0.5 GHz 的计算能力，这是 20 倍的改进。现在数据中心空间费用非常高，而这正是使用刀片式服务器得到巨大回报的地方——计算密度。

然而，早期使用者也指出刀片式服务器并不是对所有人都适用的，而有的厂商会说必须拥有刀片式服务器，他们将用刀片式服务器代替所有的服务器。对于用户来说，应该在最合适的地方使用它，如果试图更高效地利用空间，那么就应当考虑选择刀片式服务器。

3.3 功能与软件选择

3.3.1 操作系统

操作系统是一种特殊的用于控制计算机（硬件）的程序（软件）。它是计算机底层的系统软件，负责管理、调度、指挥计算机的软/硬件资源，使其协调工作。因此，引入操作系统的目的可从两方面来考察。

（1）从系统管理人员的观点来看，引入操作系统是为了合理地组织计算机的工作流程，管理和分配计算机系统硬件及软件资源，使之能为多个用户所共享。因此，操作系统是计算机资源的管理者。

（2）从用户的观点来看，引入操作系统是为了给用户使用计算机提供一个良好的界面，以便用户无须了解许多有关硬件和系统软件的细节就能方便、灵活地使用计算机。

综上所述，可以把操作系统定义为：操作系统是计算机系统中的一个系统软件，它统一管理计算机的软件与硬件资源和控制程序的执行。

1. 操作系统的分类

按照操作系统所提供的功能进行分类，可以分成以下几种基本类型。
（1）批处理操作系统；
（2）单用户操作系统；
（3）分时操作系统；
（4）实时操作系统；
（5）网络操作系统；
（6）分布式操作系统。

分布式操作系统正处于研制阶段，网络操作系统正处在不断发展的过程中，而批处理操作系统、单用户操作系统、分时操作系统、实时操作系统比较成熟。一般在大型机上配置的操作系统是多种基本类型的组合。

2. 操作系统的功能

从资源管理的观点出发，操作系统的功能应包括处理器管理、存储管理、设备管理、文件管理和作业管理等。

1) 处理器管理的功能

处理器管理的主要任务是对处理器进行分配，并对其运行进行有效的控制和管理。进程是指系统中能独立运行并作为资源分配的基本单位，它是一个活动实体。在多道程序环境下，处理器的分配和运行都是以进程为基本单位的，因而对处理器的管理可归结为对进程的管理。它包括以下几方面。

（1）进程控制。

在多道程序环境下，要使作业运行，必须先为它创建一个或几个进程，并为之分配必要的资源。进程运行结束时，要立即撤销该进程，以便及时回收该进程所占用的各类资源。进程控制的主要任务便是为作业创建进程、撤销已结束的进程及控制进程在运行过程

中的状态转换。

(2) 进程调度。

进程调度的任务是从进程的就绪队列中按照一定的算法选出一个进程，把处理器分配给它，并为它设置运行现场，使进程投入运行。

(3) 进程的互斥与同步。

进程是以异步方式运行的，并以人们不可预知的速度向前推进。为使多个进程能有条不紊地运行，系统中必须设置进程同步机制。进程同步的主要任务是对诸进程的运行进行协调。协调方式有两种。

① 进程互斥方式：这是指诸进程在对临界资源进行访问时应采用互斥方式对它们进行协调。

② 进程同步方式：这是指在相互合作完成共同任务的进程间由同步机构对它们的执行次序加以协调。

(4) 进程通信。

在多道程序环境下，可由系统为一个应用程序建立多个进程。这些进程相互合作完成一个共同任务，而在这些相互合作的进程之间，往往需要交换信息。当相互合作的进程处于同一计算机系统时，通常采用直接通信方式进行通信。当相互合作的进程处于不同的计算机系统中时，通常采用间接通信方式进行通信。

2）存储管理的功能

存储管理的主要任务是为多道程序的运行提供良好的环境，方便用户使用存储器，提高存储器的利用率并能从逻辑上来扩充主存。为此，存储管理应具有以下功能。

(1) 主存分配与去配。

主存分配的主要任务是为每道程序分配主存空间，使它们"各得其所"，提高存储器的利用率，以减少不可用的主存空间；在程序运行完后，应立即收回它所占有的主存空间，这就称为去配。

(2) 主存的共享与保护。

主存空间的共享可以提高主存空间的利用率，相同的程序（程序段）在主存中只保留一份即可。主存空间保护的主要任务是确保每道用户程序都在自己的主存空间中运行，互不干扰。进一步说，绝不允许用户程序访问操作系统的程序和数据；也不允许转移到非共享的其他用户程序中去执行。

(3) 主存扩充。

由于物理主存的容量有限（它是非常宝贵的硬件资源，它不可能做得太大），因而难以满足用户的需要，势必影响系统的性能。在存储管理中，主存扩充并非是增加物理主存的容量，而是借助于虚拟存储技术，从逻辑上去扩充主存容量，使用户所感觉到的主存容量比实际主存容量大得多。换言之，它使主存容量比物理主存大得多；或者让更多的用户程序并发运行。这样，既满足了用户的需要、改善了系统性能，又基本上不增加硬件投资。

3）设备管理的功能

设备管理的主要任务是完成用户提出的 I/O 请求；为用户分配 I/O 设备；提高 CPU 和 I/O 设备的利用率；提高 I/O 速度；方便用户使用 I/O 设备。为实现上述任务，设备管理应具有以下主要功能。

(1) 设备的分配与去配。

设备分配的基本任务是根据用户的 I/O 请求为其分配其所需的设备。如果在 I/O 设备和 CPU 之间还存在着设备控制器和 I/O 通道，则必须为分配出去的设备分配相应的控制器和通道，在设备使用完后及时回收。

(2) 设备处理。

设备处理程序又称为设备驱动程序。其基本任务通常是实现 CPU 和设备控制器之间的通信。即由 CPU 向设备控制器发出 I/O 指令，要求它完成指定的 I/O 操作，并能接收由设备控制器发来的中断请求，给予及时的响应和相应的处理。

(3) 虚拟设备。

这一功能可把每次仅允许一个进程使用的物理设备改造为能同时供多个进程共享的设备。或者说，它能把一个物理设备变换为多个对应的逻辑设备，以使一个物理设备能供多个用户共享。这样，不仅提高了设备的利用率，还加速了程序的运行，使每个用户都感觉到自己在独占该设备。

4) 文件管理的功能

在现代计算机系统中，总是把程序和数据以文件的形式存储在辅存上，供所有的或指定的用户使用。为此，在操作系统中必须配置文件管理机构。文件管理的主要任务是对用户文件和系统文件进行管理，以方便用户使用，并保证文件的安全性。为此，文件管理应具有以下主要功能。

(1) 文件存储空间的管理。

为了方便用户的使用，需要由文件系统对诸多文件及文件的存储空间实施统一的管理。其主要任务是为每个文件分配必要的辅存空间，提高辅存空间的利用率，并有助于提高文件系统的工作速度。

(2) 目录管理。

目录管理的主要任务是为每个文件建立目录项，并对众多的目录项加以有效组织，形成目录文件，以实现按名存取。即用户只需提供文件名即可对该文件进行存取。其次，目录管理还应能实现文件的共享，应能提供快速的目录查询手段，以提高对文件的检索速度。

(3) 文件操作。

为了正确地实现文件的存取，文件系统应提供一组文件操作功能供用户使用。

(4) 文件的共享、保护和保密。

文件的共享可以节省存储空间，从而提高辅存空间的利用率。为了防止系统的文件被非法窃取和破坏，在文件系统中必须提供保护和保密措施。

5) 作业管理的功能

作业管理实现作业的调度和控制作业的执行。作业调度从等待处理的作业中选择可以装入主存储器的作业，然后对已装入主存储器的作业按用户的意图控制其执行。

3. 个人操作系统

随着超大规模集成电路的发展而产生了微机，配置在微机上的操作系统称为微机操作

第 3 章 计算机网络设计

系统。可按微机的字长而分成 8 位、16 位、32 位和 64 位微机操作系统。也可把微机操作系统分为单用户单任务操作系统、单用户多任务操作系统和多用户多任务操作系统。

单用户单任务操作系统的含义是：只允许一个用户上机，且只允许用户程序作为一个任务运行。

单用户多任务操作系统的含义是：只允许一个用户上机，但允许将一个用户程序分为若干个任务，使它们并发执行，从而有效地改善系统的性能。

多用户多任务操作系统的含义是：允许多个用户通过各自的终端使用同一台主机，共享主机系统中的各类资源，而每个用户程序又可进一步分为几个任务，使它们并发执行，从而可进一步提高资源利用率和增加系统吞吐量。在大、中、小型机中所配置的都是多用户多任务操作系统；在 32 位和 64 位微机上，也有不少配置了多用户多任务操作系统，其中，最有代表性的是 UNIX 操作系统。

在计算机的发展过程中，出现过许多不同的操作系统，其中最为常用的有 DOS、Mac OS、Windows、Linux、Free BSD、UNIX/Xenix、OS/2 等，下面介绍常见的微机操作系统的发展过程和功能特点。

1）DOS 操作系统

从 1981 年问世至今，DOS 经历了 7 次大的版本升级，从 1.0 版到现在的 7.0 版，不断地改进和完善。但是，DOS 系统的单用户、单任务、字符界面和 16 位的大格局没有变化，因此它对内存的管理也局限在 640KB 的范围内。DOS 最初是微软公司为 IBM-PC 开发的操作系统，它对硬件平台的要求很低，因此适用性较广。常用的 DOS 有三种不同的品牌，它们是 Microsoft 公司的 MS-DOS、IBM 公司的 PC-DOS 及 Novell 公司的 DR DOS，这三种 DOS 相互兼容，但仍有一些区别，三种 DOS 中使用最多的是 MS-DOS。

DOS 系统有众多的通用软件支持，如各种语言处理程序、数据库管理系统、文字处理软件、电子表格。而且围绕 DOS 开发了很多应用软件系统，如财务、人事、统计、交通、医院等各种管理系统。鉴于这个原因，尽管 DOS 已经不能适应 32 位机的硬件系统，但是仍广泛流行，不过 DOS 被市场淘汰应该只是时间问题。

2）Mac OS X 操作系统

Mac OS X 操作系统是美国苹果计算机公司为它的 Macintosh 计算机设计的一代操作系统，该机型于 1984 年推出，在当时的 PC 还只是 DOS 枯燥的字符界面的时候，Mac 率先采用了一些我们至今仍为人称道的技术，如 GUI 图形用户界面、多媒体应用、鼠标等，Macintosh 计算机在出版、印刷、影视制作和教育等领域有着广泛的应用，Microsoft Windows 至今在很多方面还有 Mac 的影子，最近苹果公司又发布了目前最先进的个人计算机操作系统 Mac OS X。

3）Windows 系统

Windows 是 Microsoft 公司在 1985 年 11 月发布的第一代窗口式多任务系统，它使 PC 开始进入了所谓的图形用户界面时代。在图形用户界面中，每一种应用软件（即由 Windows 支持的软件）都用一个图标（Icon）表示，用户只需把鼠标移到某图标上，连续两次按下鼠标器的拾取键即可进入该软件，这种界面方式为用户提供了很大的方便，把计算

机的使用提高到了一个新的阶段。

Windows 1.X 版是一个具有多窗口及多任务功能的版本，但由于当时的硬件平台为 PC/XT，速度很慢，所以 Windows 1.X 版本并未十分流行。1987 年年底 Microsoft 公司又推出了 MS Windows 2.X 版，它具有窗口重叠功能，窗口大小也可以调整，并可把扩展内存和扩充内存作为磁盘高速缓存，从而提高了整台计算机的性能，此外它还提供了众多应用程序：文本编辑 Write、记事本 Notepad、计算器 Calculator、日历 Calendar……等。随后在 1988 年、1989 年又先后推出了 MS Windows/286-V2.1 和 MS Windows/386 V2.1 这两个版本。

1990 年，Microsoft 公司推出了 Windows 3.0，它的功能进一步加强，具有强大的内存管理功能，且提供了数量相当多的 Windows 应用软件，因此成为 386、486 微机新的操作系统标准。随后，Windows 发表 3.1 版，而且推出了相应的中文版。3.1 版较 3.0 版增加了一些新的功能，受到了用户欢迎，是当时最流行的 Windows 版本。

1995 年，Microsoft 公司推出了 Windows 95。在此之前的 Windows 都是由 DOS 引导的，也就是说它们还不是一个完全独立的系统，而 Windows 95 是一个完全独立的系统，并在很多方面做了进一步的改进，还集成了网络功能和即插即用（Plug and Play）功能，是一个全新的 32 位操作系统。

1998 年，Microsoft 公司推出了 Windows 95 的改进版 Windows 98，Windows 98 的一个最大特点就是把微软的 Internet 浏览器技术整合到了 Windows 里面，使得访问 Internet 资源就像访问本地硬盘一样方便，从而更好地满足了人们越来越多地访问 Internet 资源的需要。Windows 98 是目前实际使用的主流操作系统。

在 20 世纪 90 年代初期，Microsoft 推出了 Windows NT（NT 是 New Technology 即新技术的缩写）来争夺 Novell Netware 的网络操作系统市场。相继有 Windows NT 3.0、3.5、4.0 等版本上市，逐渐蚕食了中小网络操作系统的大半江山。Windows NT 是真正的 32 位操作系统，与普通的 Windows 系统不同，它主要面向商业用户，有服务器版和工作站版之分。

2000 年，Microsoft 公司推出了 Windows 2000，它包括四个版本：Data Center Server 是功能最强大的服务器版本，只随服务器捆绑销售，不零售；Advanced Server 和 Server 版是一般服务器使用的；Professional 版是工作站版本的 NT 和 Windows 98 共同的升级版本。

还有一个主要面向家庭和个人娱乐，侧重于多媒体和网络的 Windows Me。

2001 年 10 月 25 日，Microsoft 发布了功能极其强大的 Windows XP，该系统采用 Windows 2000/NT 内核，运行非常可靠、稳定，用户界面焕然一新，使用起来得心应手，这次微软终于可以和苹果的 Macintosh 软件一争高下了，优化了与多媒体应用有关的功能，内建了极其严格的安全机制，每个用户都可以拥有高度保密的个人特别区域，尤其是增加了具有防盗版作用的激活功能。

2005 年 7 月 Microsoft 发布了 Windows Vista，内核版本号为 NT 6.0，为 Windows NT 6.X 内核的第一种操作系统，也是微软首款原生支持 64 位的个人操作系统。人们可以在 Vista 上对下一代应用程序（如 WinFX、Avalon、Indigo 和 Aero）进行开发创新。Vista 是推出时最安全可信的 Windows 操作系统，其安全功能可防止最新的威胁，如蠕虫、病毒和间谍软件。但 Vista 在发布之初，由于其过高的系统需求、不完善的优化和众多新功能导致的不适应引来了大量的批评，市场反应冷淡，被认为是微软历史上最失败的系统之一。Windows

Vista 共有两个服务更新包：SP1 和 SP2。

Windows 7 是由微软公司（Microsoft）开发的操作系统，核心版本号为 Windows NT 6.1。Windows 7 可供家庭及商业工作环境、笔记本电脑、平板电脑、多媒体中心等使用。2009 年 7 月 14 日 Windows 7RTM（Build 7600.16385）正式上线，2009 年 10 月 22 日微软于美国正式发布 Windows 7，2009 年 10 月 23 日微软于中国正式发布 Windows 7。Windows 7 主流支持服务过期时间为 2015 年 1 月 13 日，扩展支持服务过期时间为 2020 年 1 月 14 日。

Windows 8 是由微软公司开发的第一款带有 Metro 界面的桌面操作系统，内核版本号为 NT 6.2。该系统旨在使人们的日常的平板电脑操作更加简单和快捷，为人们提供高效、易行的工作环境。Windows 8 支持来自 Intel、AMD 和 ARM 的芯片架构。Windows Phone 8 采用和 Windows 8 相同的 NT 内核。2011 年 9 月 14 日，Windows 8 开发者预览版发布，宣布兼容移动终端，微软将苹果的 IOS、谷歌的 Android 视为 Windows 8 在移动领域的主要竞争对手。2012 年 8 月 2 日，微软宣布 Windows 8 开发完成，正式发布 RTM 版本；10 月 25 号正式推出 Windows 8，微软自称触摸革命即将开始。

北京时间 2013 年 10 月 17 日，Windows 8.1 在全球范围内发布，通过 Windows 8 上的 Windows 应用商店进行更新推送及订阅可免费下载评估版本。

4）UNIX 系统

UNIX 系统是 1969 年在贝尔实验室诞生的，最初在中小型计算机上运用。最早移植到 80286 微机上的 UNIX 系统称为 Xenix。Xenix 系统的特点是短小精悍，系统开销小，运行速度快。UNIX 为用户提供了一个分时的系统以控制计算机的活动和资源，并且提供一个交互、灵活的操作界面。UNIX 被设计成为能够同时运行多进程，支持用户之间共享数据。同时，UNIX 支持模块化结构，当用户安装 UNIX 操作系统时，只需要安装工作需要的部分。例如，UNIX 支持许多编程开发工具，但是如果并不从事开发工作，只需要安装最少的编译器。用户界面同样支持模块化原则，互不相关的命令能够通过管道相连，用于执行非常复杂的操作。UNIX 有很多种，许多公司都有自己的版本，如 AT&T、Sun、HP 等。

5）Linux 系统

Linux 是当今计算机界一个耀眼的名字，它是目前全球最大的一个自由免费软件，其本身是一个功能可与 UNIX 和 Windows 相媲美的操作系统，具有完备的网络功能，它的用法与 UNIX 非常相似，因此许多用户不再购买昂贵的 UNIX，转而投入 Linux 等免费系统的怀抱。

Linux 最初由芬兰人 Linus Torvalds 开发，其源程序在 Internet 网上公开发布，由此，引发了全球计算机爱好者的开发热情，许多人下载该源程序并按自己的意愿完善某一方面的功能，再发回网上，Linux 也因此被雕琢成一个全球最稳定的、最有发展前景的操作系统。

Linux 操作系统具有如下特点：

（1）它是一个免费软件，可以自由安装并任意修改软件的源代码；

（2）Linux 操作系统与主流的 UNIX 系统兼容，这使得它一出现就有了一个很好的用户群；

（3）支持几乎所有的硬件平台，包括 Intel 系列、680x0 系列、Alpha 系列、MIPS 系列等，并广泛支持各种周边设备。

目前，Linux 正在全球各地迅速普及，各大软件商（如 Oracle、Sybase、Novell、IBM 等）均发布了 Linux 版的产品，许多硬件厂商也推出了预装 Linux 操作系统的服务器产品，还有不少公司或组织有计划地收集有关 Linux 的软件，组合成一套完整的 Linux 发行版本上市，比较著名的有 Red Hat（红帽子）、Slackware 等公司。Linux 可以在相对低价的 Intel X86 硬件平台上实现高档系统才具有的性能，许多用户使用 benchmarks 在运行 Linux 的 X86 机器上测试，发现可以和 Sun 和 Digital 公司的中型工作站的性能媲美。事实上，不仅许多爱好者和程序员在使用 Linux，许多商业用户（如 Internet 服务供应商（ISP））也将 Linux 作为服务器代替昂贵的工作站。

除了 Linux 之外，还有一种免费的 UNIX 变种操作系统 FreeBSD 可供使用，一般来说，对于工作站而言，Linux 支持的硬件种类和数量要远远超过 FreeBSD，而在网络的负载非常大时，FreeBSD 的性能比 Linux 要好一些。

6）OS/2 系统

1987 年 IBM 公司在激烈的市场竞争中推出了 PS/2（Personal System/2）个人计算机。PS/2 系列计算机大幅度突破了现行 PC 的体系，采用了与其他总线互不兼容的微通道总线 MCA，并且 IBM 自行设计了该系统约 80%的零部件，以防止其他公司仿制。OS/2 系统正是为系列机开发的一个新型多任务操作系统。OS/2 克服了 DOS 系统 640 KB 主存的限制，具有多任务功能。OS/2 也采用图形界面，它本身是一个 32 位系统，不仅可以处理 32 位 OS/2 系统的应用软件，也可以运行 16 位 DOS 和 Windows 软件。OS/2 系统通常要求在 4 MB 内存和 100 MB 硬盘或更高的硬件环境下运行。由于 OS/2 仅限于 PS/2 机型，兼容性较差，故而限制了它的推广和应用。

4．网络操作系统

计算机网络是通过通信设施将物理上分散的、具有自治功能的多个计算机系统互连起来，实现信息交换、资源共享、可互操作和协作处理的系统。

在计算机网络中，每个主机都有操作系统，它为用户程序运行提供服务。当某一主机连网使用时，该系统就要同网络中更多的系统和用户交往，这个操作系统的功能就要扩充，以适应网络环境的需要。网络环境下的操作系统既要为本机用户提供简便、有效地使用网络资源的手段，又要为网络用户使用本机资源提供服务。为此，网络操作系统除了具备一般操作系统应具有的功能模块之外，还要增加网络功能模块，主要应具有下述五方面的功能。

（1）网络通信。

这是网络最基本的功能，其任务是在源主机和目标主机之间实现无差错的数据传输。

（2）资源管理。

对网络中的共享资源（硬件与软件）实施有效的管理，协调各用户对共享资源的使用，保证数据的安全性和一致性。

（3）网络服务。

这是在前两个功能的基础上，为了方便用户而直接向用户提供的多种有效服务，如电子邮件服务、共享打印服务、共享硬盘服务等。

第 3 章 计算机网络设计

（4）网络管理。

网络管理最基本的任务是安全管理。例如，通过"存取控制"来确保存取数据的安全性；通过"容错技术"来保证系统故障时数据的安全性。此外，还应对网络性能进行监视、对使用情况进行统计，以便为提高网络性能、进行网络维护和记账等提供必要的信息。

（5）互操作能力。

在 20 世纪 90 年代后推出的网络操作系统提供了一定的互操作能力。所谓互操作，在客户/服务器模式的局域网环境下，是指连接在服务器上的多种客户机和主机不仅能与服务器通信，还能以透明的方式访问服务器上的文件系统；而在互联网络环境下，是指不同网络间的客户机不仅能通信，还能以透明的方式访问其他网络中的文件服务器。

目前常用的网络操作系统主要有 UNIX、Linux、Windows 及 Netware 系统等。各种操作系统在网络应用方面都有各自的优势，而实际应用中却千差万别，这种局面促使各种操作系统都极力提供跨平台的应用支持。

1）Windows 网络操作系统

对于这类操作系统，相信用过计算机的人都不会陌生。这是 Microsoft（微软）公司开发的。Microsoft 公司的 Windows 系统不仅在个人操作系统中占有绝对优势，在网络操作系统中也具有非常强劲的竞争力。Windows 网络操作系统在中小型局域网配置中是最常见的，但由于它对服务器的硬件要求较高，一般只用在中低档服务器中。在局域网中，微软的网络操作系统主要有 Windows NT 4.0 Server、Windows 2000 Server、Windows Server 2003、Windows Server 2008 及 Windows Server 2012 等。

（1）Windows NT Server。

在整个 Windows 网络操作系统中，原先 Windows NT 几乎成为中小型企业局域网的标准操作系统。一是它继承了 Windows 家族统一的界面，使用户学习、使用起来更加容易；再则它的功能也确实比较强大，基本上能满足中小型企业的各项网络需求。Windows NT 对服务器的硬件配置要求要低许多，可以在更大程度上切合中小企业的 PC 服务器配置需求。

Windows NT 可以说是发展最快的一种操作系统。它采用多任务、多流程操作及多处理器系统（SMP）。在 SMP 系统中，工作量比较均匀地分布在各个 CPU 上，提供了极佳的系统性能。Windows NT 系列从 3.1 版、3.50 版、3.51 版发展到 4.0 版。

（2）Windows 2000 Server。

通常见到的网络操作系统 Windows 2000 Server 有如下 3 个版本。

① Windows 2000 Server：用于工作组和部门服务器等中小型网络。

② Windows 2000 Advanced Server：用于应用程序服务器和功能更强的部门服务器。

③ Windows 2000 Datacenter Server：用于运行数据中心服务器等大型网络系统。

Windows 2000 Server 为重要的商务解决方案提供了整个系统的可靠性和可扩展性。通过操作系统中内置的增强的容错能力，Windows 2000 Server 提供了信息和服务对用户的可用性。

Windows 2000 包含了对远程管理所做的大量改进，其中包括新的管理员委托授权支持、终端服务、Microsoft 管理控制台等。Windows 2000 Server 通过 IIS 5.0 为磁盘分配、动态卷管理、Internet 打印及 Web 服务等提供了新的支持。对文件、打印服务和卷管理的改进使得 Windows 2000 成为一个理想的文件服务器，并且在 Windows 2000 Server 上可以更容易地查询或访问信息。

Windows 2000 Server 集成了对虚拟专用网络、电话服务、高性能的网络工作、流式传输的音频/视频服务、首选的网络带宽等的支持。这允许客户在单一的、具有有效价值的操作平台上集成所有的通信基础结构。

（3）Windows Server 2003。

Windows Server 2003 家族包括以下产品：Windows Server 2003 标准版、Windows Server 2003 企业版、Windows Server 2003 数据中心版、Windows Server 2003 Web 版。

① Windows Server 2003 标准版是一个可靠的网络操作系统，可支持文件和打印机共享，提供安全的 Internet 连接，允许集中化的桌面应用程序部署。

② Windows Server 2003 企业版是为满足各种规模的企业的一般用途而设计的，是一种全功能的服务器操作系统，最多可支持 8 个处理器。提供的企业级功能有：8 节点群集、支持高达 32GB 内存等；可用于基于 Intel Itanium 系列的计算机；支持 8 个处理器和 64GB RAM 的 64 位计算平台。

③ Windows Server 2003 数据中心版是为运行企业和任务所倚重的应用程序而设计的，这些应用程序需要最高的可伸缩性和可用性，是 Microsoft 迄今开发的功能最强大的服务器操作系统。支持高达 32 路的 SMP 和 64GB 的 RAM，提供 8 节点群集和负载平衡服务，这是它的标准功能，将可能够支持 64 位处理器和 512GBRAM 的 64 位计算平台。

④ Windows Server 2003 Web 版用于 Web 服务和托管。Windows Server 2003 Web 版用于生成和承载 Web 应用程序、Web 页面及 XML Web 服务。

Windows Server 2003 是迄今提供的最快、最可靠和最安全的 Windows 服务器操作系统。Windows Server 2003 通过以下方式实现这一目的：提供集成结构，用于确保商务信息的安全性；提供可靠性、可用性和可伸缩性，提供用户需要的网络结构。

Windows Server 2003 提供各种工具，允许用户部署、管理和使用网络结构以获得最高效率。Windows Server 2003 通过以下方式实现这一目的：提供灵活、易用的工具，有助于使用户的设计和部署与单位和网络的要求相匹配；通过加强策略、使任务自动化及简化升级来帮助用户主动管理网络；通过让用户自行处理更多的任务来减小支持开销。

（4）Windows Server 2008。

Windows Server 2008 继承自 Windows Server 2003，发行了多种版本，以支持各种规模的企业对服务器不断变化的需求。Windows Server 2008 有 5 个不同版本，另外还有三个不支持 Windows Server Hyper-V 技术的版本，因此总共有 8 个版本。

Windows Server 2008 Standard 是迄今最稳固的 Windows Server 操作系统，其内置的强化 Web 和虚拟化功能，是专为增加服务器基础架构的可靠性和弹性而设计的，亦可节省时间及降低成本。其利用功能强大的工具让用户拥有更好的服务器控制能力，并简化设定和管理工作；而增强的安全性功能则可强化操作系统，以协助保护数据和网路，并可为用户的企业提供扎实且可高度信赖的基础。

Windows Server 2008 Enterprise 可提供企业级的平台，部署企业关键应用。其所具备的群集和热添加（Hot-Add）处理器功能可协助改善可用性；而整合的身份管理功能可协助改

善安全性;利用虚拟化授权权限整合应用程序,可降低基础架构的成本,因此 Windows Server 2008 Enterprise 能为高度动态、可扩充的 IT 基础架构提供良好的基础。

Windows Server 2008 Datacenter 所提供的企业级平台,可在小型和大型服务器上部署企业关键应用及大规模的虚拟化;其所具备的群集和动态硬件分割功能,可改善可用性;而通过无限制的虚拟化许可授权来巩固应用,可降低基础架构的成本。此外,此版本亦可支持 2~64 颗处理器,因此 Windows Server 2008 Datacenter 能够提供良好的基础,用以建立企业级虚拟化和扩充解决方案。

Windows Web Server 2008 是特别为单一用途 Web 服务器而设计的系统,而且建立在下一代 Windows Server 2008 中,其整合了重新设计架构的 IIS 7.0、ASP .NET 和 Microsoft NET Framework,以便任何企业快速部署网页、网站、Web 应用程序和 Web 服务。

Windows Server 2008 for Itanium-Based Systems 已针对大型数据库、各种企业和自订应用程序进行优化,可提供高可用性和多达 64 颗处理器的可扩充性,符合高要求且关键性的解决方案的需求。

Windows HPC Server 2008 是下一代高性能计算(HPC)平台,可为高生产力的 HPC 环境提供企业级的工具,由于其建立于 Windows Server 2008 及 64 位元技术上,因此可有效地扩充至数以千计的处理器,并可提供集中管理控制台,协助用户主动监督和维护系统健康状况及稳定性。其所具备的灵活的作业调度功能,可让 Windows 和 Linux 的 HPC 平台进行整合,亦可支持批量作业及服务导向架构(SOA)工作负载,而增强的生产力、可扩充的性能及使用容易等特色,则可使 Windows HPC Server 2008 成为同级系统中最佳的 Windows 环境。

(5) Windows Server 2012。

Windows Server 2012 是 Windows 8 的服务器版本,并且是 Windows Server 2008 R2 的继任者。该操作系统已经在 2012 年 8 月 1 日完成编译 RTM 版,并且在 2012 年 9 月 4 日正式发售。

Windows Server 2012 有四个版本:Foundation、Essentials、Standard 和 Datacenter。

① Windows Server 2012 Essentials 面向中小企业,用户限定在 25 位以内,该版本简化了界面,预先配置云服务连接,不支持虚拟化,预计售价 425 美元。

② Windows Server 2012 Standard 提供完整的 Windows Server 功能,限制使用两台虚拟主机,预计售价 882 美元。

③ Windows Server 2012 Datacenter 提供完整的 Windows Server 功能,不限制虚拟主机数量,预计售价 4809 美元。

④ Windows Server 2012 Foundation 版本仅提供给 OEM 厂商,限定用户为 15 位,提供通用服务器功能,不支持虚拟化。

2)Linux 网络操作系统

Linux 是一个免费的、提供源代码的操作系统。它最大的特点就是源代码开放,可以免费得到许多应用程序。Linux 已被实践证明是高性能、稳定可靠的操作系统。

目前它已经进入了成熟阶段,越来越多的人认识到了它的价值,并将其广泛应用到从 Internet 服务器到用户的桌面、从图形工作站到 PDA 的各个领域。Linux 下有大量的免费应用软件,从系统工具、开发工具、网络应用到休闲娱乐、游戏等。更重要的是,它是安装在个人计算机上的最可靠、强壮的操作系统。目前,Linux 已可以与各种传统的商业操作系统分庭抗争,占据了相当大的市场份额。

3)UNIX 网络操作系统

目前常用的 UNIX 系统版本主要有 IBM AIX、HP-UX、SUN Solaris 等。支持网络文件系统服务,提供数据等应用,功能强大。这种网络操作系统的稳定和安全性能非常好,但由于它多数是以命令方式来进行操作的,不容易掌握,特别是初级用户。正因如此,小型局域网基本不使用 UNIX 作为网络操作系统,UNIX 一般用于大型的网站或大型的企事业局域网中。

UNIX 具有技术成熟、可靠性高、网络和数据库功能强、伸缩性突出和开放性好等特色,已经成为主要的工作站平台和重要的企业操作平台。

Linux 是 UNIX 的一个变体,是最近流行的服务器和桌面操作系统。和 UNIX 一样,Linux 也是一种开放标准,很多公司开发了自己的版本。流行的版本包括 RedHat、Caldera 和 Corel。

4)NetWare 网络操作系统

NetWare 操作系统目前在局域网中早已失去了当年雄霸一方的气势,但是 NetWare 操作系统仍以对网络硬件的要求较低而受到一些设备比较落后的中小型企业的欢迎,人们一时还忘不了它在无盘工作站组建方面的优势,还忘不了它那毫无过分需求的大度。且因为它兼容 DOS 命令,其应用环境与 DOS 相似,经过长时间的发展,具有相当多的应用软件支持,技术完善、可靠。常用的版本有 3.11、3.12、4.10、4.11、5.0、6.0 等中英文版本。NetWare 服务器对无盘网站和游戏的支持较好,常用于教学网和游戏厅。但目前这种操作系统的市场占有率呈下降趋势,这部分的市场主要被 Windows NT/2000 和 Linux 系统瓜分了。

5. 网络操作系统的选择

操作系统是整个网络中不可缺少的组成部分之一,必须根据企业网络的应用规模、应用层次等实际情况选择最合适的操作系统。

Windows NT/2000/2003 Server:简单易用的操作系统,适合中小型企业及网站建设。

Linux:具有高的安全性和稳定性,一般用作网站的服务器和邮件服务器。

Novell:是工业控制、生产企业、证券系统领域比较理想的操作系统。

UNIX:具有非常好的安全性和实时性,广泛用在金融、银行、军事及大型企业网络上。

3.3.2 邮件服务器系统

1. 常用邮件服务器系统

1)UNIX 环境下的 Sendmail

Sendmail 是一个非常优秀的软件,几乎所有的 UNIX 的默认配置中都内置这个软件,只需要设置好操作系统,它就能立即运转起来。在 UNIX 系统中,Sendmail 是应用最广的

电子邮件服务器。它是一个免费软件,可以支持数千个甚至更多的用户,而且占用的系统资源相当少。

但 Sendmail 的系统结构并不适合较大的负载,对于高负载的邮件系统,需要对 Sendmail 进行复杂的调整。

2)Linux 环境下的 Postfix 和 Qmail

Postfix 结构上由十多个子模块组成,每个子模块完成特定的任务,如通过 SMTP 接收一个消息、发送一个消息、本地传递一个消息、重写一个地址等。Postfix 使用多层防护措施防范攻击者来保护本地系统,Postfix 要比同类的服务器产品速度快三倍以上,一个安装 Postfix 的台式机一天可以收发上百万封信件。

Postfix 设计采用了 Web 服务器的设计技巧,以减少进程创建开销,并且采用了其他的一些文件访问优化技术以提高效率,且同时保证了软件的可靠性。Postfix 的设计目标是成为 Sendmail 的替代者。由于这个原因,Postfix 系统的很多部分(如本地投递程序等),可以很容易地通过编辑修改配置文件来替代。

Qmail 将系统划分为不同的模块,包括负责接收外部邮件、管理缓冲目录中待发送的邮件队列、将邮件发送到远程服务器或本地用户。Qmail 为了解决 Sendmail 的安全问题,整个系统结构都进行了重新设计。在设计实现中特别考虑了安全问题。Qmail 的配置方式和 Sendmail 不一致,因此不容易维护。而且 Qmail 的版权许可证含义非常模糊,甚至没有和软件一起发布。

按照 UNIX 思路的模块化设计方法使得 Qmail 具备较好的性能,Qmail 还提供一些非常有用的特色功能来增强系统的可靠性。此外,Qmail 还具备一些非常特殊的功能,它不仅提供了与 Sendmail 兼容的方式来处理转发、别名等,还可以用与 Sendmail 完全不同的方式来提供这些功能。

3)Sun 公司的 iPlanet Messaging Server

iPlanet Messaging Server 是一个强大的、可靠的、大容量的 Internet 邮件服务器,是为企业和服务提供商设计的。Messaging Server 采用集中的 LDAP 数据库存储用户、组和域的信息。它支持标准的协议、多域名和 Webmail,具有强大的安全和访问控制。

iPlanet Messaging Server 作为开放、可扩展的基于 Internet 的高性能电信级通信平台,能够支持千万级用户。其主要特点有授权管理、虚拟主机与虚拟域,功能强大,易于扩展。运营商将从包括邮件、无线技术、一体化信息等综合信息服务系统所提供的增值服务中受益。

4)IBM 公司的 Domino 邮件服务器

Domino 邮件服务器提供一个可用于电子邮件、Web 访问、在线日历和群组日程安排、协同工作区、公告板和新闻组服务的统一体系结构。从 Lotus Notes 到 Web 浏览器,再到 Outlook 和 PDA,其无与伦比的移动功能和对广泛的客户端支持,使用户能够随时随地安全地收发信息。

Domino 邮件服务器可以在企业现有的硬件、软件和网络之上运行,通过开放的标准与其他通信系统无缝地实现互操作。集中了桌面控制、信息跟踪和监控及远程服务器管理功能，可实现对地区办事处稳定的 IT 支持，从而进一步降低成本。优化的附加产品（如桌面传真和集成的文档管理程序），可以提升系统价值，扩展企业的通信基础设施。

5）Microsoft 公司的 Exchange Server

Microsoft 的 Exchange Server 是一个重要的 Intranet（内联网）协作应用服务器，适合有各种协作需求的用户使用。Exchange Server 协作应用的出发点是业界领先的消息交换基础，它提供了业界最强的扩展性、可靠性、安全性和最强的处理性能。Exchange Server 提供了包括电子邮件、会议安排、团体日程管理、任务管理、文档管理、实时会议和工作流等丰富的协作应用，而所有应用都可以通过 Internet 浏览器来访问。

Exchange Server 是一个设计完备的邮件服务器产品，提供了通常所需要的全部邮件服务功能。除了常规的 SMTP/POP 服务之外，它还支持 IMAP4、LDAP 和 NNTP。Exchange Server 服务器有两种版本，标准版包括 Active Server、网络新闻服务和一系列与其他邮件系统的接口；企业版除了包括标准版的功能外，还包括与 IBM Office Vision、X.400、VM 和 SNADS 通信的电子邮件网关，Exchange Server 支持基于 Web 浏览器的邮件访问。

2. 邮件服务器系统的选型

邮件服务器的主要性能参数包括：SMTP 发信效率、POP3 收信效率、Web 邮件方式下的收发邮件效率、邮件服务器消息转发效率等。下面是影响邮件服务器整体性能的几个主要因素。

1）服务器配置水平

服务器的配置水平是影响邮件服务器性能的主要因素之一。主要包括处理器性能、内存容量、SCSI 或 IDE 的传输速率和磁盘的读/写速度、网络适配器最大吞吐量等，因此需要服务器的配置处在一个较高的水平。当然，如果采用动态负载均衡技术，就可以随意扩展邮件服务器的硬件配置，满足不断变化的业务需要。

2）网络带宽

网络带宽决定了网络通信的水平。在宽带时代到来的同时，也解决了邮件服务器的带宽问题，对于网络负载较大的用户，还是要寄希望于电信服务商的支持。

3）操作系统

目前较为流行的操作系统是 UNIX、Linux 和 Windows 系统，这些系统各有千秋，不同操作系统在处理机制上的不同往往有可能造成邮件服务器系统性能的差异。

4）邮件设计技术

是使用 LDAP 还是数据库方式进行用户登录认证和管理，以及是否采用 SSL/TLS 进行加密处理，是否提供防病毒模块、病毒处理机制等，都是影响服务器系统性能的主要因素。应该在保证产品功能、安全性、稳定性的基础上，找到邮件服务器性能的最佳点。

5）用户配置水平

由于大部分邮件服务器的各项参数是可以调整的，因此，对用户操作人员也有较高的要求，用户配置水平也是影响邮件服务器使用效果的重要因素。

3.3.3 数据库系统

1. 常用数据库系统

目前，常见的数据库包括 Access、SQL Server、MySql、Oracle 和 DB2 等，它们各有优点，适合于不同级别的系统。

1）Access 数据库

Access 是微软 Office 办公套件中的一个重要成员。自从 1992 年开始销售以来，Access 已经卖出了超过 6000 万份，现在它已经成为世界上最流行的桌面数据库管理系统。

和 Visual FoxPro 相比，Access 更加简单易学，一个普通的计算机用户即可掌握并使用它。同时，Access 的功能也足以应付一般的小型数据管理及处理需要。无论用户是要创建一个个人使用的独立的桌面数据库，还是部门或中小公司使用的数据库，在需要管理和共享数据时，都可以将 Access 作为数据库平台，提高个人的工作效率。例如，可以使用 Access 处理公司的客户订单数据；管理自己的个人通讯录；科研数据的记录和处理；等等。Access 只能在 Windows 系统下运行。

Access 最大的特点是界面友好、简单易用，和其他 Office 成员一样，极易被一般用户所接受。因此，在许多低端数据库应用程序中，经常使用 Access 作为数据库平台；在初次学习数据库系统时，很多用户也是从 Access 开始的。

Access 的主要功能有：

（1）使用向导或自定义方式建立数据库，以及表的创建和编辑功能；
（2）定义表的结构和表之间的关系；
（3）图形化查询功能和标准查询；
（4）建立和编辑数据窗体；
（5）报表的创建、设计和输出；
（6）数据分析和管理功能；
（7）支持宏扩展（Macro）。

2）Informix 数据库

Informix Software 公司研制的关系型数据库管理系统 Informix 具有 Informix-SE 和 Informix-Online 两种版本。Informix-SE 适用于 UNIX 和 Windows NT 平台，是为中小规模的应用而设计的；Informix-Online 在 UNIX 操作系统下运行，可以提供多线程服务器，支持对称多处理器，适用于大型应用。

Informix 可以提供面向屏幕的数据输入询问及面向设计的询问语言报告生成器。数据定义包括定义关系、撤销关系、定义索引和重新定义索引等。Informix 不仅可以建立数据库，还可以方便地重构数据库，系统的保护措施十分健全，不仅能使数据得到保护而不被权限外的用户存取，而且能重新建立丢失的文件，恢复被破坏的数据。其文件的大小不受磁盘空间的限制，域的大小和记录的长度均可达 2 KB。Informix 可移植性强、兼容性好，在很多微型计算机和小型机上得到应用，尤其适用于中小型企业的人事、仓储及财务管理。

3）Oracle 数据库

它是 Oracle 公司研制的一种关系型数据库管理系统，是一个协调服务器和用于支持任务决定型应用程序的开放型 RDBMS。它可以支持多种不同的硬件和操作系统平台,从台式机到大型和超级计算机,为各种硬件结构提供高度的可伸缩性,支持对称多处理器、群集多处理器、大规模处理器等,并提供广泛的国际语言支持。Oracle 是一个多用户系统,能自动从批处理或在线环境的系统故障中恢复运行。系统提供了一个完整的软件开发工具 Developer 2000,包括交互式应用程序生成器、报表打印软件、字处理软件及集中式数据字典,用户可以利用这些工具生成自己的应用程序。

Oracle 以二维表的形式表示数据,并提供了 SQL(结构式查询语言),可完成数据查询、操作、定义和控制等基本数据库管理功能。Oracle 具有很好的可移植性,通过它的通信功能,微型计算机上的程序可以同小型乃至大型计算机上的 Oracle 数据库传递数据。Oracle 属于大型数据库系统,主要适用于大、中、小型应用系统,或作为客户机/服务器系统中服务器端的数据库系统。

4)DB2 数据库

DB2 是 IBM 公司的产品,是一个多媒体、Web 关系型数据库管理系统,其功能足以满足大中公司的需要,并可灵活地服务于中小型电子商务解决方案。DB2 系统在企业级的应用中十分广泛,目前全球 DB2 系统用户超过 6 000 万个,分布于约 40 万家公司。

1968 年 IBM 公司推出的 IMS(Information Management System)是层次数据库系统的典型代表,是第一个大型商用数据库管理系统。1970 年,IBM 公司的研究员首次提出了数据库系统的关系模型,开创了数据库关系方法和关系数据理论的研究,为数据库技术奠定了基础。目前 IBM 仍然是最大的数据库产品提供商(在大型机领域处于垄断地位),财富 100 强企业中的 100%和财富 500 强企业中的 80%都使用了 IBM 的 DB2 数据库产品。DB2 的另一个非常重要的优势在于基于 DB2 的成熟应用非常丰富,有众多的应用软件开发商围绕在 IBM 的周围。2001 年,IBM 公司兼并了世界排名第四的著名数据库公司 Informix,并将其所拥有的先进特性融入到 DB2 当中,使 DB2 系统的性能和功能有了进一步提高。

DB2 数据库系统采用多进程、多线索体系结构,可以运行于多种操作系统之上,并分别根据相应平台环境进行了调整和优化,以便能够达到较好的性能。DB2 目前支持从 PC 到 UNIX、从中小型机到大型机、从 IBM 到非 IBM(HP 及 SUN UNIX 系统等)的各种操作平台,可以在主机上以主/从方式独立运行,也可以在客户机/服务器环境中运行。其中服务平台可以是 OS/400、AIX、OS/2、HP-UNIX、SUN-Solaris 等操作系统,客户机平台可以是 OS/2 或 Windows、DOS、AIX、HP-UX、Sun Solaris 等操作系统。

DB2 数据库系统的特色如下。

(1)支持面向对象的编程。支持复杂的数据结构,如果无结构文本对象,可以对无结构文本对象进行布尔匹配、最接近匹配和任意匹配等搜索。可以建立用户数据类型和用户自定义函数。

(2)支持多媒体应用程序。支持大二分对象(BLOB),允许在数据库中存取二进制大对象和文本大对象。其中,二进制大对象可以用来存储多媒体对象。

(3)强大的备份和恢复能力。

(4)支持存储过程和触发器。用户可以在建表时定义复杂的完整性规则。

(5)支持标准 SQL 语言和 ODBC、JDBC 接口。

（6）支持异构分布式数据库访问。具有与异种数据库相连的 Gateway，便于进行数据库互访。

（7）支持数据复制。

（8）并行性较好。采用并行的、多节点的环境，数据库分区是数据库的一部分，包含自己的数据、索引、配置文件和事务日志。

5）SQL Server 数据库

SQL Server 是微软公司开发的大型关系型数据库系统。SQL Server 的功能比较全面，效率高，可以作为大中型企业或单位的数据库平台。SQL Server 在可伸缩性与可靠性方面做了许多工作，近年来在许多企业的高端服务器上得到了广泛应用。同时，该产品继承了微软产品界面友好、易学易用的特点，与其他大型数据库产品相比，在操作性和交互性方面独树一帜。SQL Server 可以与 Windows 操作系统紧密集成，这种安排使 SQL Server 能充分利用操作系统所提供的特性，不论是应用程序开发速度还是系统事务处理运行速度，都能得到较大的提升。另外，SQL Server 可以借助浏览器实现数据库查询功能，并支持内容丰富的扩展标记语言（XML），提供了全面支持 Web 功能的数据库解决方案。对于在 Windows 平台上开发的各种企业级信息管理系统来说，不论是 C/S（客户机/服务器）架构还是 B/S（浏览器/服务器）架构，SQL Server 都是一个很好的选择。SQL Server 的缺点是只能在 Windows 系统下运行。

SQL Server 数据库系统的特点如下。

（1）高度可用性。借助日志传送、在线备份和故障群集，实现业务应用程序可用性的最大化目标。

（2）可伸缩性。可以将应用程序扩展至配备 32 个 CPU 和 64 GB 系统内存的硬件解决方案。

（3）安全性。借助基于角色的安全特性和网络加密功能，确保应用程序能够在任何网络环境下均处于安全状态。

（4）分布式分区视图。可以在多个服务器之间针对工作负载进行分配，获得额外的可伸缩性。

（5）索引化视图。通过存储查询结果并缩短响应时间的方式从现有硬件设备中挖掘出系统性能。

（6）虚拟接口系统局域网络。借助于针对虚拟接口系统局域网络（VI SAN）的内部支持特性，改善系统整体性能表现。

（7）复制特性。借助 SQL Server 实现与异类系统间的合并、事务处理与快照复制特性。

（8）纯文本搜索。可同时对结构化和非结构化数据进行使用与管理，并能够在 Microsoft Office 文档间执行搜索操作。

（9）内容丰富的 XML 支持特性。通过使用 XML 的方式，对后端系统与跨防火墙数据传输操作之间的集成处理过程进行简化。

（10）与 Microsoft BizTalk Server 和 Microsoft Commerce Server 这两种.NET 企业服务器实现集成。SQL Server 可与其他 Microsoft 服务器产品高度集成，提供电子商务解决方案。

（11）支持 Web 功能的分析特性。可对 Web 访问功能的远程 OLAP 多维数据集的数据资料进行分析。

（12）Web 数据访问。在无须进行额外编程工作的前提下，以快捷的方式，借助 Web 实现与 SQL Server 数据库和 OLAP 多维数据集之间的网络连接。

（13）应用程序托管。具备多实例支持特性，使硬件投资得以全面利用，以确保多个应用程序的顺利导出或在单一服务器上的稳定运行。

（14）点击流分析。获得有关在线客户行为的深入理解，以制定出更加理想的业务决策。

6）Sybase 数据库

Sybase 公司成立于 1984 年 11 月，产品研究和开发包括企业级数据库、数据复制和数据访问，主要产品有：Sybase 的旗舰数据库产品 Adaptive Server Enterprise、Adaptive Server Replication、Adaptive Server Connect 及异构数据库互连选件。SybaseASE 是其主要的数据库产品，可以运行在 UNIX 和 Windows 平台。Sybase Warehouse Studio 在客户分析、市场划分和财务规划方面提供了专门的分析解决方案。Warehouse Studio 的核心产品有 Adaptive Server IQ，其专利化的、从底层设计的数据存储技术能快速查询大量数据。围绕 Adaptive Server IQ 有一套完整的工具集，包括数据仓库或数据集市的设计、各种数据源的集成转换、信息的可视化分析及关键客户数据（元数据）的管理。

Sybase 数据库系统的特点如下。

（1）完全的客户机/服务器体系结构，能适应 OLTP（On-Line Transaction Processing）要求，能为数百个用户提供高性能需求。

（2）采用单进程多线程（Single Process And Multi-Threaded）技术进行查询，节省系统开销，提高了内存的利用率。

（3）虚拟服务器体系结构与对称多处理器（SMP）技术结合，充分发挥多 CPU 硬件平台的高性能。

（4）数据库管理系统（DBA）可以在线调整监控数据库系统的性能。

（5）提供日志与数据库的镜像，提高了数据库容错能力。

（6）支持计算机族（Cluster）环境下的快速故障切换。

（7）通过存储和触发器（Trigger）由服务器制约数据的完整性。

（8）支持多种安全机制，可以对表、视图、存储过程和命令进行授权。

（9）分布式事务处理采用 2PC（Two Phase Commit）技术访问，支持 Image 和 Text 的数据类型，为工程数据库和多媒体应用打下了良好的基础。

7）FoxPro 数据库

Visual FoxPro 是微软公司开发的一个微机平台关系型数据库系统，支持网络功能，适合作为客户机/服务器和 Internet 环境下管理信息系统的开发工具。Visual FoxPro 的设计工具、面向对象的以数据为中心的语言机制、快速数据引擎、创建组件功能使它成为一种功能较为强大的开发工具，开发人员可以使用它开发基于 Windows 分布式内部网应用程序（Windows Distributed interNet Applications，DNA）。

Visual FoxPro 是在 dBASE 和 FoxBase 系统的基础上发展而成的。20 世纪 80 年代初

期，dBASE 成为 PC 上最流行的数据库管理系统。当时大多数管理信息系统采用了 dBASE 作为系统开发平台。后来出现的 FoxBase 几乎完全支持了 dBASE 的所有功能，已经具有了强大的数据处理能力。Visual FoxPro 的出现是 xBASE 系列数据库系统的一个飞跃，给 PC 数据库开发带来了革命性的变化。Visual FoxPro 不仅在图形用户界面的设计方面采用了一些新的技术，还提供了所见即所得的报表和屏幕格式设计工具。同时，增加了 Rushmore 技术，使系统性能有了本质的提高。Visual FoxPro 只能在 Windows 系统下运行。

Visual FoxPro 的主要功能如下。

（1）创建表和数据库，将数据整理、保存，并且进行数据管理。

（2）使用查询和视图，从已建立的表和数据库中查找满足一定筛选条件的数据。

（3）使用表单，设计功能强大的用户界面，使操作更加简便。

（4）使用报表和标签，可以将统计或查找到的结果打印成报表文档。

（5）使用 Visual FoxPro 开发一个应用程序时，需要创建相应的表、数据库、查询、视图、报表、标签、表单和程序等。Visual FoxPro 提供了大量可视化的设计工具和向导。使用这些工具和向导可以快速、直观地创建以上各种组件。另外，可以使用项目管理器管理系统中的所有文件，使程序的连接和调试更加简便。

Visual FoxPro 的主要特点如下。

（1）增强的项目及数据库管理。Visual FoxPro 提供了一个进行集中管理的环境，可以对项目及数据有更强的控制。可以创建和集中管理应用程序中的任何元素，便于更改数据库中对象的外观。

（2）简便、快速、灵活的应用程序开发。提供了"应用程序向导"功能，可以快速开发应用程序。同时，界面和调试环境的可操作程度较高，可以较方便地分析和调试应用程序的项目代码。

（3）不用编程就可以创建界面。组件实例中收集了一系列应用程序组件，可以利用这些组件解决现实世界的问题。

（4）提供了面向对象程序设计。在支持面向过程的程序设计方式的同时，提供了面向对象程序设计的能力。借助 Visual FoxPro 的对象模型，可以充分使用面向对象程序设计的所有功能，包括继承性、封装性、多态性和子类。

（5）使用了优化应用程序的 Rushmore 技术。Rushmore 是一种从表中快速选取记录集的技术，它可将查询响应时间从数小时或数分钟降低到数秒，可以显著地提高查询速度。

（6）支持项目小组协同开发。如果几个开发者开发一个应用程序，可以同时访问数据库组件。若要跟踪或保护对源代码的更改，还可以使用带有"项目管理器"的源代码管理程序。

（7）可以开发客户机/服务器解决方案，增强客户/服务器性能。

（8）支持多语言编程。支持英语、冰岛语、日语、朝鲜语、繁体汉语及简体汉语等多种语言的字符集，能在几个领域提供对国际化应用程序开发的支持。

2．数据库管理系统的选型

选择数据库管理系统时，用户应从以下几个方面加以考虑。

1）构造数据库的难易程度

需要分析数据库管理系统有没有范式的要求，即是否必须按照系统所规定的数据模型分析现实世界，建立相应的模型；数据库管理语句是否符合国际标准，符合国际标准则便于系统的维护、开发、移植；是否有面向用户的易用的开发工具；所支持的数据库容量，数据库的容量决定了数据库管理系统的使用范围。

2）程序开发的难易程度

有无计算机辅助软件工程工具（CASE），计算机辅助软件工程工具可以帮助开发者根据软件工程的方法提供各开发阶段的维护、编码环境，便于复杂软件的开发和维护；有无第四代语言的开发平台，第四代语言具有非过程语言的设计方法，用户不需要编写复杂的过程性代码，易学、易懂、易维护；有无面向对象的设计平台，面向对象的设计思想十分接近人类的逻辑思维方式，便于开发和维护；对多媒体数据类型的支持，多媒体数据需求是今后的发展趋势，支持多媒体数据类型的数据库管理系统必将减少应用程序的开发和维护工作。

3）数据库管理系统的性能分析

数据库管理系统的性能分析主要包括性能评估（响应时间、数据单位时间吞吐量）、性能监控（内外存使用情况、系统输入/输出速率、SQL 语句的执行、数据库元组控制）、性能管理（参数设定与调整）等。

4）对分布式应用的支持

主要是指数据透明程度与网络透明程度。数据透明是指用户在应用中不需要指出数据在网络中的节点位置，数据库管理系统可以自动搜索网络，提取所需数据；网络透明是指用户在应用中不需要指出网络所采用的协议，数据库管理系统自动将数据包转换成相应的协议数据。

5）并行处理能力

主要指支持多 CPU 模式的系统（SMP、CLUSTER 和 MPP），负载的分配形式，并行处理的颗粒度、范围等。

6）可移植性和可扩展性

可移植性和可扩展性是指垂直扩展和水平扩展能力。垂直扩展要求新平台能够支持低版本的平台，数据库客户机/服务器机制支持集中式管理模式，这样保证了用户以前的投资和系统继续使用；水平扩展要求满足硬件上的扩展，支持从单 CPU 模式转换成多 CPU 并行机模式（SMP、CLUSTER 和 MPP）。

7）数据完整性约束

数据完整性指数据的正确性和一致性保护，包括实体完整性、参照完整性、复杂的事务规则。

8）并发控制功能

对于分布式数据库管理系统，并发控制功能是必不可少的。因为它面临的是多任务分布环境。可能会有多个用户点在同一时刻对同一数据进行读或写操作，为了保证数据的一

致性，需要由数据库管理系统的并发控制功能来完成。评价并发控制的标准应从下面几方面加以考虑。

（1）保证查询结果一致性的方法。
（2）数据锁的粒度（数据锁的控制范围，表、页、元组等）。
（3）数据锁的升级管理功能。
（4）死锁的检测和解决方法。

9）容错能力

容错能力指异常情况下对数据的容错处理。评价标准是硬件的容错、有无磁盘镜像处理功能软件的容错、有无软件方法异常情况的容错功能。

10）安全性控制

安全性控制主要指安全保密的程度，包括账户管理、用户权限、网络安全控制和数据约束等。

11）支持汉字处理能力

支持汉字处理能力主要包括数据库描述语言的汉字处理能力（表名、域名、数据）和数据库开发工具对汉字的支持能力。

3.3.4　ERP 系统

1. ERP 系统的概念与特点

ERP（Enterprise Resource Planning，企业资源计划）系统是一种主要面向制造行业进行物资资源、资金资源和信息资源集成一体化管理的企业管理软件系统。现在各类制造企业都在实施 ERP 系统，但不同行业，甚至不同企业，ERP 系统的功能都不完全一样。

目前国内外开发 ERP 系统的企业非常多，这种系统属于综合类管理系统，价格不菲，具体选择时还应结合用户企业的自身实际来考虑。

1）ERP 的定义

ERP 系统发展至今，市面上的 ERP 产品越来越多，而且这些不同 ERP 产品中还存在相当大的差别。到底什么是 ERP 系统、它具备哪些主要功能，许多 ERP 系统使用者，甚至专业人员都说不清。

追溯 ERP 概念的根源，就会涉及 MRP（Material Requirement Planning，物料需求计划）、MRPⅡ（Manufacturing Resource Planning，制造资源计划）等概念，这些概念都是企业管理信息化的一个子集。在 ERP 的概念解释中，ERP 往往直接与企业管理信息化等同起来。而企业管理信息化是一个很广泛的概念，当把 ERP 与它等同时，实际上就意味着 ERP 已经被普遍接受了。

ERP 是一个用来区别于手工管理的概念，很难明确给出它的精确定义。考虑到不同的行业应用 ERP 的内容不同，相同的企业由于规模不同，应用的层次也不同，所以从这个意义上来讲，ERP 是一个模糊的概念，只要是企业管理信息化的应用都属于 ERP 的范畴。

ERP 可以从管理思想、软件产品和管理系统 3 个层次给出定义。

（1）它是由美国计算机技术咨询和评估集团提出的一整套企业管理系统体系标准，其实质是在 MRP Ⅱ 基础上进一步发展而成的企业供应链（Supply Chain）的管理思想。

（2）它是综合应用客户机、服务器体系、关系数据库结构、面向对象技术、图形用户界面、第四代语言（4GL）、网络通信等信息产业成果，以 ERP 管理思想为灵魂的软件产品。

（3）它是集企业管理理念、业务流程、基础数据、人力物力、计算机硬件和软件于一体的企业资源管理系统。

对应于管理界、信息界、企业界不同的表述要求，"ERP"分别有着它特定的内涵和外延，相应采用"ERP 管理思想"、"ERP 软件"、"ERP 系统"的表述方式。

2）ERP 的核心管理思想

ERP 的核心管理思想是供应链管理。链上的每一个环节都含有"供"与"需"两方面的双重含义，"供"与"需"是相对而言的，也称"Demand/Supply Chain"。作为供应系统，通常是指 Logistics（后勤体系）的内容，后勤体系是"从采购到销售"，而供应链是"从需求市场到供应市场"。

以集成管理技术和信息技术著称的美国生产与库存管理协会（APICS）从 1997 年起，将供应链管理的内容作为生产与库存管理资格（CPM）考试的内容，并在 7 个主题中列为第一（其余主题依次为库存管理、JIT（准时制生产）、主计划、物料需求计划、生产作业控制、系统与技术），说明了其重要性。ERP 的核心管理思想就是实现对整个供应链的有效管理，主要体现在以下两个方面。

（1）对整个供应链资源进行管理的思想。在知识经济时代，仅靠企业自己的资源不可能有效地参与市场竞争，还必须把经营过程中的有关各方，如供应商、制造工厂、分销网络和客户等纳入一个紧密的供应链中，才能有效地安排企业的产、供、销活动，满足企业利用全社会一切市场资源，快速、高效地进行生产经营活动，以在市场上获得竞争优势。换句话说，现代竞争不是单一企业与单一企业之间的竞争，而是一个企业供应链与另一个企业供应链之间的竞争。ERP 系统实现了对整个企业供应链的管理，适应了知识经济时代市场竞争的需要。

（2）精益生产、同步工程和敏捷制造的思想。ERP 系统支持对混合型生产方式的管理，其管理主要是"精益生产"的思想，即企业按大批量生产方式组织生产时，把客户、销售代理商、供应商、协作单位纳入生产体系，企业同其销售代理、客户和供应商的关系，已不再是简单的业务往来关系，而是利益共享的伙伴关系。

3）ERP 系统的特点

（1）方便易用。系统使用 IE 浏览器作为客户端平台，采用了生动、直观的图形界面，本着"功能越复杂，操作越简单"的原则设计，易学易用。系统结构清晰明了，操作提示信息齐全，录入方便快捷。即使不具有计算机经验的管理人员和业务操作员，只要具有业务管理的基本知识，也可在短时间内完全掌握。

（2）网络连接。网络系统支持从简单的局域网络（LAN）到 Internet 访问等联机模式，可实现异地或本地远程管理。

（3）安全可靠。每个用户都只能通过自己的账号在所属角色的权限范围内使用本系统，用户与角色在系统模块中统一设置，由公司指定管理员专门管理，数据的存取均通过

服务器进行，从而彻底保证了数据的安全性及可靠性。

（4）功能强大。系统能动态显示最新的库存状况，每日提示功能能让用户对即将要处理的业务一目了然；具有强大的查询和报表功能，支持模糊查询，可随时查询各种应收、应付财务报表，并按指定条件产生各种汇总报表，从而能够全面、及时地反映销售状况。

（5）维护简单。系统运行后几乎不需要专业的系统管理员维护，不但节省了开支，而且免除了后顾之忧。

2. ERP 系统的功能

1）基本功能

目前市场上 ERP 软件的基本功能大同小异，一般至少具有 5 个基本功能。

（1）物料管理协助企业有效地控管材物料，以降低存货成本，主要包括采购、库存管理、仓储管理、发票验证、库存控制和采购信息系统等。

（2）生产规划系统让企业以最优水平生产，并同时兼顾生产弹性。主要包括生产规划、物料需求计划、生产控制及制造能力计划、生产成本计划和生产现场信息系统。

（3）财务会计系统提供更精确、可靠且实时的财务信息。主要包括间接成本管理、产品成本会计、利润分析、应收应付账款管理、固定资产管理、一般流水账、特殊流水账、作业成本和总公司汇总账。

（4）销售、分销系统协助企业迅速掌握市场信息。以便对顾客需求做出最快速的反应。主要包括销售管理、订单管理、发货运输、发票管理和业务信息系统。

（5）企业情报管理系统提供决策者更实时、有用的决策信息，主要包括决策支持系统、企业计划与预算系统和利润中心会计系统。

除这 5 个功能块外，很多厂商也提供了其他基本模块，来加强企业内部资源整合能力。

2）扩展功能

一般 ERP 软件提供的最重要的 4 个扩展功能块是供应链管理（SCM）、顾客关系管理（CRM）、销售自动化（SFA）及电子商务（E-commerce）。

（1）供应链管理（SCM）。供应链管理是将从供应商的供应商到顾客的顾客中间的物流、信息流、资金流、程序流、服务和组织加以整合化、实时化、扁平化。SCM 系统可细分为 3 个部分：供应链规划与执行、运送管理系统和仓储管理系统。

（2）顾客关系管理（CRM）及销售自动化（SFA）。这两者都用来管理与顾客端有关的活动。销售自动化系统（SFA）指能让销售人员跟踪记录顾客详细数据的系统；顾客关系管理系统（CRM）则指能从企业现存数据中挖掘所有关键信息，以自动管理现有顾客和潜在顾客数据的系统。

（3）销售自动化（SFA 和 CRM）都是强化前端的数据仓库技术，通过分析和整合企业的销售、营销及服务信息，以协助企业提供更客户化的服务及实现目标营销的理念，因此可以大幅改善企业与顾客间的关系，带来更好的销售机会。

目前提供前端功能模块的 ERP 厂商和相关的功能模块数都不多，且这些厂商几乎都将目标市场锁定在金融、电信等拥有客户数目众多、需要提供后续服务多的几个特定产业。

（4）电子商务（E-commerce）。产业界对电子商务的定义存在分歧，电子商务（EC）一般指具有共享企业信息、维护企业间关系及产生企业交易行为 3 大功能的远程通信网络系统。

有学者进一步将电子商务分为企业与企业间、企业与个人（消费者）间的电子商务两大类。目前 ERP 软件供应商提供的电子商务应用方案主要有 3 种：

① 提供可外挂于 ERP 系统下的 SCM 功能模块，如让企业整合实时的供应链信息去自动订货的模块，以协助企业推动企业间的电子商务；

② 提供可外挂于 ERP 系统下的 CRM 功能模块，如让企业建置、经营网络商店的模块，以协助企业推动其与个人间的电子商务。

③ 提供中介软件来协助企业整合前后端信息，使其达到内外信息全面整合的目标。

在上述的延伸功能中，SCM 是最早发展且最成熟的领域，CRM 和 EC 都尚在初始阶段，有待 ERP 供应商投入更多的精力去研究。

3. ERP 系统的选型

软件选型规范化的原则就是"知己知彼原则"。

对用户的调查分析包含以下几个方面的内容。

（1）战略方面的分析。企业是实施 ERP 系统的主体，是 ERP 软件的买主，因此首先要弄清楚以下问题：

① 企业在全球竞争中所处的地位是什么？

② 同国内外竞争对手的差距是什么？

③ 影响企业生存与发展的障碍是什么？

要追根问底，找出真正的原因，并分清主次，哪些原因是可以通过实施 ERP 来解决的。

如果结论是只有 ERP 才是解决矛盾的最佳手段，那么才可以进入软件选型阶段。以上这些分析称之为"宏观需求分析"或战略性分析，企业信息化是为企业经营战略服务的。脱离企业的战略谈信息化是没有意义的，因此必须首先从战略的高度出发来讨论企业信息化和 ERP。

（2）用户工作流程的调查分析。有了这一系列的研究以后，还要围绕业务流程分析做好以下工作。

① 说清企业从事的行业、生产类型和组织结构，以及现状和发展趋势。

② 描述现有企业的业务流程，找出不合理的症结，按照 ERP 原理的精神，提出理想的解决方案。

③ 重点描述企业的信息流、物流和资金流。

④ 定义 ERP 项目的范围、实施周期和期望值。

⑤ 编写需求分析报告和投资效益报告。

ERP 系统是一个数目可观的投资项目，必须进行扎实的可行性研究。

（3）"行业细分"的软件开发。

当前，ERP 软件商已经提出"行业细分"的软件开发策略，这个方向是正确的，有利于不同类型企业的软件选型。但是，作为企业用户如何看待"行业解决方案"，还需要有

一个更深层次的理解。

在制造业内有各种各样的不同行业，如机床、家电、汽车、船舶、食品、制药、烟草、纺织、建材、炼油、化工、冶金等。在一个行业里，又会有各种生产类型，如汽车行业下面又包括整车装配（混流生产）、一级部件（如发动机、变速箱、散热器等）、二级部件（如分配器、滤清器等）、三级零部件（如活塞、火花塞等）和一些毛坯零件（如连杆、曲轴、凸轮轴等）。因此，仅仅看一个软件标注是"某某行业解决方案"还是不够的，还必须进一步具体分析。

再如，纺织行业是一个广泛的称谓，可以包括各类面料生产，其中化纤和棉纺又有根本不同的生产性质。例如，棉纺的梳棉流程有对回收棉絮的再处理的特殊要求，需要有非常专业的软件产品。服装可以是一个独立的行业，但是有的纺织行业集团又包括了服装业务。如果服装业又包括专卖店管理，需求又不一样。

选择软件时，要注意软件产品的功能、采用的技术、提供的资料文档、实施服务人员的素质、软件公司的管理文化和信誉等。

4. 常用 ERP 系统厂商

1）SAP

SAP 创立于 1972 年的德国，是全球商业软件市场的领导厂商，根据市值排名为全球第三大独立软件制造商（前两位为微软、甲骨文），也是 ERP 产品的第一大厂商。SAP 既是公司名称，又是其产品——企业管理解决方案的软件名称。

SAP 是目前全世界排名第一的 ERP 软件。在全球 120 多个国家拥有 105 000 个企业客户，财富 500 强中 80%以上的企业都正在从 SAP 的管理方案中获益。

SAP 在包括欧洲、美洲、中东及亚太地区的 50 个国家雇佣了 47 578 名员工。2009 年销售额为 153 亿美金。公司总部位于德国的沃尔多夫。SAP 的核心业务是销售其研发的商业软件解决方案及其服务的用户许可证。SAP 解决方案包括标准商业软件及技术，以及行业特定应用，主要用途是帮助企业建立或改进其业务流程，使之更为高效、灵活，并不断为该企业产生新的价值。

SAP 主要的 ERP 产品线如下。

（1）MySAP（也就是 SAP R3）：基本适用于大公司（诸如世界 500 强）。

（2）SAP Business All-in-one：中型公司（这是 SAP 的定义，但是对于国内来说，也都是大企业）。

（3）SAP Business One：中小企业，国内很多公司都在使用，虽然号称中小企业适用，但是依然价格不菲。

2）Oracle

Oracle 是世界领先的信息管理软件开发商，因其复杂的关系数据库产品而闻名。Oracle 数据库产品为财富排行榜上的前 1000 家公司所采用，许多大型网站也选用了 Oracle 系统。Oracle 公司是全球最大的信息管理软件及服务供应商，成立于 1977 年，总部位于美国加州 Redwood shore。

在 ERP 领域，Oracle 是 SAP 最大的竞争对手，是目前世界上第二大 ERP 厂商，Oracle

正在应用软件领域奋起直追,甚至在某些方面已经赶超了老对手。

Oracle 的主要的 ERP 产品线为:Oracle E-Business Suite、PeopleSoft Enterprise、Siebel、JD Edwards Enterprise One、JD Edwards World。

3)用友

用友软件已形成 NC、U8、"通"三条产品和业务线,分别面向大、中、小型企业提供软件和服务,用友软件的产品已全面覆盖企业从创业、成长到成熟的完整生命周期,能够为各类企业提供适用的信息化解决方案,满足不同规模企业在不同发展阶段的管理需求,并可实现平滑升级。用友拥有丰富的企业应用软件产品线,覆盖了企业 ERP(企业资源计划)、SCM(供应链管理)、CRM(客户关系管理)、HR(人力资源管理)、EAM(企业资产管理)、OA(办公自动化)等业务领域,可以为客户提供完整的企业应用软件产品和解决方案。

4)金蝶

金蝶国际软件集团有限公司是中国第一个 Windows 版财务软件及小企业管理软件——金蝶 KIS、第一个纯 JAVA 中间件软件——金蝶 Apusic 和金蝶 BOS、第一个基于互联网平台的三层结构的 ERP 系统——金蝶 K/3 的缔造者,其中金蝶 KIS 和 K/3 是中国中小型企业市场中占有率最高的企业管理软件。2003 年 3 月,金蝶正式对外发布了第三代产品——金蝶 EAS(Kingdee Enterprise Application Suite)。金蝶 EAS 构建于金蝶自主研发的商业操作系统——金蝶 BOS 之上,面向中大型企业,采用最新的 ERPⅡ管理思想和一体化设计,有超过 50 个应用模块,高度集成,涵盖企业内部资源管理、供应链管理、客户关系管理、知识管理、商业智能等,并能实现企业间的商务协作和电子商务的应用集成。

思考与练习题 3

1. 对计算机网络系统进行需求分析主要包含哪些方面?
2. 计算机网卡的主要功能有哪些?
3. 集线器、交换机与路由器的工作原理有什么区别?
4. 三层交换机与二层交换机的工作原理有什么不同?
5. 计算机网络的软件系统包括哪些?

第4章 电线电缆

电线电缆是指用以传输电（磁）能、信息和实现电磁能转换的线材产品。"电线"和"电缆"并没有严格的界限。通常将芯数少、产品直径小、结构简单的产品称为电线，没有绝缘的称为裸电线，其他的称为电缆；导体截面积较大的（大于 $6\ mm^2$ 的）称为大电线，较小的（小于或等于 $6\ mm^2$ 的）称为小电线（绝缘电线又称为布电线）。

我国的电线电缆产品按其用途分成五大类。

（1）裸电线：指仅有导体而无绝缘层的产品。

（2）绕组线：以绕组的形式在磁场中切割磁力线感应产生电流或通过电流产生磁场所用的电线，故又称电磁线，其中包括具有各种特性的漆包线、绕组线。

（3）电力电缆：在电力系统主干线路中用以传输和分配大功率电能的电缆产品。

（4）通信电缆和通信光缆：传输音频及音频以上各种电讯信息用的电线电缆产品，其中包括市内通信光缆、长途对称电缆和同轴（干线）通信电缆。通信光缆以光导纤维（光纤）作为光波传输介质，进行信息传输，因此又称纤维光缆。由于其传输衰减小、频带宽、质量轻、外径小，又不受电磁场干扰，因此通信光缆已逐渐替代了通信电缆。

（5）电气装备用电线电缆：从电力系统的配电点把电能直接传输到各种用电设备器具的电源连接线路用电线电缆。各种工农业装备中的电气安装和控制信号用电线电缆均属于这一类。

4.1 命名规则

4.1.1 电线电缆的命名

电线电缆的完整命名通常较为复杂，所以人们有时用一个简单的名称（通常是一个类别的名称）结合型号规格来代替完整的名称，如"低压电缆"代表 0.6/1kV 级的所有塑料绝缘类电力电缆。电线电缆的型谱较为完善，可以说，只要写出电线电缆的标准型号规格，就能明确具体的产品。

电线电缆产品的名称中包括以下内容：
（1）产品应用场合或大小类名称；
（2）产品结构材料或形式；
（3）产品的重要特征或附加特征。

产品结构描述按从内到外的原则：导体→绝缘→内护层→外护层→铠装形式。有时为了强调重要特征或附加特征，将特征写到前面或相应的结构描述前。

线缆命名规则如图 4-1 所示，其命名符号含义如表 4-1 所示。

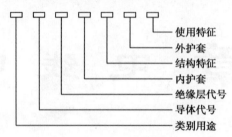

图 4-1 线缆命名规则

表 4-1 线缆命名符号含义

	代　号	含　义
类别用途	ZR	阻燃
	NH	耐火
	BC	低烟低卤
	E	低烟无卤
	K	控制电缆类
	DJ	电子计算机
	N	农用直埋
	JK	架空电缆类
	B	布电线
导体代号	T	铜导体
	L	铝导体
	G	钢芯
	R	铜软线
绝缘层代号	V	聚氯乙烯
	YJ	交联聚乙烯
	Y	聚乙烯
	X	天然丁苯胶混合物绝缘
	G	硅橡胶混合物绝缘
	YY	乙烯-乙酸乙烯橡皮混合物绝缘
内护套	V	聚氯乙烯护套
	Y	聚乙烯护套
	F	氯丁胶混合物护套

代 号		含 义
结构特征	0	无
	1	联锁钢带
	2	双钢带
	3	细钢丝
	4	粗钢丝
外护套	0	无
	1	纤维外套
	2	聚氯乙烯外套
	3	聚乙烯外套
使用特征		如电压等级等

例如：线缆为 YJV22/ZR-1KV，3×2.5，其中 YJV22/ZR 称为型号，常写作 ZRYJV22。

（1）ZR：表示燃烧特性，又分 A、B、C 三级，如 ZB。

（2）YJ：绝缘层材质为交联聚乙烯。

（3）V：内护套材质为聚氯乙烯。

（3）22：前一个数字表示为钢带铠装，后一个数字表示外护套材质为聚氯乙烯，两个 2 并在一起表示"护套在钢带外"。

（5）1 kV：表示额定电压等级为 1 kV。

（6）3×2.5：表示线缆规格，3 表示芯数，即电缆由三根绝缘线芯绞合而成。多根细丝绞合，包上绝缘，方才算"1 芯"；2.5 表示导体的"标称截面"，标称截面是一个概数系列，实际截面可能是 2.48。

4.1.2 光缆的命名

光缆型号由形式和规格两部分组成，如图 4-2 所示。

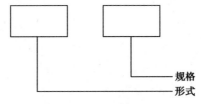

图 4-2 光缆型号构成

1．光缆形式

形式由五部分构成，如图 4-3 所示。

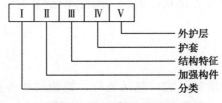

图 4-3 光缆形式组成

(1) 光缆分类：

GY——通信用室（野）外光缆；

GJ——通信用室（局）内光缆；

GM——通信用移动式光缆；

GS——通信用设备内光缆；

GH——通信用海底光缆；

GT——通信用特种光缆。

(2) 加强构件：加强构件指护套内或嵌入护套中用于增强光缆抗拉力的构件。

（无型号）——金属加强构件；

F——非金属加强构件。

(3) 结构特征：结构特征表示缆芯的主要类型和光缆的派生结构。当光缆形式有几个特征结构需要注明时，可用组合代号表示，其组合代号用下列相应的各代号按自上而下的顺序排列。

D——光纤带结构；

（无符号）——松套层绞式结构；

J——光纤紧套被覆结构；

（无符号）——层绞结构；

G——骨架槽结构；

X——缆中心管（被覆）结构；

T——油膏填充式结构；

（无符号）——干式阻水结构；

R——充气式结构；

C——自承式结构；

B——扁平形状；

E——椭圆形状；

Z——阻燃；

C8——8字形自承式结构。

(4) 护套：

Y——聚乙烯护套；

V——聚氯乙烯护套；

U——聚氨酯护套；

A——铝-聚乙烯粘结护套（简称A护套）；

S——钢-聚乙烯粘结护套（简称S护套）；

W——夹带平行钢丝钢-聚乙烯粘结护套（简称W护套）；

L——铝护套；

G——钢护套；

Q——铅护套。

(5) 外护层：当有外护层时，它可包括垫层、铠装层和外被层的某些部分和全部，其代号用两组数字表示（垫层不需要表示），第一组表示铠装层，它可以是一位或两位数字，如表4-2所示；第二组表示外被层或外套，它应该是一位数字，如表4-3所示。

表4-2 光缆铠装层代号含义

代　号	铠　装　层
0	无铠装层
2	绕包双钢带
3	单细圆钢丝
33	双细圆钢丝
4	单粗圆钢丝
44	双粗圆钢丝
5	皱纹钢带

表4-3 光缆外被层或外套代号含义

代　号	外被层或外套
1	纤维外被
2	聚氯乙烯套
3	聚乙烯套
4	聚乙烯套加覆尼龙套
5	聚乙烯保护管

2. 光缆的规格

光缆的规格由光纤和导电芯线的有关规格组成，如图4-4所示。

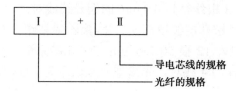

图4-4 光缆规格组成

光纤的规格由光纤数和光纤类别组成。如果同一根光缆中含有两种或两种以上规格的光纤，中间应用"+"号连接。

光纤数指光缆中同类别光纤的实际有效数目；光纤类别应采用光纤产品的分类代号表示，即用 A 表示多模光纤、B 表示单模光纤，再以数字和小写字母表示不同类型的光纤，如表4-4和表4-5所示。

表4-4 多模光纤代号与参数

分类代号	特　性	纤芯直径（μm）	包层直径（μm）	材　料
A1a	渐变折射率	50	125	二氧化硅
A1b	渐变折射率	62.5	125	二氧化硅
A1c	渐变折射率	85	125	二氧化硅
A1d	渐变折射率	100	140	二氧化硅
A2a	突变折射率	100	140	二氧化硅

续表

分类代号	特性	纤芯直径（μm）	包层直径（μm）	材料
A2b	突变折射率	200	240	二氧化硅
A2c	突变折射率	200	280	二氧化硅
A3a	突变折射率	200	300	二氧化硅芯塑料包层
A3b	突变折射率	200	380	二氧化硅芯塑料包层
A3c	突变折射率	200	230	二氧化硅芯塑料包层
A4a	突变折射率	980~990	1 000	塑料
A4b	突变折射率	730~740	750	塑料
A4c	突变折射率	480~490	500	塑料

注："A1a"可简化为"A1"。

表4-5 单模光纤代号与参数

分类代号	名称	材料
B1.1	非色散位移型	二氧化硅
B1.2	截止波长位移型	
B2	色散位移型	
B3	色散平坦型	
B4	非零色散位移型	

注："B1.1"可简化为"B1"。

导电芯线规格的构成为：数量×线对×线径。例如，2×1×0.9 表示 2 根线径为 0.9 mm 的铜导线单线；3×2×0.9 表示 3 根线径为 0.9 mm 的铜导线线对。

例如，金属加强构件、松套层绞填充式、铝-聚乙烯粘结护套、皱纹钢带铠装、聚乙烯护层的通信用室外光缆，包含 12 根 50/125 μm 二氧化硅系渐变型多模光纤和 5 根用于远供电及监测的铜线径为 0.9mm 的 4 线对，光缆型号应表示为：GYTA53 12A1+5×4×0.9。

4.2 双绞线

所谓双绞线（Twisted Wire），就是一对绞合在一起的相互绝缘的导线，如图4-5所示。双绞线可以作为计算机主机之间的连接线路，或是用户电话机与端局交换机之间的通信线路，也称作传输线。在低频传输时，双绞线的抗干扰性相当于或高于同轴电缆，但是超过1MHz 时，同轴电缆比双绞线明显优越。

图4-5 双绞线

4.2.1 音频线缆

当双绞线用于语音通信时，为了线路敷设方便，生产厂家将 6~3 600 对双绞线封装在一个护套内形成电话线缆。相邻对线拧成的螺距不同，用以限制相互之间的串音（Crosstalk）。

1. 通信电缆分类

通信电缆的用途就是构成传递信息的通道，形成四通八达的通信网络。通信电缆可按敷设和运行条件、传输的频谱、电缆芯线结构、绝缘材料和绝缘结构及护层类型等几个方面来分类。

（1）根据敷设和运行条件可分为：架空电缆、直埋电缆、管道电缆及水底电缆等。

（2）根据传输频谱可分为：低频电缆（10 kHz 以下）和高频电缆（12 kHz 以上）等。

（3）根据电缆芯线结构可分为：对称电缆和不对称电缆两大类。对称电缆指构成通信回路的两根导线的对地分布参数（主要指对地分布电容）相同的电缆，如对绞电缆；不对称电缆是指构成通信回路的两根导线的对地分布参数不同，如同轴电缆。

（4）根据电缆的绝缘材料和绝缘结构分为：实芯聚乙烯电缆、泡沫聚乙烯电缆、泡沫/实芯皮聚乙烯绝缘电缆及聚乙烯垫片绝缘电缆等。

（5）根据电缆护层的种类可以分为：塑套电缆、钢丝钢带铠装电缆、组合护套电缆等。

2. 通信电缆的结构与线对识别

全色谱全塑双绞通信电缆是现在本地网中广泛使用的电缆，所谓"全塑"电缆是指：芯线绝缘层、缆芯包带层和护套均采用高分子聚合物——塑料制成的电缆。全塑市话电缆属于宽频带对称电缆，现已广泛用来传送电话、电报和数据等业务电信号。

由于全塑电缆具有电气特性优良、传输质量好、质量轻、运输和施工方便、抗腐蚀、故障少、维护方便、造价低、经济实用、效率高及使用寿命长等特点，使它得到了很快的发展和推广，与之相配套的线路技术（如电缆的布放和接续、各种成端技术、新的线路网结构和配线制式、传输技术和维护测试技术等）也得到了飞速的发展。

（1）芯线

芯线由金属导线和绝缘层组成。导线是用来传输电信号的，要求具有良好的导电性能、足够的柔软性和机械强度，同时还要求便于加工、敷设和使用。导线的线质由纯电解铜制成，一般为软铜线，标称线径有 0.32 mm、0.4 mm、0.5 mm、0.6 mm 和 0.8 mm 等 5 种。此外，曾出现过 0.63 mm、0.7 mm 和 0.9 mm 的，现已逐渐减少。我国部颁标准中只规定了前述五种标称线径。

（2）绝缘材料与绝缘结构

① 绝缘材料：高密度聚乙烯、聚丙烯或乙烯-丙烯共聚物等高分子聚合物塑料，称为聚烯烃塑料。

② 绝缘形式：全塑电缆的芯线绝缘形式分为实芯绝缘、泡沫绝缘、泡沫/实芯皮绝缘。

（3）缆芯色谱

电缆的缆芯色谱可分为普通色谱和全色谱两大类。但普通色谱电缆目前已经很少采用。

色谱的含义是指电缆中的任何一对芯线都可以通过各级单位的扎带颜色及线对的颜色来识别。换句话说，给出线号就可以找出线对，拿出线对就可以说出线号。全色谱电缆又可分为全色谱对绞同芯式缆芯和全色谱对绞单位式缆芯，目前多用后者。

全色谱对绞单位式缆芯色谱中，由白（代号 W）、红（R）、黑（B）、黄（Y）、紫（V）作为领示色（也称主色，代表 a 线），由蓝（Bl）、橙（橘）（O）、绿（G）、棕（Br）、灰（S）作为循环色（也称辅色，代表 b 线），十种颜色组成 25 对全色谱线对，称 25 对为基本 U 单位。即所有的线对 1～25 对的排序为白蓝、白橙、白绿、白棕、白灰；红蓝、红橙、红绿、红棕、红灰……紫蓝、紫橙、紫绿、紫棕、紫灰，见表 4-6。

表 4-6 全色谱线对编号与色谱

线对编号	颜色		线对编号	颜色		线对编号	颜色		线对编号	颜色		线对编号	颜色		线对编号	颜色	
	a	b		a	b		a	b		a	b		a	b		a	b
1	白	蓝	6	红	蓝	11	黑	蓝	16	黄	蓝	21	紫	蓝
2		橘	7		橘	12		橘	17		橘	22		橘
3		绿	8		绿	13		绿	18		绿	23		绿
4		棕	9		棕	14		棕	19		棕	24		棕
5		灰	10		灰	15		灰	20		灰	25		灰

全塑电缆中的 U、S、SD 单位如图 4-6 所示。

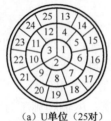

（a）U 单位（25 对）　　（b）S 单位（50 对）　　（c）SD 单位（100 对）

图 4-6 全塑电缆中的 U、S、SD 单位

① 基本单位 U：每个 U 单位内含 25 对线，其色谱为由白/蓝～紫/灰的 25 种全色谱组合，为了形成圆形结构，充分利用缆内有限的空间，也可将一个 U 单位分成由 12 对、13 对或更少线对的"子单位"，为了区别不同的单位，每一单位外部都捆有扎带，U 单位的"扎带全色谱"是由"白/蓝～紫/棕"的 24 种组合，所以 U 单位的扎带循环周期为 25×24=600 对，即从 601 对开始，U 单位的扎带又变成白/蓝。U 单位扎带颜色及序号如表 4-7 所示。

表 4-7 U 单位扎带颜色及序号

线对序号	U 单位序号	U 单位扎带颜色
1～25	1	白—蓝
26～50	2	白—橘
51～75	3	白—绿
76～100	4	白—棕
101～125	5	白—灰
126～150	6	红—蓝
151～175	7	红—橘
176～200	8	红—绿
201～225	9	红—棕
226～250	10	红—灰
⋮	⋮	⋮
551～575	23	紫—绿
576～600	24	紫—棕

② S超单位:S=U+U=25+25=50 对,1~25 对为第一个 U 单位,26~50 为第二个 U 单位,为了形成圆形结构的缆芯,同一 U 单位内的芯线又被分成两束线,如 1~12、13~25,但这两束线的扎带颜色仍然一致(即均为蓝/白)。S 单位的扎带颜色为单色,即 1~600 为白色,601~1 200 为红色,1 201~1 800 为黑色,1 801~2 400 为黄色,2 401~ 3 000 为紫色,尔后又重复白色,所以说 S 单位扎带颜色的循环周期为 600×5=3 000 对,其线对序号、组合单位及扎带颜色如表 4-8 所示。

表 4-8 S 单位的线对序号、组合的单位及扎带颜色

U 单位序号	U 单位扎带颜色	S 单位序号及扎带颜色				
		白	红	黑	黄	紫
1 2	白—蓝 白—橘	S—1 1~50	S—13 601~650	S—25 1 201~1 250	S—37 1 801~1 850	S—49 2 401~2 450
3 4	白—绿 白—棕	S—2 51~100	S—14 651~700	S—26 1 251~1 300	S—38 1 851~1 900	S—50 2 451~2 500
5 6	白—灰 红—蓝	S—3 101~150	S—15 701~750	S—27 1 301~1 350	S—40 1 901~1 950	S—51 2 501~2 550
7 8	红—橘 红—绿	S—4 151~200	S—16 751~800	S—28 1 351~1 400	S—41 1 951~2 000	S—52 2 551~2 600
9 10	红—棕 红—灰	S—5 201~250	S—17 801~850	S—29 1 401~1 450	S—2 2 001~2 050	S—53 2 601~2 650
11 12	黑—蓝 黑—橘	S—6 251~300	S—18 851~900	S—30 1 451~1 500	S—42 2 051~2 100	S—54 2 651~2 700
⋮	⋮	⋮	⋮	⋮	⋮	⋮
19 20	黄—棕 黄—灰	S—10 451~500	S—22 1 051~1 100	S—34 1 651~1 700	S—46 2 251~2 300	S—58 2 851~2 900
21 22	紫—蓝 紫—橘	S—11 501~550	S—23 1 101~1 150	S—35 1 701~1 750	S—47 2 301~2 350	S—59 2 901~2 950
23 24	紫—绿 紫—棕	S—12 551~600	S—24 1 151~1 200	S—36 1 751~1 800	S—48 2 351~2 400	S—60 2 951~3 000

③ SD 超单位:SD=U+U+U+U=100 对,其中 U1~U4 对应第一个 SD 单位,即 SD1;U5~U8 为第 2 个 SD 单位,即 SD2;依此类推,每一规定的 U 单位的扎带颜色必须符合表 4-8 所示的规定。SD 单位的扎带颜色和 S 单位一样,循环周期也为 600×5=3 000 对,只不过是在相同电缆对数的前提下,若采用 S 单位形成缆芯,则扎带数量一定比用 SD 单位形成缆芯要多。为了帮助大家对这三种单位进行对比,请参见表 4-9。

表 4-9　SD 单位的线对序号

U 单位序号	U 单位扎带颜色	S 单位序号及扎带颜色				
		白	红	黑	黄	紫
1	白—蓝	SD—1 1～100	SD—7 601～70	SD—13 1 201～1 300	SD—19 1 801～1 900	SD—25 2 401～2 500
2	白—橘					
3	白—绿					
4	白—棕					
5	白—灰	SD—2 101～200	SD—8 701～800	SD—14 1 301～1 400	SD—20 1 901～2 000	SD—26 2 501～2 600
6	红—蓝					
7	红—橘					
8	红—绿					
9	红—棕	SD—3 201～300	SD—9 801～900	SD—15 1 401～1 500	SD—21 2 001～2 100	SD—27 2 601～270
10	红—灰					
11	黑—蓝					
12	黑—橘					
13	黑—绿	SD—4 301～400	SD—10 901～1 000	SD—16 1 501～1 600	SD—22 2 101～2 200	SD—28 2 701～2 800
14	黑—棕					
15	黑—灰					
16	黄—蓝					
17	黄—橘	SD—5 401～500	SD—11 1 001～1 100	SD—17 1 601～1 700	SD—23 2 201～2 300	SD—29 2 801～2 900
18	黄—绿					
19	黄—棕					
20	黄—灰					
21	紫—蓝	SD—6 01～600	SD—12 1 101～1 200	SD—18 1 701～1 800	SD—24 2 301～2 400	SD—30 2 901～3 000
22	紫—橘					
23	紫—绿					
24	紫—棕					

3. 电缆端别和选用原则

为了保证在电（光）缆布放、接续等过程中的质量，全塑全色谱市内通信电缆与光缆都规定了端别。

（1）端别

普通色谱对绞式市话电缆一般不作 A、B 端规定。为了保证在电缆布放、接续等过程中的质量，全塑全色谱市内通信电缆规定了 A、B 端。

全色谱对绞单位式全塑市话电缆 A、B 端的区分为：面向电缆端面，按表单位序号由小到大顺时针方向依次排列，则该端为 A 端，另一端为 B 端。

（2）选用原则

全塑市内通信电缆 A 端用红色标记，又叫作内端。A 端伸出电缆盘外，常用红色端帽封合或用红色胶带包扎，规定 A 端面向局方。另一端为 B 端，用绿色标记，常用绿色端帽封合或绿色胶带包扎，一般又叫外端，它紧固在电缆盘内，绞缆方向为逆时针，规定外端面向用户。

4.2.2 数据通信线缆

当双绞线用于计算机连接时，常将四对双绞线封装在一起形成双绞线电缆，也就是常说的网线。

双绞线的性能取决于双绞线的各种参数，EIA/TIA-568-A（商用楼布线标准）将双绞线分为两种类型：屏蔽双绞线 STP（如图 4-7 所示）与非屏蔽双绞线 UTP。STP 是带有金属屏蔽层的双绞线，它对外界的干扰有很好的抑制作用，但价格较高且工程安装比较困难，因而很少使用。双绞线的标准随着技术的发展而变化，目前有 7 类，其中 3 类（CAT3，音频级）和超 5 类（CAT5E，数据级）线目前使用最为广泛。

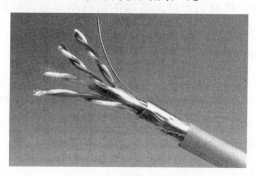

图 4-7 带屏蔽层的双绞线

用于数据传输的双绞线特征阻抗都为 100 Ω。双绞线的频带宽度与线规、线类及长度有关，3 类线 100 m 的传输带宽为 16 MHz，而超 5 类线的 100 m 传输带宽为 100 MHz。

随着网络技术的发展和网络应用的普及，人们对网络传输带宽和传输速度提出了越来越高的要求。基于市场需求，目前已有六类、超六类及七类线的标准并已有商用产品。

六类线（CAT6）的传输频率为 250 MHz，它提供 2 倍于超五类的带宽。六类布线的传输性能远远高于超五类标准，最适用于传输速率高于 1 Gbps 的应用。六类与超五类的一个重要的不同点在于：改善了在串扰及回波损耗方面的性能，对于新一代全双工的高速网络应用而言，优良的回波损耗性能是极为重要的。六类线布线标准采用星形拓扑结构，要求布线时永久链路长度不能超过 90 m，信道长度不能超过 100 m。

超六类线（CAT6E）是六类线的改进版，主要应用于千兆位网络中。在传输频率方面与六类线一样，也是 250 MHz，最大传输速率也可达到 1 Gbps，只是在串扰、衰减和信噪比等方面有较大改善。另一特点是在 4 个双绞线对间加了十字形的线对分隔条。没有十字分隔，线缆中的一对线可能会陷于另一对线两根导线间的缝隙中，使线对间的间距减小而加重串扰问题。分隔条同时与线缆的外皮一起将 4 对导线紧紧地固定在其设计的位置，并可减缓线缆弯折而带来的线对松散，进而减少了安装时性能的降低。

七类线（CAT7）主要为了适应万兆位以太网技术的应用和发展。但它不再是一种非屏蔽双绞线了，而是一种屏蔽双绞线，因此它可以提供至少 600 MHz 的整体带宽，是六类线和超六类线的 2 倍以上，传输速率可达 10 Gbps。在七类线缆中，每一对线都有一个屏蔽层，四对线合在一起还有一个公共大屏蔽层。从物理结构上来看，额外的屏蔽层使得七类线的线径较大。

需要指出的是，线类标准不仅规定了线缆本身的质量标准，还对安装进行了规定，因为线路中所有的连接件、线缆绞合的松紧、安装工艺都会对线路的传输性能产生影响。许多用户希望将 7 类线用于诸如 10 Gbps 以太网这样的高速数据传输场合，但如果在安装过程中不注意就可能会失败。

4.2.3 双绞线的性能指标

1. 衰减（Attenuation）

衰减是信号能量沿基本链路或通道传输损耗的量度，它取决于双绞线电阻、分布电容、分布电感的参数和信号频率。衰减量会随频率和线缆长度的增加而增大，单位为 dB。信号衰减增大到一定程度，将会引起链路传输的信息不可靠。引起衰减的原因还有集肤效应、阻抗不匹配、连接点接触电阻及温度等。

2. 近端串扰损耗（NEXT）

串扰是高速信号在双绞线上传输时，由于分布电感和电容的存在，在邻近传输线中感应的信号。近端串扰是指在一条双绞电缆链路中，发送线对同一侧其他线对的电磁干扰信号。NEXT 值是对这种耦合程度的度量，它对信号的接收产生不良影响。NEXT 值的单位是 dB，定义为导致串扰的发送信号功率与串扰之比。NEXT 越大，串扰越低，链路性能越好。

3. 直流环路电阻

任何导线都存在电阻，直流环路电阻是指一对双绞线电阻之和。当信号在双绞线中传输时，在导体中会消耗一部分能量且转变为热量，100 Ω屏蔽双绞电缆直流环路电阻不大于 19.2 Ω/100 m，150 Ω屏蔽双绞电缆直流环路电阻不大于 12 Ω/100 m。常温环境下的最大值不超过 30 Ω。直流环路电阻应在每对双绞线远端短路时测量，若在近端测量直流环路电阻，其值应与电缆中导体的长度和直径相符。

4. 特性阻抗（Impedance）

特性阻抗是衡量由电缆及相关连接件组成的传输通道的主要特性的参数。一般来说，双绞线电缆的特性阻抗是一个常数。常说的电缆规格有：100 ΩUTP、120 ΩFTP、150 ΩSTP，这些电缆对应的特性阻抗就是：100 Ω、120 Ω、150 Ω。一个选定的平衡电缆通道的特性阻抗极限不能超过标称阻抗的 15%。

5. 衰减与近端串扰比（ACR）

衰减与近端串扰比是双绞线电缆的近端串扰值与衰减的差值，它表示了信号强度与串扰产生的噪声强度的相对大小，单位为 dB。它不是一个独立的测量值，而是衰减与近端串扰（NXET-Attenuation）的计算结果，其值越大越好。衰减、近端串扰和衰减与近端串扰比都是频率的函数，应在同一频率下进行运算。

6. 综合近端串扰（PSNT，Power Sun NEXT）

在一根电缆中使用多对双绞线进行传送和接收信息会增加这根电缆中某对线的串扰。综合近端串扰就是双绞线电缆中所有线对被测线对产生的近端串扰之和。例如，4 对双绞电缆中 3 对双绞线同时发送信号，而在另 1 对线测量其串扰值，测量得到的串扰值就是该线对的综合近端串扰。

7. 等效远端串扰（ELFEXT, Equal Level FEXT）

一个线对从近端发送信号，其他线对接收串扰信号，在链路远端测量得到经线路衰减了的串扰值，称为远端串扰（FEXT）。但是，由于线路的衰减，会使远端点接收的串扰信号过小，以致所测量的远端串扰不是远端的真实串扰值。因此，测量得到的远端串扰值在减去线路的衰减值后，得到的就是等效远端串扰。

8. 传输延迟（Propagation Delay）

这一参数代表了信号从链路的起点到终点的延迟时间。由于电子信号在双绞电缆并行传输的速度差异过大会影响信号的完整性而产生误码。因此，要以传输时间最长的一对为准，计算其他线对与该线对的时间差异。所以传输延迟的表示会比电子长度测量精确得多。两个线对间的传输延迟的偏差对于某些高速局域网来说是十分重要的参数。

常用的双绞线、同轴电线，它们所用的介质材料决定了相应的传输延迟。双绞线传输延迟为56ns/m，同轴电线传输延迟为45ns/m。

9. 回波损耗（RL, Return Loss）

该参数是衡量通道特性阻抗一致性的。通道的特性阻抗随着信号频率的变化而变化。如果通道所用的线缆和相关连接件阻抗不匹配而引起阻抗变化，造成终端传输信号量被反射回去，被反射到发送端的一部分能量会形成噪声，导致信号失真，影响综合布线系统的传输性能。反射的能量越少，意味着通道采用的电缆和相关连接件阻抗一致性越好，传输信号越完整，在通道上的噪声越小。

双绞线的特性阻抗、传输速度和长度、各段双绞线的接续方式和均匀性都直接影响结构回波损耗。

4.3 同轴电缆

网络同轴电缆（Coaxial Cable）是内外由相互绝缘的同轴心导体构成的电缆：内导体为铜线，外导体为铜管或网。电磁场封闭在内外导体之间，故辐射损耗小，受外界干扰影响小。常用于传送视频信号、数字信号或多路电话。

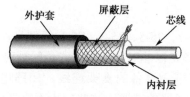

图4-8 同轴电缆的结构

同轴电缆的得名与它的结构相关。同轴电缆也是局域网中最常见的传输介质之一。它用来传递信息的一对导体按照一层圆筒式的外导体套在内导体（一根细芯）外面，两个导体间用绝缘材料互相隔离的结构制造，外层导体和中心轴心线的圆心在同一个轴心上，所以叫作同轴电缆。同轴电缆之所以设计成这样，也是为了防止外部电磁波干扰异常信号的传递。

同轴电缆从用途上分可分为基带同轴电缆（网络同轴电缆）、宽带同轴电缆（视频同轴电缆）和射频同轴电缆。其中，视频同轴电缆和射频同轴电缆在技术指标上没有太大的区别。

4.3.1 网络同轴电缆

网络同轴电缆根据其直径大小可以分为粗同轴电缆（粗缆）与细同轴电缆（细缆）。细缆的直径为 0.26 cm，最大传输距离 185 m，使用时与 50 Ω 终端电阻、T 形连接器、BNC 接头及网卡相连，线材价格和连接头成本都比较低，而且不需要购置集线器等设备，十分适合架设终端设备较为集中的小型以太网络。缆线总长不要超过 185 m，否则信号将严重衰减。细缆的阻抗是 50 Ω。

粗缆的直径为 1.27 cm，最大传输距离达到 500 m。由于直径相当粗，因此它的弹性较差，不适合在室内狭窄的环境内架设，而且 RG-11 连接头的制作方式也相对要复杂许多，并不能直接与计算机连接，它需要通过一个转接器转成 AUI 接头，然后接到计算机上。由于粗缆的强度较强，最大传输距离也比细缆长，因此粗缆的主要用途是扮演网络主干线的角色，用来连接数个由细缆结成的网络。粗缆的阻抗是 75 Ω。

粗缆适用于比较大型的局部网络，它的标准距离长，可靠性高，由于安装时不需要切断电缆，因此可以根据需要灵活调整计算机的入网位置，但粗缆网络必须安装收发器电缆，安装难度大，所以总体造价高。相反，细缆安装则比较简单，造价低，但由于安装过程要切断电缆，两头须装上基本网络连接头（BNC），然后接在 T 形连接器两端，所以当接头多时容易产生隐患，这是使用同轴线缆的以太网最常见的故障之一。

同轴电缆的优点是可以在相对长的无中继器的线路上支持高带宽通信，而其缺点也是显而易见的：①体积大，细缆的直径就有 3/8 英寸（约 0.952 cm）粗，要占用电缆管道的大量空间；②不能承受缠结、压力和严重的弯曲，这些都会损坏电缆结构，阻止信号的传输；③成本高。而所有这些缺点正是双绞线能克服的，因此在现在的局域网环境中，基本已被基于双绞线的以太网物理层规范所取代。

无论是粗缆还是细缆均为总线拓扑结构，即一根缆上接多部机器，这种拓扑适用于机器密集的环境，但是当某一触点发生故障时，故障会串联影响到整根缆上的所有机器。故障的诊断和修复都很麻烦，因此，已逐步被双绞线或光缆所取代。

4.3.2 视频同轴电缆

常有的视频同轴电缆有 75-7、75-5、75-3、75-1 等型号，特性阻抗都是 75 Ω，以适应不同的传输距离。视频同轴电缆是以非对称基带方式传输视频信号的主要介质。

视频同轴电缆主要应用范围：设备的支架连线、闭路电视（CCTV）、公用天线系统（MATV）及彩色或单色射频监视器的转送。这些应用不需要选择有特别严格电气公差的精密视频同轴电缆。

4.4 光纤和光缆

4.4.1 光纤的种类

光纤由折射率较高的纤芯和折射率较低的包层组成，在包层外面加上塑料护套，如图 4-9 所示。

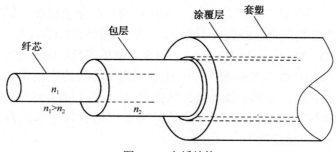

图 4-9 光纤结构

光纤按材料分：
（1）石英光纤：石英玻璃（SiO_2）。
（2）多种组分玻璃光纤。
（3）液芯光纤：细管内采用传光液体。
（4）塑料光纤：材料为塑料的传光传图像光纤。
（5）高强度光纤：以石英为纤芯和包层，外涂炭素材料。

按折射率分布分：
（1）突变型光纤；
（2）渐变型光纤；
（3）W 形光纤等。

按光纤内部能传输的电磁场的总模数（可激励的总模数）分：
（1）单模光纤；
（2）多模光纤。

按工作波长分：
（1）1 μm 以下的短波长光纤（0.85 μm）；
（2）1 μm 以上的长波长光纤（第一长波长 1.31 μm，第二长波长 1.55 μm，第三长波长 1.62 μm）。

当今用于通信的光纤一般为石英光纤，外径为 125 μm，传输带宽极宽，通信容量巨大。材料纯度达到 99.999 999%，折射率分布十分精确，这样光纤的传输带宽才能达到 10～100 kHz/km，以实现大容量通信。

4.4.2 光纤的主要参数

表征光纤特性的参数很多，这里仅从工程应用的角度介绍一些单模光纤的相关性能参数。

网络集成与综合布线

1. 几何特性

光纤的几何特性与施工有紧密的联系。光纤的几何特性包括包层直径、包层不圆度、芯直径、芯不圆度和芯/包层同心度误差。其中,单模光纤用模场直径代替几何意义上的芯直径。为了减少单模光纤的接续损耗,需要对光纤的模场直径容差及芯/包层同心度误差大小进行严格的控制。

（1）模场直径

单模光纤的基模不仅分布于纤芯中,而且有相当一部分能量在包层中传输,此时单模光纤纤芯直径的概念在物理上已经失去了意义,而改用模场直径的概念。

模场直径（MFD，Mode Field Diameter）用来表征单模光纤的纤芯区域基模光的分布状态。基模在纤芯区域轴心线处光强最大,并随着偏离轴心线的距离增大而逐渐减弱。一般将模场直径定义为光强降低到轴心线处最大光强的 $1/(e^2)$ 的各点中两点最大距离。模场直径的大小与所使用的波长有关,随着波长的增加模场直径增大。1 310 nm 典型值为 $9.2\pm0.5\ \mu m$，1 550 nm 典型值为 $10.5\pm1.0\ \mu m$。

模场直径越小,宏弯损耗和微弯损耗越小,但光纤连接损耗会增大。同时,随着纤芯直径的变小,纤芯中的光功率密度越来越大,非线性效应发生的显著性也逐渐增大。因此,对模场直径的规范应综合考虑。

（2）芯/包层同心度误差

芯/包层同心度误差是指光纤芯中心和包层中心之间的距离。该参数对光纤的接头损耗有很大影响。光纤连接损耗大致与同心度误差的平方成正比。

2. 弯曲损耗

光纤在使用过程中,弯曲是不可避免的。一种弯曲的情况是光纤弯曲半径远大于光纤直径,此时称为宏弯;另一种情况是光纤成缆时光纤轴线产生随机性弯曲,称为微弯。弯曲达到一定程度时,信号传输会产生损耗。

3. 光纤衰减

光纤传输中会产生衰减（率耗或损耗）,公式如下:

$$A = -10\log\frac{p_{出}}{p_{入}}$$

式中，$P_{出}$、$P_{入}$ 为输入端和输出端的光功率。

光纤的衰减来源主要分为以下几类。

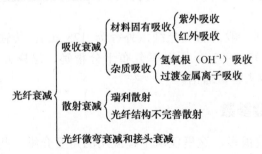

（1）材料吸收衰减

吸收衰减是光纤材料中的某些粒子吸收光能而产生振动，并以热的形式而散失掉。原因是材料中存在不需要的杂质离子，特别是过渡金属离子铜（Cu^{2+}）、铁（Fe^{2+}）、铬（Cr^{3+}）、钴（Co^{2+}）、锰（Mn^{2+}）、镍（Ni^{2+}）、钒（V）等和氢氧根负离子（OH^-，又称氢基）。其中，金属离子的吸收波峰（吸收带）在 0.5~1.1 μm 处，氢氧根负离子的基波吸收波峰在 2.73 μm 处，二次谐波吸收波峰在 1.38 μm 处，三次谐波吸收波峰在 0.95 μm 处。

要降低材料吸收的衰减，必须对原材料进行严格化学提纯，金属离子含量降到 ppb 级，氢氧化合物的杂质含量在 1 ppm 以下。

材料的本征吸收是固有的，紫外吸收的波长范围在 0.39 μm 以下，红外吸收的波长范围在 1.8 μm 以上。

（2）散射衰减

散射就是在光纤中传输遇到不均匀或不连续的情况时，会有一部分光散射到各个方向上去，不能到传输终点，从而造成散射衰减。

① 材料散射。

制造中造成的缺陷（如气泡杂质、不溶解粒子及折晶等）引起材料散射。

材料密度的不均匀造成折射率不均匀，引起瑞利散射，瑞利散射与波长有关，与光波的长的 4 次方（λ^4）成反比，波长越长，散射衰减越小，因此，长波长（1.1~1.65 μm）的衰减小于短波长（0.6~0.9 μm）的衰减。

降低材料散射衰减的方法是在熔炼光纤预制棒和拉丝时选择合适的工艺、清洁的环境。

② 光纤波导结构的不完善引起的散射。

a．光波导散射：光纤粗细不均匀、截面形状改变，导致光传输时一部分能量被辐射出去。要求拉丝工艺保证质量，借助热状态下的玻璃表面张力控制光纤截面的均匀。

b．包层与纤芯间的界面凹凸不平滑引起的衰减。

光遇到不平滑的包层界面时，一部分光透过包层出去，引起光的衰减，还会引起模式变换。

总之，光纤衰减除了材料吸收和材料散射外，其他衰减由工艺技术造成，衰减很大时（>10 dB/km），以材料吸收为主，而通信中的衰减主要来自波导散射和材料散射。

如图 4-10 所示，光衰减与波长有关，从曲线可知，石英光纤由三个衰减区（又称作低率耗"窗口"），第一衰减区为 0.6~0.9 μm，为短波长低率耗区。第二衰减区和第三衰减区分别为 1.0~1.35 μm 和 1.45~1.8 μm，为长波低衰耗区。

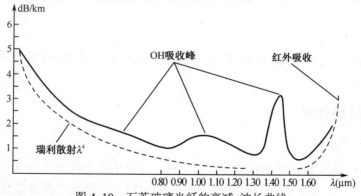

图 4-10　石英玻璃光纤的衰减-波长曲线

(3) 弯曲衰减和接头衰减

a. 宏弯衰减：光纤可弯曲，如果曲率半径过小，光就会从包层泄漏，因此在光纤制成缆、现场敷设（管道转弯）、光缆接头盒等场合可能出现弯曲衰减，描述为：

$$A_b = Ae - BR$$

式中，R 为弯曲半径，A、B 是与光纤参数（纤芯半径 a，光纤外径 $2b$，相对折射率差 Δ）有关的待定常数。

b. 微弯衰减

微弯是随机的，其曲率半径与光纤横截面尺寸相比拟地畸变。常发生在套塑、成缆、周围温度变化的场合。微弯衰减是光纤随机畸变的高次模与辐射模之间的耦合模所引起的光功率损耗。大小表示为：

$$A_m = N < h^2 > \frac{a^4}{b^6 \Delta^3} \left(\frac{E}{E_f} \right)^{\frac{3}{2}}$$

式中，N 是随机微弯的个数；h 是微弯凸起的高度；<>表示统计平均符号；E 是涂层料的杨氏模量；E_f 是光纤的杨氏模量；a 为纤芯半径；b 为光纤外半径；Δ 为微光纤的相对折射率差。

c. 接头衰减

光通信中两个中继站之间的长光纤是由许许多多的短光纤连接起来的（一般每 2 km 一段），采用熔接（≤0.05 dB）或冷接（≤0.1 dB）技术，因此存在接头损耗，一般的熔接要求两根光纤的轴心偏移不超过 10%。

4. 色度色散

色度色散是指光源光谱中不同波长的光波在光纤中传输时群时延差引起的光脉冲展宽现象。由于单模光纤只传输一种模式，所以不存在模间色散，而主要是材料色散、波导色散和剖面色散组成。表征色度色散的参数主要有以下几种。

(1) 色度色散系数

色度色散系数 $D(\lambda)$ 是指单位光源谱宽和单位长度光纤的色度色散，单位为 ps/(nm·km)。

(2) 零色散波长 λ_0

当波导色散和材料色散在某个波长处相互抵消而使总的色度色散为 0 时，该波长即为零色散波长。

(3) 零色散斜率 S_0

在零色散波长处，色散系数随波长变化的斜率即为零色散斜率，单位为 ps/(nm^2·km)

4.4.3 光纤预处理

1. 光纤的一次涂覆

通用光纤的外径按 ITU-T 的规定为 125 μm，其中单模光纤纤芯在 8～25 μm 之间，多模光纤纤芯在 15～50 μm 之间。玻璃是脆性断裂材料，在空气中裸露会发生腐蚀，只要用

100 克左右的拉力就可以导致光纤断裂。为保护光纤的表面，提高抗拉强度和抗弯曲度，需要给光纤涂覆硅酮树脂或聚氨甲酸乙酯。

通常采用两层涂覆：第一层用变性硅酮树脂，可吸收包层透过的光；第二层采用普通的硅酮树脂，涂层较厚，有利于提高低温和抗微弯性能。

2．光纤的二次涂覆

为了便于操作和提高光纤成缆时的抗张力，在一次涂覆的基础上再套上尼龙、聚乙烯或聚酯等塑料。以保护光纤的一次涂覆，提高机械强度。

松套光纤是在一次涂覆层的外面，再包上塑料套管，套管中注入防水油膏，塑料套管的膨胀系数比石英光纤大三个数量级，光纤的纤芯到套管中心距离大于 0.3 mm，使光纤在套管收缩时依旧可在管内滑动。

紧套光纤在一次涂覆层外再紧紧套上尼龙或聚乙烯等塑料管，使光纤不能自由活动。

3．光纤色谱

光纤在制成光缆之前，通常首先要着色，即在光纤涂覆层的外面着上不同的颜色，以便做成光缆后区分同一根松套管内的多根光纤。不同的光缆厂家规定的光纤色谱可能会不同。目前，国内绝大多数厂家都统一采用通信电缆的色谱，颜色编号顺序如表 4-10 所示。

表 4-10　光纤色序

序号	1	2	3	4	5	6	7	8	9	10	11	12
颜色	蓝	橘	绿	棕	灰	白	红	黑	黄	紫	粉红	青绿

4.4.4　光纤的连接

光通信系统中除了光源和光检测器件外，还有一些不用电源的光通路元器件——无源光器件。在安装任何光纤通信系统时，必须考虑以低损耗的方式把光纤连接起来，要求尽量减少在连接的地方出现的光的反射。

光纤的连接有永久性和活动性两种。永久性连接的称固定接头，使用熔接（热接）或冷接（接续子）；活动性连接为活接头（机械接头），使用珐琅盘、FC/PC、SC 等活动连接器。

光纤作为光波导，遇到不连续点就产生损耗或反射，无论是固定接头还是活动接头，都是特定的不连续点。对于固定接头，光波将产生较大的瑞利散射；对于活动接头，则是更大的菲涅尔反射。

光纤的连接必须满足以下几点要求。

（1）插入损耗要小。接头的插入损耗的大小直接影响光纤系统的无中继距离，一般要求接头的插入损耗小于 0.3 dB。

（2）接头要保证有足够的机械强度。光纤和光缆在敷设过程中要承受各种拉力、弯折和挤压，在外护层和护套的作用下光纤受到保护。在光纤的连接处，由于外护层和护套被剥去，光纤芯线受到较大的力，因此需要靠连接头来传递两根芯线的外护层之间的拉力，并使接头不直接承受压力和折弯力。

（3）密封。用以防水和防潮。

（4）操作方便。在多数情况下，光纤的连接在施工现场进行，操作条件比较差，连接头的使用必须简单、方便。

除了几何偏移外，在制造中因为两根光纤几何特性和波导特性的差异，也产生耦合损耗。包括：光纤的芯径、纤芯的椭圆度、数值孔径、剖面折射率分布及纤芯与包层的同心度等。

连接两根光纤之前，必须准备光纤的端面，保证平滑并与轴线垂直，防止连接点的偏转与散射。一般的方法有研磨、抛光与切割。研磨和抛光可得到较好的端面，但不用于现场，切割需要在光纤上划一道刻痕，利用表面产生应力集中而折断，应力控制不好时将产生裂纹分叉。

总之，光纤连接分类如图 4-11 所示。

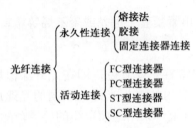

图 4-11 光纤连接的分类

1. 光纤的永久连接

1）光纤的熔接技术

20 世纪 70 年代初，已使用镍铬丝通电作为热源，对光纤进行熔接；中期开始采用电弧放电法，用微机机构和显微镜来控制光纤对正。20 世纪 80 年代采用"预加热熔接法"，通过电弧对光纤端面进行预热整形，然后再放电。这就是光纤熔接机的基本原理。目前最好的熔接机对单模光纤的平均损耗达到 0.03 dB。

熔接的过程包括端面的准备、纤芯的对正、熔接和接头增强等。

端面准备：使用切割刀，如 Siemens 的 A8 切割刀、谷河的 1-2-3 切割刀。

纤芯对正：PAS 技术通过 CCD 摄像和计算机处理，在 X、Y、Z 轴 3 个方向进行最佳对正，如 Siemens 的 L-PAS 和 LID 系统，通过自身发射激光并检测最大的光功率来调整对正。

熔接：让两根光纤保持几微米的间隙进行预熔。最后通过高温电弧使光纤熔接在一起，Siemens 的 LID 系统通过发射激光可以调节放电时间，达到最佳熔接效果。之后，用大约 4 牛顿的力进行拉力测试。目前的熔接机对正和熔接、拉力测试可全自动进行。

接头增强：用热缩管对熔接点进行保护和增强。

胶接法原理与熔接法雷同。

2）固定连接器技术

图 4-12 所示为常用固定连接器外形，图 4-12（a）为依靠毛细管定位的连接器，如 3M 的接续子，Siemens 的 camsplice；图 4-12（b）为 V 形槽连接，V 形槽角度一般为 60° 左右，如 3M 的接续子，Siemens 的 camsplice。固定连接器的损耗一般在 1 dB 左右。

第 4 章 电线电缆

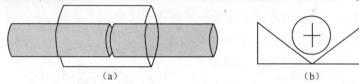

图 4-12 光纤的固定连接

2. 光纤的活动连接

光纤的活动连接器可重复拆装，形似电缆连接器，但加工精度高，主要是保证插入损耗小，重复性好。光纤活动连接器广泛应用于传输线路、光配线架和光测试仪表中。

光纤活动连接器按结构分为调心型和非调心型；按连接方式分为对接耦合式和透镜耦合式；按光纤相互接触关系分为平面接触式和球面接触式等。使用最多的是非调心型对接耦合式，如平面对接式（FC）、直接接触式（PC）、矩形（SC）活动连接器，还有 APC、ST 等。

4.4.5 光缆

光纤虽然具有一定的抗拉强度，但是经不起实用场合的弯曲、扭曲和侧压力的作用。因此，必须像通信用的铜缆一样，借用传统的绞合、套塑、金属带铠装等成缆工艺，并在缆芯中放置强度元件材料，制成不同环境下使用的多品种光缆，使之能适应工程要求的敷设条件，承受实用条件下的抗拉、抗冲击、抗弯、抗扭曲等机械性能，以保证光纤原有的好的传输性能不变。

光缆性能的好坏在很大程度上取决于光纤性能的好坏，因此，光纤必须符合 ITU-T 规定的技术指标要求。光纤在成缆绞合、铠装、敷设安装和气候环境温度变化的情况下会引起衰耗的增加。例如，光纤套塑材料（聚乙烯、尼龙、聚丙烯等）的膨胀系数比石英玻璃光纤大 3 个数量级，因此在低温收缩时会使光纤的微弯增大，为了避免上述有害现象，在生产中采用紧套光纤、松套光纤结构。

同时光纤必须能够承受足够的拉力，纯净光纤本身的拉力极大，达到 $2\,000\ kg/mm^2$，但是由于杂质、气泡、微粒等原因，拉丝的平均强度只有 $10\sim30\ kg/mm^2$，换算成 125 μm 的标准通信光纤的断裂强度为 4.89 kg。但目前国内外厂家的光纤平均抗拉强度在 $600\sim800$ g 左右。

根据我国光缆生产的实际情况和各地区使用条件的不同，光缆品种按使用温度范围可分为四级，北方地区多用 A、B 两种，南方地区多用 C、D 两种。

① 层绞式光缆。

层绞式光缆一般是由松套光纤以制电缆的方式构成的光缆（古典式），这种结构在全世界应用广泛，是早期光通信常用的光缆。层绞式光缆结构图如图 4-13 所示。这种光缆一般为 6~12 芯光纤，按管道、架空和直埋的敷设要求其保护层稍有不同，一般来说，在市话网络中采用管道，在长途线路上采用直埋，在乡村等地采用架空。如图 4-14 所示 6 芯松套层绞式光缆，中间为实芯钢丝和纤维增强塑料（FRP，无金属光缆），松套光纤扭绞在中心增强件周围，用包带固定，外面增加皱纹钢（凯装甲），外护套采用 PVC 或 AL-PE 粘护层。光纤在塑料套管中有一定的余长，使光缆在被拉伸时有活动的余地，因此，光缆长度不等于光纤的长度，一般采用光缆系数来描述两者的比例。

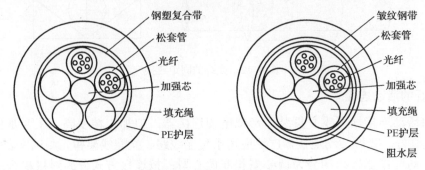

图 4-13 层绞式光缆结构图

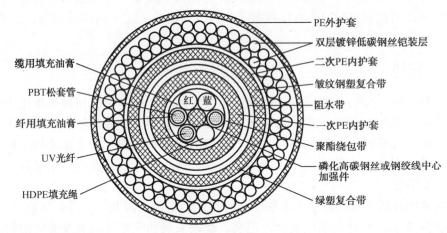

图 4-14 某型号光缆实际结构

② 骨架式光缆。

骨架式光缆（见图 4-15）是将紧套光纤或一次涂覆光纤放入螺旋形塑料骨架凹槽内而构成，骨架的中心是加强元件。在骨架式光缆的一个凹槽内，可放置一根或几根涂覆光纤，也可放置光纤带，从而构成大容量的光缆。骨架式光缆对光纤保护较好，耐压、抗弯性能较好，但制造工艺复杂。

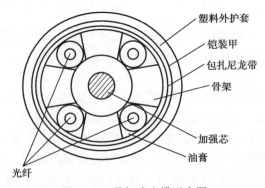

图 4-15 骨架式光缆示意图

③ 束管式光缆。

中心束管式光缆中，将数根一次涂覆光纤或光纤束放入一个大塑料套管中，加强元件配置在塑料套管周围。对光纤的保护来说，束管式结构光缆最合理，如图 4-16 所示为美国朗讯（LUCENT）的 LXE 光缆，利用放置在护层中的两根单股钢丝作为两根加强芯，光缆强度好，尤其耐侧压，在束管中光纤的数量灵活，如 LXE 光缆外径为 11.0 mm（52 kg/km）的光纤容量为 4～48 芯，外径为 13.3 mm（57 kg/km）的光纤容量为 50～96 芯。

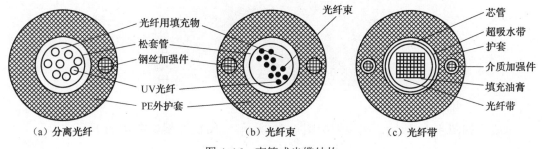

图 4-16　束管式光缆结构

④ 带状光缆。

带状光缆是将多根一次涂覆光纤排列成行，制成带状光纤单元，然后把带状光纤单元放在塑料套管中，形成中心束管式结构；也可以把带状光纤单元放入凹槽内或松套管内，形成骨架式或层绞式结构。带状结构光缆的优点是可容纳大量的光纤（一般在 100 芯以上），满足作为用户光缆的需要；同时每个带状光缆单元的接续可以一次完成，以适应大量光纤接续、安装的需要。

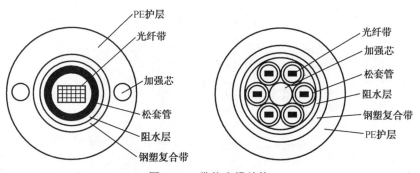

图 4-17　带状光缆结构

4.5　电线电缆连接装置

4.5.1　配线架

配线架（Distribution Frame）是实现线缆接续的重要部件，根据接续线缆的不同，可以分为音频配线架（ADF，Audio Distribution Frame）、数字配线架（DDF，Digital Distribution Frame）、光纤配线架（ODF，Optical Distribution Frame）和综合配线架（MDF，Multiple Distribution Frame）。另有专门用于数据网络双绞线接续的网络配线设备。

1. 音频配线架

音频配线架（见图 4-18）主要用于音频线缆的接续，此类配线架多采用卡接式连接。

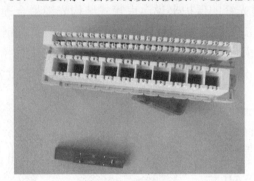

图 4-18 配线架

卡线刀如图 4-19 所示，配线架如图 4-20 所示，110 配线架如图 4-21 所示。

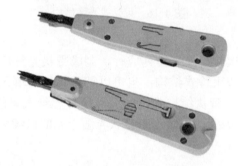

图 4-19 卡线刀

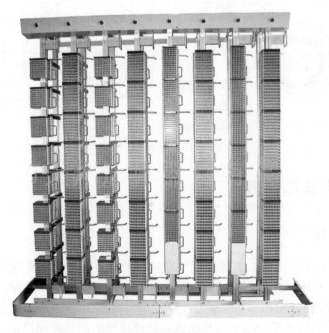

图 4-20 配线架

第 4 章　电线电缆

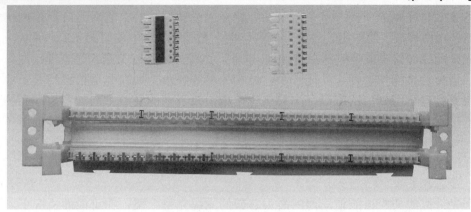

图 4-21　110 配线架

2. 数字配线架

数字配线架是数字复用设备之间、数字复用设备与程控交换设备或非话业务设备之间的配线连接设备。

数字配线架又称高频配线架，在数字通信中越来越有优越性，它能使数字通信设备的数字码流连接成为一个整体，速率为 2~155 Mbps 信号的输入、输出都可终接在 DDF 架上，这为配线、调线、转接、扩容都带来了很大的灵活性和方便性，如图 4-22 所示。

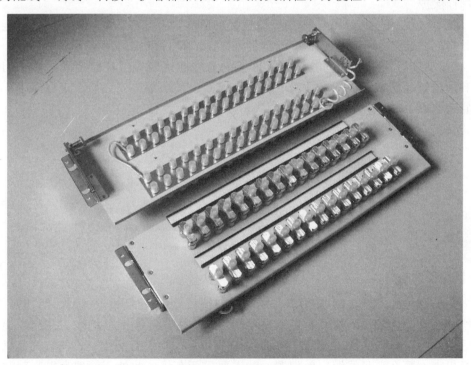

图 4-22　数字配线架

3. 光纤配线架

光纤配线架是光传输系统中一个重要的配套设备，它主要用于光缆终端的光纤熔接、

179

光连接器安装、光路的调接、多余尾纤的存储及光缆的保护等,它对光纤通信网络安全运行和灵活使用有着重要的作用。过去 10 多年里,光通信建设中使用的光缆通常为几芯至几十芯,光纤配线架的容量一般都在 100 芯以下,这些光纤配线架越来越表现出尾纤存储容量较小、调配连接操作不便、功能较少、结构简单等缺点。现在光通信已经在长途干线和本地网中继传输中得到广泛应用,光纤化也已成为接入网的发展方向。各地在新的光纤网建设中都尽量选用大芯数光缆,这样就对光纤配线架的容量、功能和结构等提出了更高的要求。

光纤配线架的选型应重点考虑以下几个方面。

(1)纤芯容量

一个光纤配线架应该能使局内的最大芯数的光缆完整上架,在可能的情况下,可将相互联系比较多的几条光缆上在一个架中,以方便光路调配。同时配线架容量应与通用光缆芯数系列相对应,这样在使用时可减少或避免由于搭配不当而造成光纤配线架容量浪费。

(2)功能种类

光纤配线架作为光缆线路的终端设备应具有 4 项基本功能。

① 固定功能。光缆进入机架后,对其外护套和加强芯要进行机械固定,加装地线保护部件,进行端头保护处理,并对光纤进行分组和保护。

② 熔接功能。光缆中引出的光纤与尾缆熔接后,将多余的光纤进行盘绕储存,并对熔接接头进行保护。

③ 调配功能。将尾缆上连带的连接器插接到适配器上,与适配器另一侧的光连接器实现光路对接。适配器与连接器应能够灵活插拔;光路可进行自由调配和测试。

④ 存储功能。为机架之间各种交叉连接的光纤连接线提供存储空间,使它们能够规则、整齐地放置。配线架内应有适当的空间和方式,使这部分光连接线走线清晰、调整方便,并能满足最小弯曲半径的要求。

24 芯光纤配线架如图 4-23 所示。

图 4-23 24 芯光纤配线架

4. 网络配线架

网络配线架(见图 4-24)是用以在局端对前端信息点进行管理的模块化设备。前端的信息点线缆(超 5 类或 6 类线)进入设备间后首先进入配线架,将线搭在配线架的模块上,然后用跳线(RJ45 接口)连接配线架与交换机。如果没有配线架,前端的信息点将直接到交换机上,那么一旦线缆出现问题,就需要重新布线。此外,管理上也比较混乱,多次插拔可能引起交换机端口的损坏。配线架的存在就解决了这个问题,可以通过更换跳线来实现较好的管理,如图 4-25 所示。用法和用量主要是根据总体网络点的数量或该楼层的网络点数量来配置。不同的建筑、不同系统设计,主设备间的配线架都会不同。例如,一

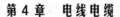

第 4 章　电线电缆

栋建筑只有四层，主设备间设置在一层，所有楼层的网络点均进入该设备间，那么配线架的数量就等于该建筑所有的网络点/配线架端口数（24 口、48 口等），并加上一定的裕量。

图 4-24　网络配线架

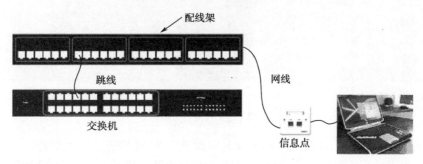

图 4-25　网络连接示意图

4.5.2　连接器

1. 水晶头

水晶头是双绞线网络中重要的接口设备，是一种能沿固定方向插入并自动防止脱落的塑料接头，常用于电话及网络通信，因其外观像水晶一样晶莹透亮而得名为"水晶头"。

水晶头采用 RJ（Registered Jack）形接口，常用的有 RJ11 及 RJ45。其中 RJ11 即常用的电话水晶头，RJ45 为网络水晶头。

根据水晶头的尺寸及结构，其型号包括 8P8C（常用网线接头）、6P4C（常用电话线接头）等，8P 或 6P 表明水晶头的插槽数为 8 或 6，8C 或 4C 表明水晶头有 8 个或 4 个铜片。

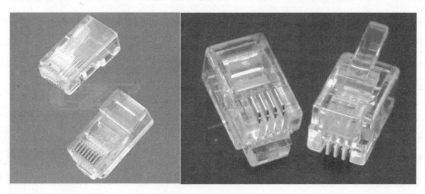

图 4-26　水晶头

181

2. 同轴电缆接头

DDF 侧常用同轴连接器为 L9（1.6/5.6）接头，俗称西门子同轴头，因西门子 DDF 架使用的同轴连接器而得名。具有螺纹锁定机构射频同轴连接器、连接尺寸为 M9×0.5。L9 连接器的导体接触件材料为铍青铜、锡磷青铜，连接器内导体接触区域的镀金厚度不小于 2.0 μm。L9 是国内的叫法，国际上称作 1.6/5.6 同轴连接器。

L9 头常见有 3 种规格，主要区别是配合使用的线缆口径大小不同，具体如图 4-27 所示。

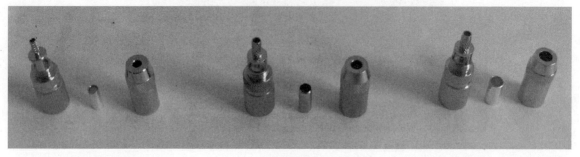

（a）使用在 2 M 线上　　　　（b）使用 75 Ω 的线上　　　　（c）使用在新型 45 M 线上

图 4-27　L9 接头

适配器接口形式常用 BNC 接头，为卡口形式，安装方便且价格低廉。国内还常用到 Q9 接头，它和 BNC 在接口尺寸上稍有差异，但大体是一样的，可以互相代用。Q9 国内用得比较多，BNC 是国际标准，现在很多国内的 Q9 也都是按照 BNC 的标准来做的。

图 4-28　BNC 接头

另外还有 SMA、SMB、TNC 等接头。其中 SMA、TNC 接头为螺母连接，满足高震动环境对连接器的要求。SMB 则为插拔式，具有快速连接/断开功能。还有用于同轴线的接头及常见的视音频莲花头等。

3. 光纤连接器

（1）活动连接器

① FC 连接器（见图 4-29）。

这种连接器最早是由日本 NTT 研制的。FC 是 Ferrule Connector 的缩写，表明其外部加强方式是采用金属套，紧固方式为螺丝扣。优点是结构简单、操作方便、制作容易。

第 4 章　电线电缆

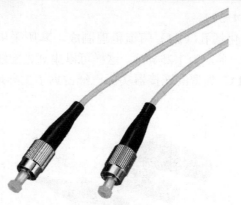

图 4-29　FC 连接器

② SC 连接器（见图 4-30）。

SC 连接器由日本 NTT 公司开发，其外壳呈矩形，所采用的插针与耦合套筒的结构尺寸与 FC 型完全相同，紧固方式是采用插拔销闩式，不需要旋转。

此类连接器价格低廉，插拔操作方便，插入损耗波动小，抗压强度较高，安装密度高。

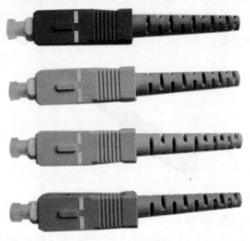

图 4-30　SC 连接器

③ ST 连接器（见图 4-31）。

采用带键的卡口式锁紧结构，插针体为外径 2.5 mm 的精密陶瓷插针，插针的端面形状通常为 PC 面。

图 4-31　ST 连接器

④ LC 连接器（见图 4-32）。

采用操作方便的模块化插孔（RJ）闩锁机理制成。其所采用的插针和套筒的尺寸是普通 SC、FC 等所用尺寸的一半，为 1.25 mm。这样可以提高光配线架中光纤连接器的密度。

目前，在单模方面，LC 类型的连接器实际已经占据了主导地位，在多模方面的应用也在增长迅速。

图 4-32　LC 连接器

⑤ MU 连接器（见图 4-33）。

MU（Miniature Unit Coupling）连接器是以目前使用最多的 SC 型连接器为基础，由 NTT 研制开发出来的世界上最小的单芯光纤连接器。该连接器采用 1.25 mm 直径的陶瓷插针和自保持机构，其优势在于能实现高密度安装。随着光纤网络向更大带宽、更大容量方向的迅速发展和 DWDM 技术的广泛应用，对 MU 型连接器的需求也将迅速增加。

图 4-33　MU 连接器

⑥ 带状光纤连接器（见图 4-34）。

其多采用插拔式锁紧结构。其较小的端口尺寸简化了装配难度，降低了成本，同时也降低了高速系统的辐射噪声，是主要用于数据传输的下一代高密度光纤连接器。

MT-RJ 连接器起步于 NTT 开发的 MT 连接器，带有与 RJ-45 型 LAN 电连接器相同的闩锁机构，通过安装于小型套管两侧的导向销对准光纤；接器端面光纤的双芯（间隔 0.75 mm）排列设计便于其与光收发信机相连。

图 4-34　MT-RJ 带状光纤连接器

采用高精度模塑法开发出的带有 MT 套管的低损耗 MPO/MTP（多纤推拉式）带状光纤连接器（见图 4-35）可一次同时接通 4、8 和 12 等多芯光纤，非常有利于高速和高密度数据传输系统的开发。

图 4-35 MPO/MTP 带状光纤连接器

适配器按外形结构可分为 FC、SC、ST、MU、LC、MT-RJ、MPO、MPX 等；按端面可分为 PC、APC 等。

（2）光缆接续盒

光缆接续盒又叫光缆接头盒（见图 4-36），用于连接不同段的光缆。光缆接续盒的内部结构包括以下几部分。

① 支撑架：是内部构件的主体。

② 光缆固定装置：用于光缆与底座固定和光缆加强元件固定。一是光缆加强芯在内部的固定；二是光缆与支撑架夹紧的固定；三是光缆与接头盒进出缆用热缩护套密封固定。

③ 光纤安放装置：能有顺序地存放光纤接头和余留光纤，余留光纤的长度应不小于 1 m，余留光纤盘放的曲径不小于 35 mm。其中收容盘多达四层，容量较大，并能根据光缆接续的芯数调整收容盘。

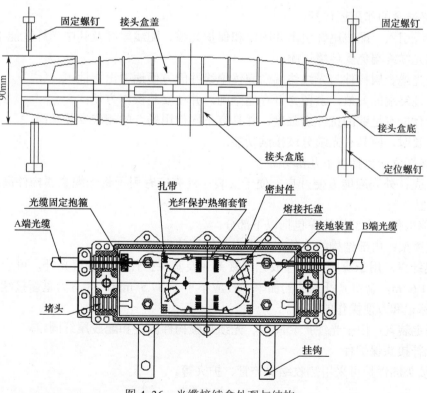

图 4-36 光缆接续盒外观与结构

接续盒按光缆连接方式可分为直通型和分歧型；按是否可以装配适配器可以分为可装配适配器型和不可装配适配器型；按外壳材料可分为塑料外壳型和金属外壳型。

（3）光缆终端盒

光缆终端盒简称 OTB，又叫光纤终端盒，很多工程商也称其为光缆盘纤盒（见图 4-37），是在光缆敷设的终端保护光缆和尾纤熔接的盒子，主要用于室内光缆的直通力接和分支接续及光缆终端的固定，起到尾纤盘储和保护接头的作用。

图 4-37　光缆终端盒

光缆终端盒的作用还包括：

① 光缆引入、配线尾纤引出并固定和保护光缆、配线尾纤及其中光纤性能不受损伤；
② 使光缆终端免受环境影响；
③ 使光缆金属构件与光缆终端盒壳体绝缘并能方便地引出接地；
④ 光缆终端的安放，余留光纤存储空间，并使安装操作方便；
⑤ 盒体能有足够的抗冲击强度，并具有不同使用场合的相应安装功能；
⑥ 必要时，应具有光缆分歧接续功能。

光缆终端盒应包括以下几部分。

① 外壳：外壳应能方便开启，便于安装；外壳应有用于将光缆金属构件高压防护接地的引出装置。

② 内部构件：内部构件应包括以下部分。

a．支撑架：内部结构的主体，用于内部结构的支撑。

b．集纤盘：用于有顺序地存放光纤接头（及其保护件）和余留光纤，可余留光纤的长度不小于 1.6 m，余留光纤盘放的曲率半径应不小于 37.5 mm，并有为重新接续提供容易识别纤号的标记和方便操作的空间。

c．固定装置：用于光缆护套固定、光缆加强构件固定和配线尾纤固定。

③ 光纤接头保护件。

光纤接头的保护可采用热收缩保护管、护夹等。

思考与练习题 4

1. 什么是双绞线？双绞线有哪些用途？
2. 双绞线的性能指标有哪些？
3. 同轴电缆按用途可以分为哪几类？请简单描述网络同轴电缆和视频同轴电缆的特点。
4. 光纤按材料可分为_____和_____等；按折射率分布可分为_____和_____等；按内部能传输的电磁场的总模数可分为_____和_____；按工作波长可分为_____和_____。
5. 体现光纤性能的主要参数有哪些？
6. 光纤的永久连接方法有哪些？光纤的活动连接方法有哪些？

第5章 综合布线系统标准与设计

综合布线系统（PDS，Premises Distribution System）又称建筑物结构化综合布线系统（SCS，Structured Cabling System），也称开放式布线系统，是一种在建筑物和建筑群中综合数据传输的网络系统。它把建筑物内部的语音交换、智能数据处理设备及其他广义的数据通信设施相互连接起来，并采用必要的设备同建筑物外部数据网络或电话局线路相连。结构化布线系统根据各节点的地理分布情况、网络配置情况和通信要求安装适当的布线介质和连接设备，是智能系统建筑工程的重要组成部分。

5.1 综合布线的概念与特点

5.1.1 综合布线的定义

1997年9月发布的 YD/T 926.1—1997 通信行业标准《大楼通信综合布线系统第一部分：总规范》中，对综合布线系统的定义是：通信电缆、光缆、各种软电缆及有关连接硬件构成的通用布线系统，它能支持多种应用系统。即使用户尚未确定具体的应用系统，也可进行布线系统的设计和安装。综合布线系统中不包括应用的各种设备。

目前，建筑物与建筑群综合布线系统（综合布线系统）是指一幢建筑物内（或综合性建筑物）或建筑群体中的信息传输媒质系统。它将相同或相似的缆线（如双绞线、同轴电缆或光缆）、连接硬件组合在一套标准且通用的、按一定秩序和内部关系而集成的整体中。

随着科学技术的发展，综合布线系统会逐步得到提高和完善，形成能真正充分满足智能化建筑所要求的系统。

5.1.2 综合布线的发展历史

20 世纪 50 年代，经济发达的国家在城市中兴建新式大型高层建筑，为了增加和提高建筑的使用功能和服务水平，首先提出楼宇自动化的要求，在房屋建筑内装有各种仪表、控制装置和信号显示等设备，并集中控制、监视，以便于运行操作和维护管理。因此，这些设备都需要分别设有独立的传输线路，将分散设置在建筑内的设备相连，组成各自独立的集中监控系统，这种线路一般称为专业布线系统，也就是现在所说的传统布线系统。

20 世纪 80 年代以来，随着科学技术的不断发展，尤其是通信、计算机网络、控制和图形显示技术的相互融合和发展，以及高层房屋建筑服务功能的增加和客观要求的提高，传统的专业布线系统已经不能满足需要。由于传统布线系统的不同应用系统（电话、计算机系统、局域网、楼宇自控系统等）布线各自独立，不同的设备采用不同的传输线缆构成各自的网络，同时，连接线缆的插座、模块及配线架的结构和生产标准不同，相互之间达不到公用的目的，加上施工时期不同，致使形成的布线系统存在极大的差异，难以互换通用。为此，发达国家开始研究和推出综合布线系统。1984 年全世界公认的第一栋智能建筑在美国康涅狄格州（Connecticut）的哈特福（Hartford）市建造成功。此后，国外建筑业在应用 IT 技术方面飞速发展，智能化家居技术已经达到很高水平。

20 世纪 80 年代后期综合布线系统逐步引入我国。近几年来我国国民经济持续高速发展，城市中各种新型高层建筑和现代化公共建筑不断建成，尤其是作为信息化社会象征之一，智能化建筑中的综合布线系统已成为现代化建筑工程中的热门话题，也是建筑工程和通信工程中设计和施工相互结合的一项十分重要的内容。

5.1.3 综合布线的优点

布线技术是从电话预布线技术发展起来的，经历了从非结构化布线系统到结构化布线系统的过程。作为智能化楼宇的基础，综合布线系统是必不可少的，它可以满足建筑物内部及建筑物之间的所有计算机、通信及建筑物自动化系统设备的配线要求。综合布线同传统的布线相比，有着许多优越性。其优点主要表现在具有兼容性、开放性、灵活性、可靠性、先进性和经济性，而且在设计、施工和维护方面给人们带来了许多方便。

1. 兼容性

综合布线的首要特点是它的兼容性。兼容性是指其自身是完全独立的，与应用系统相对无关，可用于多种系统中。由于它是一套综合式的全开放式系统，因此它可以使用相同的电缆与配线端子排，以及相同的插头与模块化插孔、适配器，可以将不同厂商设备的不同传输介质全部转换成相同的屏蔽或非屏蔽双绞线。

综合布线将语音、数据与监控设备的信号线经过统一的规划和设计，采用相同的传输媒体，信息插座、交连设备、适配器等，把这些不同信号综合到一套标准的布线中。由此可见，这种布线比传统布线更加简化，可节约大量的物资、时间和空间。

在使用时，用户可不定义某个工作区的信息插座的具体应用，只把某种终端设备（如个人计算机、电话、视频设备等）插入这个信息插座，然后在管理间和设备间的交接设备上做相应的接线操作，这个终端设备即可被接入到对应的系统中。

2. 开放性

对于传统的布线方式，只要用户选定了某种设备，也就选定了与之相适应的布线方式和传输媒体。如果更换另一种设备，那么原来的布线就要全部更换。对于一个已经完工的建筑物，这种变化是十分困难的，要增加很多投资。而综合布线由于采用开放式体系结构，符合多种国际上现行的标准，因此它是开放的，如支持计算机设备、交换机设备等；并支持所有通信协议，如 ISO/IEC 8802-3、ISO/IEC 8802-5 等。

3. 灵活性

传统的布线方式是封闭的，其体系结构是固定的，迁移设备或增加设备是相当困难而麻烦的，甚至是不可能的。综合布线采用标准的传输线缆和相关连接硬件的模块化设计，因此所有通道都是通用的。每条通道可支持终端、以太网工作站及令牌环网工作站。由于综合布线系统采用相同的传输介质、星形拓扑结构，因此所有信息通道都是通用的，信息通道可支持电话、传真、多用户终端、ATM 等。所有设备的开通及更改均不需要变布线系统，只需增减相应的网络设备并进行必要的跳线管理即可。另外，组网也可灵活多样，甚至在同一房间可有多个用户终端，以太网工作站、令牌环网工作站可以并存，系统组网也可灵活多样，各部门既可独立组网又可方便地互连，为用户组织信息流提供了必要条件。

4. 可靠性

传统的布线方式由于各个应用系统互不兼容，因而在一个建筑物中往往要有多种布线方案。因此系统的可靠性要由所选用的布线可靠性来保证。当各应用系统布线不当时，还会造成交叉干扰。综合布线采用高品质的材料和组合压接的方式构成一套高标准的信息传输通道。每条通道都采用专用仪器校验、校对线路衰减、串音、信噪比，以保证其电气性能。系统布线全部采用物理型拓扑结构，应用系统布线全部采用点到点端接，结构特点使得任何一条线路的故障均不影响其他线路的运行，同时为线路的运行维护及故障检修提供了极大的方便，所有线槽和相关连接件均通过 ISO 认证，从而保障了系统的可靠运行。各应用系统往往采用相同的传输媒体，因而可互为备用，提高了备用冗余度。

5. 先进性

综合布线系统采用光纤与五类或六类双绞线混合布线方式，所有线缆均采用世界上最新的通信标准，所有信息通道均根据 ISDN 标准按八芯双绞线配置。超五类双绞线带宽达 100 MHz，最大数据传输速率可达 100～155 Mbps，六类双绞线带宽可达 200～250 MHz，最大传输速率可达 1 000 Mbps，对于特殊用户需求，可把光纤敷到桌面（Fiber to the Desk），这样，线路的带宽完全取决于接入设备端口的带宽。通过主干通道可同时多路传输多媒体信息，同时物理星形的布线方式为将来发展交换式网络奠定了坚实的基础，为同时传输多路实时多媒体信息提供了足够的带宽容量。

6. 经济性

综合布线比传统布线具有经济性的优点，综合布线可适应相当长时间的需求，而传统布线适应时间较短且改造很费时，影响日常工作。与传统布线方式相比，综合布线是一种既具有良好的初期投资特性，又具有极高的性能价格比的高科技产品，布线产品均符合国

第 5 章 综合布线系统标准与设计

际标准 ISO/IEC 1180 和美国标准 EIA/TIA 568，为用户提供安全、可靠的优质服务。

综合布线较好地解决了传统布线方法存在的许多问题，随着科学技术的迅猛发展，人们对信息资源共享的要求越来越迫切，尤其是以电话业务为主的通信网逐渐向综合业务数字网（ISDN）过渡，越来越重视能够同时提供语音、数据和视频传输的集成通信网。因此，综合布线取代传统布线是历史发展的必然趋势。

5.1.4　综合布线的意义

应用综合布线系统可以降低整体实施成本，方便日后升级及维护，因而是目前企业信息化实施的主流方向。与传统布线方式相比，综合布线是一种既具有良好的初期投资特性，又具有极高的性能价格比的高科技产品。

1. 随着应用系统的增加，综合布线系统的投资增长缓慢

综合布线与传统布线初期投资比较如图 5-1 所示。由图中可以看出，当应用系统数是 1 时，传统布线投资约为综合布线的一半，但当应用系统个数增加时，传统布线方式的投资增长得很快，其原因在于所有布线都是相对独立的，每增加一种布线就要增加一份投资。而综合布线初期投资较大，但当应用系统的规模增加时，其投资增加幅度很小。其原因在于：各种布线是相互兼容的，都采用相同的缆线和相关连接硬件，电缆还可穿在同一管道内。从图 5-1 还可看出，当一座建筑物有 2~3 种传统布线时，综合布线与传统布线两条曲线相交，形成一个平衡点，此时两种布线投资大体相同。

2. 综合布线系统具有较高的性价比

综合布线相对于传统布线在经济性方面的主要优势在于性价比随时间推移不断升高。从图 5-2 可以看出，综合布线系统的使用时间越长，它的高性能价格比体现得越充分。从图中还可以看出，随着时间的推移，综合布线方式的曲线是上升的，而传统布线方式的曲线是下降的。在布线系统竣工初期，用于系统维护的费用比较低，综合布线方式的高性价比优势还体现不出来。但是，随着使用期的延长，系统会不断出现新的需求、新的变化、新的应用，传统布线系统显得无能为力，就需要重新布线。而且由于传统布线方式管理困难，使系统维护费用急剧上升。相反，由于综合布线系统在设计之初就已经考虑了未来应用的可能变化，所以它能适应各种需求，而且管理维护也很方便，为用户节省了大量运行维护费用。

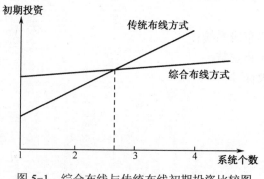

图 5-1　综合布线与传统布线初期投资比较图

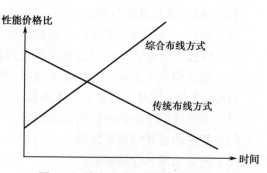

图 5-2　综合布线与传统布线的性价比

5.2 综合布线标准

1984年世界上第一座智能大厦建成。1985年初计算机工业协会（CCIA）提出对大楼综合布线标准化的倡议。美国电子工业协会（EIA）和美国电信工业协会（TIA）受命开始了综合布线系统标准化制定工作。

1991年7月，美国电子工业协会和美国通信工业协会联合美国国家标准学会（ANSI）组成工作组，推出了第一部综合布线系统标准——EIA/TIA 568，同时与布线通道和空间、管理、电缆性能及连接硬件性能等有关的相关标准也同时推出。

1995年年底 EIA/TIA 568 标准正式更新为 EIA/TIA 568A。同时，国际标准化组织（ISO）和国际电工委员会（IEC）在 TIA568 标准的基础上推出了另一个综合布线系统标准 ISO/IEC 11801。ISO 的 11801 标准在制定时充分考虑了国际实际，得到了较多国家的采用。

2001年3月，美国通信工业协会 TIA 正式发布了 EIA/TIA 568B 标准。这个标准分3部分，包括 EIA/TIA 568B.1（《商业建筑电信布线标准——第1部分：一般要求》）、EIA/TIA 568B.2（《商业建筑电信布线标准——第2部分：平衡双绞线布线元件》）和 EIA/TIA5 68B.3（《商业建筑电信布线标准——第3部分：光纤布线元件》）。EIA/TIA 568B.1 标准是关于超五类（5e）双绞线的布线标准；而 EIA/TIA 568B.2 标准则是针对六类双绞线的布线标准；EIA/TIA 568B.3 是针对光纤这种传输介质的布线标准。一般常说的 TIA-568B 是指 EIA/TIA 568B.1 标准。

2002年，ISO 发布了它的 11801 的第二个版本，即 ISO/IEC 11801：2002。在这一标准中采用的布线通道最低要求是超五类双绞线电缆。

5.2.1 TIA/EIA 标准

EIA/TIA 系列标准是综合布线北美标准。EIA/TIA 568 标准、TIA/EIA 569 标准及 ANSI/TIA/EIA 570 等一系列关于建筑布线中电信产品和业务的技术标准，满足了电信行业发展企业结构的需要。

1. TIA/EIA 568 标准

1991年7月，美国电子工业协会/美国通信工业协会发布了 TIA/EIA 568 标准，即商业建筑电信布线标准，并于1995年年底正式更新为 TIA/EIA 568A。

TIA/EIA 568 标准的目的如下：

（1）建立一种支持多供应商环境的通用电信布线系统；
（2）可以进行商业大楼综合布线系统的设计和安装；
（3）建立和完善布线系统配置的性能和技术标准。

TIA/EIA 568 标准包括以下基本内容：

（1）办公环境中电信布线的最低要求；
（2）建议的拓扑结构和距离；
（3）决定性能的介质参数；
（4）连接器和引脚功能分配，确保互通性；

第 5 章 综合布线系统标准与设计

（5）电信布线系统要求有超过十年的使用寿命。

自 1995 年 8 月 EIA/TIA 568A 发布以来，伴随更高性能的产品和市场应用需要的改变，对这个标准也提出了更高的要求。2001 年 3 月，EIA/TIA 568B 标准正式发布。新标准分 3 部分，每一部分都与 EIA/TIA 568A 有相同的着重点。

（1）EIA/TIA 568B.1：第一部分，一般要求。该标准目前已经发布，它最终将取代 EIA/TIA 568A。这个标准着重于水平和垂直干线布线拓扑、距离、媒体选择、工作区连接、开放办公布线、电信与设备间、安装方法及现场测试等内容。

（2）EIA/TIA 568B.2：第二部分，平衡双绞线布线系统。这个标准着重于平衡对绞线电缆、跳线、连接硬件的电气和机械性能规范及部件可靠性测试规范、现场测试仪性能规范、实验室与现场测试仪对比方法等内容。

（3）EIA/TIA 568B.3：第三部分，光纤布线部件标准。这个标准定义了光纤布线系统的部件和传输性能指标，包括光缆、光纤跳线和连接硬件的电气与机械性能要求、器件可靠性测试规范、现场测试性能规范。

在综合布线的施工中，有 EIA/TIA 568A 和 EIA/TIA 568B 两种不同的布线方式，两种方式对性能没有影响，但是必须强调的是一个工程中只能使用一种布线方式。

2. TIA/EIA 569 标准

1990 年 10 月公布的建筑通信和线路间距标准 TIA/EIA 569 的目的是使支持电信介质和设备的建筑物内部和建筑物之间设计和施工标准化，尽可能减少对厂商、设备和传输介质的依赖性。

3. TIA/EIA 570 标准

1991 年 5 月份制定了首个住宅大厦小型商业区综合布线标准 TIA/EIA 570，并于 1998 年 9 月更新。

TIA/EIA 570 标准的目的是制定新一代的家居电信布线标准，以适应现在及将来的电信服务。标准主要提出有关布线的新等级，并建立一个布线介质的基本规范及标准，应用支持语音、数据、影像、视频、多媒体、家居自动系统、环境管理、保安、音频、电视、探头、警报及对讲机等服务。标准主要规划于新建筑、更新增加设备、单一住宅及建筑群等。

5.2.2 ISO/IEC 标准

1995 年国际标准化组织（ISO）与国际电工委员会（IEC）、国际电信联盟（ITU）共同颁布了著名的 ISO/IEC 11801—1995（《信息技术——用户房屋综合布线》）的国际布线标准。并于 2002 年 8 月正式通过了 ISO/IEC 11801—2002（第 2 版），给综合布线技术带来了革命性的影响。ISO/IEC 11801 将建筑物综合布线系统划分为以下 6 个子系统，即工作区子系统、水平子系统、干线子系统、设备间子系统、管理子系统和建筑群子系统。

（1）ISO/IEC 11801 的修订稿 ISO/IEC 11801—2000 对链路的定义进行了修正。ISO/IEC 认为以往的链路定义应被永久链路和信道的定义所取代。而且，修订稿提高了近端串扰等传统参数的指标。

（2）2002 年的 ISO/IEC 11801 第 2 版覆盖了六类综合布线系统和七类综合布线系统。

根据 ISO/IEC 11801—2002，综合布线应能在同一电缆中同时传输语音、数字、文字、图像、视频等不同信号。同时，在若干布线组件结构标准中，特别提出了高达 1GHz 的传输频率；所有相关信息传输应用共同电缆的可行性；电磁兼容性好，能用于恶劣的使用环境；信息安全、保密性高；符合以国际标准为基础的防火等级等要求。

5.2.3　国内综合布线标准

国内综合布线系统设计施工时必须在国际综合布线标准基础上，参考我国国内综合布线标准和通信行业标准。2000 年 2 月，国家质量技术监督局、建设部联合发布了综合布线系统工程的国家标准，如《建筑与建筑群综合布线系统工程设计规范》（GB/T 50311—2000）等。

2007 年，我国又发布了新的综合布线标准：GB 50311—2007、GB 50312—2007 等。

2007 年 4 月建设部发布了《综合布线系统工程设计规范》，编号为 GB 50311—2007，自 2007 年 10 月 1 日起实施。原标准 GB/T 50311—2000 同时废止。新标准包括以下主要内容：

（1）术语和符号；

（2）系统设计；

（3）系统配置设计；

（4）系统指标；

（5）安装工艺要求；

（6）电气防护及接地；

（7）防火。

2007 年 4 月建设部发布了《综合布线系统工程验收规范），编号为 GB 50312—2007，自 2007 年 10 月 1 日起实施。原标准 GB 50312—2000 同时废止。新标准包括以下主要内容：

（1）环境检查；

（2）器材及测试仪表工具检查；

（3）设备安装检查；

（4）缆线的布设和保护方式检验；

（5）缆线终接；

（6）工程电气测试；

（7）管理系统验收；

（8）工程验收。

新版标准 GB 50311—2007 和 GB 50312—2007 是在 2000 版对应标准的基础上总结经验编写的。新综合布线标准的制定主要有 3 个主导思想：一是和国际标准接轨，还是以国际标准的技术要求为主，避免造成厂商对标准的一些误导；二是符合国家的法规政策，新标准的编制体现了国家最新的法规政策；三是数据、条款的内容更贴近工程的应用，规范应让大家用起来方便、不抽象，具有实用性和可操作性。因此，新标准与原标准相比更加实用，更具可操作性，注入了相当多的新内容，特别是在设计内容方面，80%都是新的内容，而验收标准在大框架不变的情况下内容也得到了很好的完善。总之，新综合布线标准更为完善，更加符合国内目前的发展状况。

5.3 综合布线系统的构成

综合布线系统是开放式结构,能支持电话及多种计算机数据系统,还能支持会议电视、监视电视等系统的需要。根据 ISO/IEC 标准,结构化综合布线系统可分为 6 个独立的布线子系统。

(1)工作区子系统(办公室内部布线等)。
(2)水平配线子系统(同一楼层布线)。
(3)垂直干线子系统(楼层间垂直布线)。
(4)设备间子系统(设备管理中心布线)。
(5)管理子系统(楼层机柜等的布线)。
(6)建筑群子系统(建筑物间布线)。

如图 5-3 所示为综合布线系统结构图。

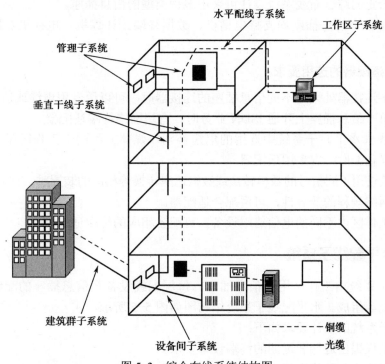

图 5-3 综合布线系统结构图

5.3.1 工作区子系统

一个独立的需要设置终端的区域即一个工作区,工作区子系统应由配线(水平)布线系统的信息插座、延伸到工作站终端设备处的连接电缆及适配器组成。一个工作区的服务面积可按 5~10 m² 估算,每个工作区设置一个电话机或计算机终端设备,或按用户要求设置,如图 5-4 所示。

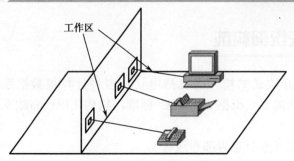

图 5-4 工作区子系统结构图

1. 综合布线系统的信息插座选用原则

（1）单个连接的 8 芯插座宜用于基本型系统。
（2）双个连接的 8 芯插座宜用于增强型系统。
（3）信息插座应在内部做固定线连接。
（4）一个给定的综合布线系统设计可采用多种类型的信息插座。

工作区的每一个信息插座均支持电话机、数据终端、计算机、电视机及监视器等终端的设置和安装。

2. 工作区适配器的选用要求

（1）在设备连接器处采用不同信息插座的连接器时，可以用专用电缆或适配器。
（2）当在单一信息插座上开通 ISDN 业务时，宜用网络终端适配器。
（3）在配线（水平）子系统中选用的电缆类别（媒体）不同于工作区子系统设备所需的电缆类别（媒体）时，宜采用适配器。
（4）在连接使用不同信号的数模转换或数据速率转换等相应的装置时，宜采用适配器。
（5）对于网络规程的兼容性，可用配合适配器。
（6）根据工作区内不同的电信终端设备，可配备相应的终端适配器。

5.3.2 水平配线子系统

水平配线子系统由工作区用的信息插座、每层配线设备至信息插座的配线电缆、楼层配线设备和跳线等组成。水平配线子系统结构图如图 5-5 所示。

水平配线子系统的设计要求如下：

（1）根据工程提出近期和远期的终端设备要求。
（2）每层需要安装的信息插座数量及其位置。
（3）终端将来可能产生移动、修改和重新安排的详细情况。
（4）一次性建设与分期建设的方案比较。

水平配线子系统应采用 4 对双绞电缆，配线子系统在有高速率应用的场合应采用光缆。配线子系统根据整个综合布线系统的要求，应在二级交接间、交接间或设备间的配线设备上进行连接，以构成电话、数据、电视系统并进行管理。配线电缆宜选用普通型铜芯双绞电缆，配线子系统设计电缆长度应在 75m 以内。

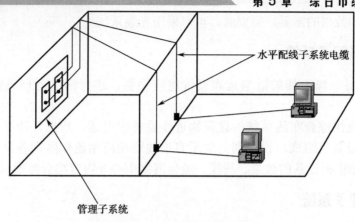

图 5-5 水平配线子系统结构图

5.3.3 干线子系统

干线子系统应由设备间的配线设备和跳线及设备间至各楼层配线间的连接电缆组成。在确定干线子系统所需要的电缆总对数之前，必须确定电缆语音和数据信号的共享原则。对于基本型，每个工作区可选定 1 对双绞线；对于增强型，每个工作区可选定 2 对双绞线；对于综合型，每个工作区可在基本型和增强型的基础上增设光缆系统。垂直干线子系统结构图如图 5-6 所示。

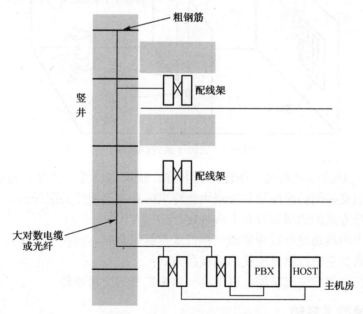

图 5-6 垂直干线子系统结构图

选择干线电缆最短、最安全和最经济的路由，选择带门的封闭型通道布设干线电缆。干线电缆可采用点对点端接，也可采用分支递减端接及电缆直接连接的方法。如果设备间与计算机机房处于不同的地点，而且需要把语音电缆连至设备间，把数据电缆连至计算机房，则宜在设计中选取不同的干线电缆或干线电缆的不同部分来分别满足两路由干线（垂直）子系统语音和数据的需要。需要时，也可采用光缆系统。

5.3.4 设备间子系统

设备间是在每一幢大楼的适当地点设置进线设备、进行网络管理及管理人员值班的场所。

设备间子系统由综合布线系统的建筑物进线设备、电话、数据、计算机等各种主机设备及其保安配线设备等组成。设备间内的所有进线终端应用色标区别各类用途的配线区，设备间位置及大小根据设备的数量、规模、最佳网络中心等内容综合考虑确定。

5.3.5 管理子系统

管理子系统设置在每层配线设备的房间内。管理子系统应由交接间的配线设备、输入/输出设备等组成，管理子系统也可应用于设备间子系统。管理子系统应采用单点管理双交接。交接场的结构取决于工作区、综合布线系统规模和所选用的硬件。在管理规模大、复杂，有二级交接间时，才设置双点管理双交接。在管理点，根据应用环境用标记插入条来标出各个端接场。管理子系统结构图如图 5-7 所示。

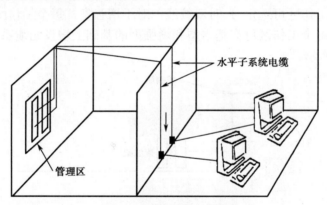

图 5-7 管理子系统结构图

交接区应有良好的标记系统，如建筑物名称、建筑物位置、区号、起始点和功能等标志。交接间及二级交接间的配线设备宜采用色标来区别各类用途的配线区。

交接设备连接方式的选用宜符合下列规定：

（1）对楼层上的线路进行较少修改、移位或重新组合时，宜使用夹接线方式；

（2）在经常需要重组线路时应使用插接线方式；

（3）在交接区之间应留出空间，以便容纳未来扩充的交接硬件。

5.3.6 建筑群子系统

建筑群子系统由两个及两个以上建筑物的电话、数据、电视系统组成，包括连接各建筑物的缆线和配线设备。建筑群子系统宜采用地下管道布设方式，管道内布设的铜缆或光缆应遵循电话管道和入孔的各项设计规定。此外安装时至少应预留 1~2 个备用管孔，以供扩充之用。建筑群子系统采用直埋沟内布设时，如果在同一沟内埋入了其他的图像、监控电缆，应设立明显的公用标志。电话局引入的电缆应进入一个阻燃接头箱，再接至保护装置。

5.4 综合布线系统设计等级

智能建筑与智能建筑园区的工程设计中，应根据实际需要，选择适当型级的综合布线系统，一般定为如下 3 种不同的布线系统型级：基本型综合布线系统、增强型综合布线系统和综合型综合布线系统。

5.4.1 基本型综合布线系统

基本型级适用于综合布线系统中配置标准较低的场合，用铜芯双绞电缆组网。具体配置如下：
（1）每个工作区有一个信息插座；
（2）每个工作区的配丝电缆为 1 条 4 对双绞线；
（3）采用夹接式交接硬件；
（4）每个工作区的干线电缆至少有 2 对双绞线。
基本型综合布线系统大多数能支持语音、数据功能，其特点是：
（1）是一种富有价格竞争力的综合布线方案，能支持所有语音和数据应用；
（2）应用于语音、数据或高速数据；
（3）便于技术人员管理；
（4）采用气体放电管式过压保护和能够自复的过渡保护；
（5）能支持多种计算机系统数据的传输。

5.4.2 增强型综合布线系统

增强型级适用于综合布线系统中中等配置标准的场合，用铜芯对绞电缆组网。具体配置如下：
（1）每个工作区有两个或两个以上信息插座；
（2）每个工作区的配线电缆为 2 条 4 对双绞电缆；
（3）采用夹接式或插接交接硬件；
（4）每个工作区的干线电缆至少有 3 对双绞线。
增强型综合布线系统不仅有增强功能，还可提供发展余地。它支持语音和数据应用，并可按需要利用端子板进行管理。增强型综合布线系统的特点如下：
（1）每个工作区有两个信息插座，不仅机动灵活，而且功能齐全；
（2）任何一个信息插座都可提供语音和高速数据应用；
（3）可统一色标，按需要可利用端子板进行管理；
（4）是一个能为多个数据设备制造部门环境服务的经济、有效的综合布线方案；
（5）采用气体放电管式过压保护和能够自我恢复的过流保护。

5.4.3 综合型综合布线系统

综合型级适用于综合布线系统中配置标准较高的场合，用光缆和铜芯双绞电缆混合组网。其配置应在基本型和增强型综合布线系统的基础上增设光缆系统。

综合型综合布线系统的主要特点是引入光缆，可适用于规模较大的智能大楼，其余特点与基本型或增强型相同。

所有基本型、增强型、综合型综合布线系统都支持语音、数据等系统，能随工程的需要转向更高功能的布线系统。它们之间的主要区别在于：支持语音、数据服务所采用的方式；在移动和重新布局时实施线路管理的灵活性。

上述配置中双绞电缆系指具有特殊交叉方式及材料结构能够传输高速率数字信号的电缆，非一般市话电缆。

上述配置中夹接式交接硬件系统指夹接、绕接固定连接的交接设备。插接式交接硬件系指用插头、插座连接的交接设备。

综合布线系统的设计方案不是一成不变的，而是随着环境、用户的要求来确定的，其要点主要如下：

（1）尽量满足用户的通信要求；
（2）了解建筑物、楼宇间的通信环境；
（3）确定合适的通信网络拓扑结构；
（4）选取适用的介质；
（5）以开放式为基准，尽量与大多数厂家产品和设备兼容；
（6）将初步的系统设计和建设费用预算告知用户。

在征得用户意见并订立合同书后，再选择适当型级制定详细的设计方案。

5.5 综合布线设计准则

随着通信事业的发展，用户不仅需要使用电话同外界进行交流，而且需要通过 Internet 获取语音、数据、视频等大量、动态的多媒体网络信息。通信功能的智能化已成为人们日常生活和工作不可缺少的一部分。

综合布线系统的设计，既要充分考虑所能预见的计算机技术、通信技术和控制技术飞速发展的因素，又要考虑政府宏观政策、法规、标准、规范的指导和实施的原则。使整个设计通过对建筑物结构、系统、服务与管理 4 个要素的合理优化，最终成为一个功能明确、投资合理、应用高效、扩容方便的实用综合布线系统。

1. 标准化原则

EIA/TIA 568 工业标准及国际商务建筑布线标准；

ISO/IEC 标准；

国内综合布线标准；

2. 实用性原则

实施后的通信布线系统将能够在现在和将来适应技术的发展，并且实现数据通信、语音通信、图像通信。

第5章 综合布线系统标准与设计

3. 灵活性原则

布线系统能够满足灵活应用的要求，即任一信息点能够连接不同类型的设备，如计算机、打印机、终端或电话、传真机。

4. 模块化原则

布线系统中，除布设在建筑内的线缆外，其余所有的接插件都应是积木式的标准件，以方便管理和使用。

5. 可扩充性原则

布线系统是可扩充的，以便将来有更大的发展时，很容易将设备扩充进去。

6. 经济性原则

在满足应用要求的基础上尽可能降低造价。

5.6 综合布线系统设计

5.6.1 工作区子系统设计

一个独立的、需要设置终端设备的区域宜划分为一个工作区。工作区应由（水平）配线布线系统的信息插座及延伸到工作站终端设备处的连接电缆和适配器组成。一个工作区的服务面积可按 $5 \sim 10 \ m^2$ 估算，或按不同的应用场合调整面积的大小。每个工作区信息插座的数量应按相关规范配置。

1. 工作区适配器的选用规定

（1）设备的连接插座应与连接电缆的插头匹配，不同的插座与插头应加装适配器。

（2）当开通 ISDN 业务时，应采用网络终端或终端适配器。

（3）在连接使用不同信号的数模转换或数据速率转换等相应装置时，宜采用适配器。

（4）对于不同网络规程的兼容性，可采用协议转换适配器。

（5）各种不同的终端设备或适配器均安装在信息插座之外工作区的适当位置。

2. 工作区子系统设计步骤

（1）确定信息点数量。工作区信息点数量主要根据用户的具体需求来确定。在用户不能明确信息点数量的情况下，应根据工作区设计规范来确定，即一个 $5 \sim 10 \ m^2$ 面积的工作应配置一个语音信息点或一个计算机信息点，或者一个语音信息点和计算机信息点，具体要参照综合布线系统的设计等级来定。如果按照基本型综合布线系统等级来设计，则应该只配置一个信息点。如果在用户对工程造价考虑不多的情况下，考虑系统未来的可扩展性，应向用户推荐每个工作区配置两个信息点。

（2）确定信息插座数量。第一步确定了工作区应安装的信息点数量后，信息插座的数量就很容易确定了。如果工作区配置单孔信息插座，则信息插座数量应与信息点的数量相当。如果工作区配置双孔信息插座，则信息插座数量应为信息点数量的一半。假设信息点数量为 M，信息插座数量为 N，信息插座插孔数为 A，则应配置信息插座的计算公式应为：

$N=\text{INT}(M/A)$，INT( )为向上取整函数

考虑系统应为以后扩充留有余量，因此最终应配置信息插座的总量 P 应为：

$P=N+N\times 3\%$，N 为信息插座数量，$N\times 3\%$ 为富余量

（3）确定信息插座的安装方式。工作区的信息插座分为暗埋式和明装式两种方式，暗埋方式的插座底盒嵌入墙面，明装方式的插座底盒直接在墙面上安装。用户可根据实际需要选用不同的安装方式以满足不同的需要。通常情况下，新建建筑物采用暗埋方式安装信息插座；已有的建筑物增设综合布线系统则采用明装方式安装信息插座。安装信息插座时应符合以下安装规范：

① 安装在地面上的信息插座应采用防水和抗压的接线盒；
② 安装在墙面或柱子上的信息插座底部离地面的高度宜在 30 cm 以上；
③ 信息插座附近有电源插座的，信息插座应距离电源插座 30 cm 以上。

5.6.2 水平配线子系统设计

（1）水平配线子系统应由工作区的信息插座、信息插座至楼层配线设备（FD）的配线电缆或光缆、楼层配线设备和跳线等组成。

（2）水平配线子系统设计应考虑下列因素：

① 根据工程提出的近期和远期终端设备要求；
② 每层需要安装的信息插座的数量及其位置；
③ 终端将来可能产生移动、修改和重新安排的预测情况；
④ 一次性建设或分期建设方案。

（3）配线子系统应采用 4 对双绞电缆。在需要时也可采用光缆。配线子系统根据整个综合布线系统的要求，在交换间或设备间的配线设备上进行连接。配线子系统的配线电缆长度不应超过 90 m。设计图纸时，其图上走线距离不应超过 70 m，在能保证链路性能时，水平光缆距离可适当加长。

（4）配线电缆可选用普通的综合布线铜芯双绞电缆，在必要时应选用阻燃、低烟、低毒的电缆。

（5）信息插座应采用 8 位模块式通用插座或光缆插座。

（6）配线设备交叉连接的跳线应选用综合布线专用的插接软跳线，在电话应用时也可选用双芯跳线。

（7）1 条 4 对双绞电缆应全部固定终接在 1 个信息插座上。

5.6.3 垂直干线子系统设计

垂直干线子系统是综合布线系统中非常关键的组成部分，它由设备间与楼层配线间之间的连接电缆或光缆组成。干线是建筑物内综合布线的主馈缆线，是楼层配线间与设备间之间垂直布放（或空间较大的单层建筑物的水平布线）缆线的统称。干线线缆直接连接着几十或几百个用户，因此一旦干线电缆发生故障，则影响巨大。为此，必须十分重视干线子系统的设计工作。

根据综合布线的标准及规范，应按下列设计要点进行干线子系统的设计工作。

（1）线缆类型。确定水平干线子系统所需要的电缆总对数和光纤芯数。对数据应用，采用光缆或五类双绞电缆，双绞电缆的长度不应超过 90 m；对电话应用，可采用三类双绞电缆。

（2）干线路由。水平干线子系统应选择干线电缆较短、安全和经济的路由，且宜选择带门的封闭型综合布线专用的通道布设干线电缆，也可与弱电竖井合用。

（3）干线线缆的交接。为了便于综合布线的路由管理，干线电缆、干线光缆布线的交接不应多于两次。从楼层配线架到建筑群配线架之间只应通过一个配线架，即建筑物配线架（在设备间内）。当综合布线只用一段干线支线进行配线时，放置干线配线架的二级交接间可以并入楼层配线间。

（4）线缆端接。干线电缆宜采用点对点端接，也可采用分支递减端接。点对点端接是最简单、最直接的接合方法。水平干线子系统中，每根干线电缆直接延伸到指定的楼层配线间或二级交接间。分支递减端接是用一根足以支持若干个楼层配线间或若干个二级交接间的通信容量的大容量干线电缆，经过电缆接头保护箱分出若干根小电缆，再分别延伸到每个二级交接网或每个楼层配线间，最后端接到目的地的连接硬件上。

（5）如果设备间与计算机机房和交换机房处于不同的地点，而且需要将语音电缆连至交换机房，数据电缆连至计算机房，则宜在设计中选取不同的干线电缆或干线电缆的不同部分来分别满足语音和数据的需要。需要时，也可采用光纤系统予以满足。

（6）缆线不应布放在电梯、供水、供气、供暖、强电等竖井中。

（7）设备间配线设备的跳线应符合相关规范的规定。

5.6.4 设备间子系统设计

（1）设备间是在每一幢大楼的适当地点设置电信设备和计算机网络设备及建筑物配线设备，进行网络管理的场所，最好位于建筑物的地理中心。对于综合布线工程设计，设备间主要安装建筑配线设备（BD）。电话、计算机等各种主机设备及引入设备可合装在一起。

（2）设备间内的所有总配线设备应用色标区别各类用途的配线区。

设备间内的设备种类繁多，而且线缆布设复杂。为了管理好各种设备及线缆，设备间内的设备应分类、分区安装，设备间内所有进出线装置或设备应采用不同色标，以区别各类用途的配线区，方便线路的维护和管理。

（3）设备间位置、大小及环境要求应根据设备数量、规模、最佳网络中心等因素综合考虑确定。设备间的位置及大小应根据建筑物的结构、综合布线规模、管理方式及应用系统设备的数量等进行综合考虑，择优选取。一般而言，设备间应尽量建在建筑平面及其综合布线干线综合体的中间位置。在高层建筑内，设备间也可以设置在 2、3 层。设备间最小使用面积不得少于 20 m^2。

设备间的环境要求应考虑设备间已安装及将要安装的计算机、计算机网络设备、电话程控交换机、建筑物自动化控制设备等硬件设备的要求。这些设备的运行需要相应的温度、供电、防尘等条件。设备间内的环境设置可以参照国家计算机用房设计标准《GB 50175—1993 电子计算机机房设计规范》、程控交换机的《CECS09：89 工业企业程控用户交换机工程设计规范》等相关标准及规范。

（4）建筑物的综合布线系统与外部通信网连接时，应遵循相应的接口标准，并预留安装相应接入设备的位置。

5.6.5 管理子系统设计

管理子系统的设计主要包括管理交接方案和管理标记。管理交接方案提供了交连设备与水平线缆、干线线缆连接的方式，从而使综合布线及其连接的应用系统设备、器件等构成一个有机整体，并为线路调整管理提供了方便。

管理子系统使用色标来区分配线设备的性质，标识按性质排列的接线模块，标明端接区域、物理位置、编号、容量、规格等，以便维护人员在现场一目了然地加以识别。综合布线使用 3 种标记，即电缆标记、场标记和插入标记。电缆和光缆的两端应采用不易脱落和磨损的不干胶条标明相同的编号。

1. 管理子系统交接方案

管理子系统的交接方案有单点管理和双点管理两种。交接方案的选择与综合布线系统规模有直接关系。一般来说，单点管理交接方案应用于综合布线系统规模较小的场合，而双点管理交接方案应用于综合布线系统规模较大的场合。

（1）单点管理交接方案。单点管理属于集中管理型，通常线路只在设备间进行跳线管理，其余地方不再进行跳线管理，线缆从设备间的线路管理区引出，直接连到工作区或直接连至第二个接线交接区。

单点管理交接方案中，管理器件放置于设备间内，由它来直接调度控制线路，实现对终端用户设备的变更调控。单点管理又可分为单点管理单交接和单点管理双交接两种方式。单点管理双交接方式中，第二个交接区可以放在楼层配线间或放在用户指定的墙壁上。

（2）双点管理交接方案。双点管理属于集中、分散管理型，除在设备间设置一个线路管理点外，在楼层配线间或二级交接间内还设置第二个线路管理点。这种交接方案比单点管理交接方案提供了更加灵活的线路管理功能，可以方便地对终端用户设备的变动进行线路调整。

在管理规模比较大且复杂，又有二级交接间的场合，一般采用双点管理双交接方案。如果建筑物的综合布线规模比较大，而且结构也较复杂，还可以采用双点管理 3 交接方式，甚至采用双点管理 4 交接方式。综合布线中使用的电缆一般不能超过 4 次连接。

2. 管理子系统标签编制

管理子系统是综合布线系统的线路管理区域，该区域往往安装了大量的线缆、管理器件及跳线，为了方便以后线路的管理工作，管理子系统的线缆、管理器件及跳线都必须做好标记，以标明位置、用途等信息。完整的标记应包含以下信息：建筑物名称、位置、区号、起始点和功能。

综合布线系统一般常用 3 种标记，即电缆标记、场标记和插入标记，其中插入标记用途最广。

（1）电缆标记。电缆标记主要用来标明电缆的来源和去处，在电缆连接设备前电缆的起始端和终端都应做好电缆标记。电缆标记由背面为不干胶的白色材料制成，可以直接贴

到各种电缆表面上,其规格尺寸和形状根据需要而定。例如,一根电缆从三楼的 311 房间的第 1 个计算机网络信息点拉至楼层管理间,则该电缆的两端应标记上"311-D1"的标记,其中"D"表示数据信息点。

(2)场标记。场标记又称为区域标记,一般用于设备间、配线间和二级交接间的管理器件之上,以区别管理器件连接线缆的区域范围。它也是由背面为不干胶的材料制成的,可贴在设备醒目的平整表面上。

(3)插入标记。插入标记一般在管理器件上,如 110 配线架、BIX 安装架等。插入标记是硬纸片,可以插在 1.27 cm×20.32 cm 的透明塑料夹里,这些塑料夹可安装在两个 110 接线块或两根 BIX 条之间。每个插入标记都用色标来指明所连接电缆的源发地,这些电缆端接于设备间和配线间的管理场。通过不同的色标可以很好地区别各个区域的电缆,方便管理子系统的线路管理工作。

5.6.6 建筑群子系统设计

建筑群子系统主要应用于多幢建筑物组成的建筑群综合布线场合,单幢建筑物的综合布线系统可以不考虑建筑群子系统。建筑群子系统的设计主要考虑布线路由选择、线缆选择、线缆布线方式选择等内容。

1. 建筑群子系统设计要求

(1)考虑环境美化要求

建筑群主干布线子系统设计应充分考虑建筑群覆盖区域的整体环境美化要求,建筑群干线电缆尽量采用地下管道或电缆沟布设方式。因客观原因选用了架空布线方式的,也要尽量选用原已架空布设的电话线或有线电视电缆的路由,干线电缆与这些电缆一起布设,以减少架空布设的电缆线路。

(2)考虑建筑群未来的发展需要

在线缆布线设计时,要充分考虑各建筑需要安装的信息点种类、信息点数量,选择相对应的干线电缆的类型及电缆布设方式,使综合布线系统建成后保持相对稳定,能满足今后一定时期内各种新的信息业务发展需要。

(3)线缆路由的选择

考虑到节省投资,线缆路由应尽量选择距离短、线路平直的路由。但具体的路由还要根据建筑物之间的地形或布设条件而定。在选择路由时,应考虑原有已布设的各种地下管道,线缆在管道内应与电力线缆分开布设,并保持一定的间距。

(4)电缆引入要求

建筑群干线电缆、光缆进入建筑物时,都要设置引入设备,并在适当位置终端转换为室内电缆、光缆。引入设备应安装必要的保护装置以达到防雷击和接地的要求。干线电缆引入建筑物时,应以地下引入为主,如果采用架空方式,应尽量采取隐蔽方式引入。

(5)干线电缆、光缆交接要求

建筑群的干线电缆、主干光缆布线的交接不应多于两次。从每幢建筑物的楼层配线架到建筑群设备间的配线架之间只应通过一个建筑物配线架。

2. 建筑群子系统布线方案

建筑群子系统的线缆布设方式有 3 种，即架空布线法、直埋布线法和地下管道布线法。下面详细介绍这 3 种方法。

（1）架空布线法

架空布线法通常应用于有现成电杆、对电缆的走线方式无特殊要求的场合。这种布线方式造价较低，但影响环境美观且安全性和灵活性不足。架空布线法要求用电杆将线缆在建筑物之间悬空架设，一般先架设钢丝绳，然后在钢丝绳上挂放线缆。

架空电缆通常穿入建筑物外墙上的 U 形钢保护套，然后向下（或向上）延伸，从电缆孔进入建筑物内部。电缆入口的孔径一般为 5 cm。建筑物到最近处的电线杆间距应小于 30 m。通信电缆与电力电缆之间的间距应遵守当地城管等部门的有关法规。

（2）直埋布线法

直埋布线法根据选定的布线路由在地面上挖沟，然后将线缆直接埋在沟内。直埋布线的电缆除了穿过基础墙的那部分电线有管保护外，电缆的其余部分直埋于地下，没有保护。直埋电缆通常应埋在地面 0.6 m 以下的地方，或按照当地城管等部门的有关法规去施工。如果在同一土沟内埋入了通信电缆和电力电缆，应设立明显的公用标志。

直埋布线法的路由选择受到土质、公用设施、天然障碍物（如木、石头）等因素的影响。直埋布线法具有较好的经济性和安全性，总体优于架空布线法，但更换和维护电缆不方便且成本较高。

（3）地下管道布线法

地下管道布线是一种由管道和入孔组成的地下系统，它把建筑群的各个建筑物进行互连。一根或多根管道通过基础墙进入建筑物内部。地下管道对电缆起到很好的保护作用，因此电缆受损坏的机会减少，而且不会影响建筑物的外观及内部结构。

管道埋设的深度一般在 0.5～1.2 m，或符合当地城管等部门有关法规规定的深度。为了方便日后布线，管道安装时应预埋一根拉线，以供以后布线使用。为了方便线缆的管理，地下管道应间隔 50～180 m 设立一个接合井，以方便人员维护。

5.6.7 接地系统

根据商业建筑物接地和接线要求的规定：综合布线系统接地的结构包括接地线、接地母线（层接地端子）、接地干线、主接地母线（总接地端子）、接地引入线、接地体六部分，在进行系统接地设计时，可按上述 6 个要素分层次地进行设计。

1. 接地线

接地线是指综合布线系统各种设备与接地母线之间的连线。所有接地线均为铜质绝缘导线，其截面应不小于 4 mm^2。当综合布线系统采用屏蔽电缆布线时，信息插座的接地可利用电缆屏蔽层作为接地线连至每层的配线柜。若综合布线的电缆采用穿钢管或金属线槽敷设，钢管或金属线槽应保持连续的电气连接，并应在两端具有良好的接地。

2. 接地母线（层接地端子）

接地母线是水平布线子系统接地线的公用中心连接点。每一层的楼层配线柜均应与本楼层接地母线相焊接，与接地母线同一配线间的所有综合布线用的金属架及接地干线均应与该接地母线相焊接。接地母线均应为铜母线，其最小尺寸应为 6 mm×50 mm（宽），长度视工程实际需要来确定。接地母线应尽量电镀锡以减小接触电阻，如果不是电镀，则必须在将导线固定到母线之前对母线进行清理。

3．接地干线

接地干线是由总接地母线引出的、连接所有接地母线的接地导线。在进行接地干线的设计时，应充分考虑建筑物的结构形式、建筑物的大小及综合布线的路由与空间配置，并与综合布线电缆干线的敷设相协调。接地干线应安装在不受物理和机械损伤的保护处，建筑物内的水管及金属电缆屏蔽层不能作为接地干线使用。当建筑物中使用两个或多个垂直接地干线时，垂直接地干线之间每隔三层及顶层需用与接地干线等截面的绝缘导线相焊接。接地干线应为绝缘铜芯导线，最小截面积应不小于 16 mm^2。在接地干线上，其接地电位差大于 1 Vrms（有效值）时，楼层配线间应单独用接地干线接至主接地母线。

4．主接地母线（总接地端子）

一般情况下，每栋建筑物有一个主接地母线。主接地母线作为综合布线接地系统中的接地干线及设备接地线的转接点，其理想位置宜设于外线引入间或建筑配线间。主接地母线应布置在直线路径上，同时考虑从保护器到主接地母线的焊接导线不宜过长。接地引入线、接地干线、直流配电屏接地线、外线引入间的所有接地线，以及与主接地母线同一配线间的所有综合布线用的金属架均应与主接地母线良好焊接。当外线引入电缆配有屏蔽或穿金属保护管时，此屏蔽和金属管也应焊接至主接地母线。主接地母线应采用铜母线，其最小截面尺寸为 6 mm（厚）×100 mm（宽），长度可视工程实际需要而定。和接地母线相同，主接地母线也应尽量采用电镀锡，以减小接触电阻。如果不是电镀，则主接地母线在固定到导线前必须进行清理。

5．接地引入线

接地引入线指主接地母线与接地体之间的连接线，宜采用 40 mm（宽）×4 mm（厚）或 50 mm×5 mm 的镀锌扁钢。接地引入线应进行绝缘防腐处理，在其出土部位应有防机械损伤措施，且不宜与暖气管道同沟布放。

6．接地体

接地体分自然接地体和人工接地体两种。当综合布线采用单独接地系统时，接地体一般采用人工接地体，并应满足以下条件：

（1）距离工频低压交流供电系统的接地体不宜小于 10 m；
（2）距离建筑物防雷系统的接地体不应小于 2 m；
（3）接地电阻不应大于 40 Ω。

当综合布线采用联合接地系统时，接地体一般利用建筑物基础内钢筋网作为自然接地体，其接地电阻应小于 1 Ω。在实际应用中，通常采用联合接地系统，这是因为与前者相比，联合接地方式具有以下几个显著的优点：

（1）当建筑物遭受雷击时，楼层内各点电位分布比较均匀，工作人员及设备的安全能得到较好的保障。同时，大楼的框架结构对中波电磁场能提供 10～40 dB 的屏蔽效果。

(2) 容易获得较小的接地电阻。
(3) 可以节约金属材料，占地少。
进行综合布线系统的接地设计应注意以下几个问题。
(1) 综合布线系统采用屏蔽措施时，所有屏蔽层应保持连续性，并应注意保证导线间相对位置不变。屏蔽层的配线设备（FD 或 BD）端应接地，用户（终端设备）端视具体情况接地。两端的接地：应尽量连接至同一接地体。当接地系统中存在两个不同的接地体时，其接地电位差应不大于 1 Vrms（有效值）。
(2) 当电缆从建筑物外面进入建筑物内部时，容易受到雷击、电源碰地、电源感应电势或地电势上浮等外界因素的影响，必须采用保护器。
(3) 当线路处于以下任何一种危险环境中时，应对其进行过压/过流保护：
① 雷击引起的危险影响；
② 工作电压超过 250 V 的电源线路碰地；
③ 地电势上升到 250 V 以上而引起的电源故障；
④ 交流 50 Hz 感应电压超过 250 V。
(4) 综合布线系统的过压保护宜选用气体放电管保护器。因为气体放电管保护器的陶瓷外壳内密封有两个电极，其间有放电间隙，并充有惰性气体。当两个电极之间的电位差超过 250 V 交流电压或 700 V 雷电浪涌电压时，气体放电管开始出现电弧，为导体和地电极之间提供了一条导电通路。
(5) 综合布线系统的过流保护宜选用能够自复的保护器。由于电缆上可能出现这样或那样的电压，如果连接设备为其提供了对地的低阻通路，则不足以使过压保护器动作，而其产生的电流却可能损坏设备或引起着火。例如，220 V 电力线可能不足以使过压保护器放电，但有可能产生大电流，进入设备内部造成破坏，因此在采用过压保护的同时必须采用过流保护。要求采用能自复的过流保护器，主要是为了方便维护。

5.7 综合布线系统计算机辅助设计软件

综合布线系统源于计算机技术和通信技术的发展，是建筑技术与信息技术相结合的产物，是计算机网络工程的基础。

网络技术的不断发展，对综合布线技术的要求也在不断提升。传统的布线设计方法越来越力不从心，突出缺点表现在：
(1) 设计的图形与材料数据分离，文件数量多，没有层次的概念；
(2) 设计人员难以根据方案路由图做出工程预算；
(3) 不能给甲方提供一个管理综合布线及网络的电子化平台，最终用户难以以此方案图作为日后维护管理工作在此综合布线系统上运行的网络依据；
(4) 方案设计使用的计算机工作量大、软件工具多、难度大、需要较专业的人员。

一项理想的综合布线系统工程，在设计时要求系统中的图形和实际设备材料是一一对应的，数据资料完整，层次分明，而最终用户在管理综合布线计算机网络系统时除了要了解网络的动态性能外，从管理和维护维修网络的角度出发，更应关心它的静态配置，如一

个信息点所处的位置、连接水平系统电缆的长度、连接到管理间配线架上的端口号、此线缆通道的性能报告等，还有网络工作站的网卡物理地址、IP 地址、连接的交换机、集线器的端口号、对应的配线架的端口号等，这些对维护、管理网络是非常有用的资源。但上述要求在传统综合布线系统设计出的方案中是达不到这一目的。为此提出一种崭新的综合布线系统计算机辅助设计的新思路，其要点如下。

（1）设计出的综合布线系统方案总要求为层次分明、结构清晰、数据完整。

（2）在计算机辅助设计时，将综合布线系统中所有部件统一管理归结为物件对象（Object），物件对象有两类，即节点（Node）和连线（Link）。

（3）每个物件对象要附带属性，且可自定义。

（4）整个布线系统方案做成一个工程项目（Project）文件。

（5）根据设计出的方案可以做出工程预算，可以指导实际施工，更便于用户日后管理维护整个计算机网络。

（6）辅助设计所用的软件工具要求简单、易学、好用。

美国 NETVIZ 软件公司的软件 NetViz 3.0 是一款全新的综合布线系统计算机辅助设计软件，较好地实现了新的设计思想。

该软件具体操作步骤大致如下。

（1）调查用户需求及投资承受能力，根据网络应用需求确定综合布线系统类型。根据用户投资能力确定工程分期进度，这一步和传统的设计方法一样。

（2）获取建筑群（建筑物）效果视图和楼层平面结构图，可能是纸介质的图纸，也可能是电子文档的 AutoCAD 文件。若是前者，则通过复印、扫描的形式将其转换为电子图形文件，格式可为 BMP、WMF、JPG 等；若是后者，则可直接采用。

（3）获取设计中用到的物件对象图形，包括节点图形和连线图形，具体有各种规格的配线架、信息模块、水平系统线缆、垂直主干线缆、光纤线缆及接头、机架机柜等图形。其中综合布线系统中常用的图形在软件工具中已经拥有。特殊的图形还可以采用扫描、Internet 下载等方法得到。将所有物件对象图形组成图形目录（Catalog）。

（4）定义物件对象属性，包括节点属性和连线属性。定义物件属性的过程实际上是在架构材料的数据库结构、属性，每一项即数据库记录的域。属性项目可由设计者定义，如信息模块可以定义所在的编号、楼层、房间号、对应配线架的端口号、用途、价格等；线缆可以定义它连接的模块编号、长度、连接的配线架的端口、单价等，有些属性项目的值是唯一的，则可直接在设计时就做好，如品牌、单价等。

（5）设计综合布线系统结构和布线路由图，采用树形结构思想，从上往下进行设计。

① 在建筑群的背景图上从图形目录中拖曳节点建筑物图形，最好是建筑物的效果图或建筑物照片，这样更形象，更能让客户接受。在其对应的数据库记录窗口填入相应的数据、资料，如楼高、信息点数量等有关此楼的有用的属性资料。再从图形目录中拖曳连线光纤图形，此种连线一旦和节点图形连上，节点就会感应到，因为节点是一种物件对象，而且它们总是连在一起的，除非人为将其分开，这和综合布线系统中的实际情况是一致的。再在光纤连线对应的数据库记录窗口中填入相应的数据、资料，如光纤类型、光纤长度、连接起点终点、接头类型等有关属性值。至于此建筑群图中建筑物数量、光纤的根数、长度，已经自动统计出来了。

② 在步骤①设计出的建筑群圈中，建筑物类似 Internet 中的超文本链接图形节点，可以连到它的下一层次，即建筑物的楼层。

③ 将步骤②设计出的楼层进一步展开就可以设计综合布线系统中的水平子系统，首先加入作为背景的楼层平面图，在楼层平面图上从图形目录拖曳信息模块物件图形及楼层管理间图形，放在相应的位置上。在模块对应的数据库记录窗口中填入相应的数据、资料，如模块编号、所在楼层、房间号、对应配线架的端口号、用途、价格等；再从图形目录中选择代表双绞线的图形，连接信息模块至管理间，同样，信息模块和管理间会感应到双绞线的存在。双绞线路由走向可以由设计者轻松改变。而此条双绞线的数据、资料可以从其对应的数据库记录窗口填入。需要特别注意的是，作为背景的楼层平面图是可以更换的，是一种"层"的思想，这就非常方便做出不同的楼层的水平子系统路由图和材料清单。

④ 进一步设计可以将管理间作为节点再展开，里面有配线架和来自水平系统的线缆一侧，可以知道看不到的水平子系统另一侧连着的信息模块。特别是此设计工具对连线具有继承（Propogation）功能，可以使设计步骤中双绞线继承功能起作用，这样便自动在管理间中产生双绞线和连着双绞线一侧的信息模块的镜像图形，但不作为材料清单进行统计，只是表明一种连接的存在。

通过上述这种不断局部细化的方法，就可以做出整个综合布线系统所需的各种图纸和施工材料统计清单。不论何种规模的工程，它最终都汇总为一个文件。工程项目中要特别注意的是，全部工程材料明细清单的每一项和图形是一一对应的，不会出现任何偏差。而材料的数量及所在的位置等施工方和最终客户关心的资源都会自动统计和显示出来。

当然在此综合布线系统图形文件基础上只需将网络设备图形作为节点，而跳线作为连线，配合填入相应的数据库记录，用户网络静态资源管理也是非常容易的事情。

（6）根据设计出的图纸和材料清单就可以组织实施和管理布线工程。

（7）甲、乙方及监理方对工程进行测试验收和竣工文档递交。此时递交的竣工文档可以是一种电子文档，即工程项目文件。

综合布线系统的设计是一项系统工程。作为设计人员，必须熟悉相关的设计标准及流程，认真做好用户需求分析，这样才能设计出行之有效的方案及施工图纸。在方案设计中，重点针对工作区子系统、水平子系统、干线子系统、设备间子系统、管理子系统、建筑群子系统 6 个子系统进行设计。

设计人员能够熟练使用计算辅助设计软件必将大大提高设计人员的设计能力和设计效率。

思考与练习题 5

1. 简述综合布线的优点。
2. 综合布线系统由哪几部分构成？
3. 简述综合布线系统的设计等级。
4. 在设计综合布线系统时，应遵循哪些原则？
5. 工作区子系统的设计步骤有哪些？

6. 水平配线子系统设计有哪些要求？
7. 在对垂直干线子系统进行设计时，需要考虑哪些要点？
8. 在对建筑群子系统进行设计时，需要满足哪些要求？
9. 与计算机辅助设计相比，传统综合布线系统设计的缺点主要有哪些？

第6章 综合布线工程施工

6.1 综合布线工程安装施工的要求和准备

6.1.1 综合布线工程安装施工的要求

综合布线工程的组织管理工作主要分为3个阶段,即工程实施前的准备工作、施工过程中的组织管理工作、工程竣工验收工作。要确保综合布线工程的质量就必须在这3个阶段中认真按照工程规范的要求进行工程组织管理工作。

综合布线系统设施及管线的建设应纳入建筑与建筑群相应的规划设计之中。工程设计时,应根据工程项目的性质、功能、环境条件和近远期用户需求进行设计,并应考虑施工和维护方便,确保综合布线系统工程的质量和安全,做到技术先进、经济合理。

综合布线系统应与信息设施系统、信息化应用系统、公共安全系统、建筑设备管理系统等统筹规划,相互协调,并按照各系统信息的传输要求优化设计。

综合布线系统作为建筑物的公用通信配套设施,在工程设计中应满足为多家电信业务经营者提供业务的需求。

综合布线系统的设备应选用经过国家认可的、产品质量检验机构鉴定合格的、符合国家有关技术标准的定型产品。

6.1.2 综合布线工程安装施工前的准备

施工前的准备工作主要包括技术准备工作、施工前的环境检查、施工前设备器材及施工工具检查、施工组织准备等环节。

1. 技术准备工作

（1）熟悉综合布线系统工程设计、施工、验收的规范要求，掌握综合布线各子系统的施工技术及整个工程的施工组织技术。

（2）熟悉和会审施工图纸。施工图纸是工程人员施工的依据，因此作为施工人员必须认真读懂施工图纸，理解图纸设计的内容，掌握设计人员的设计思想。只有对施工图纸了如指掌后，才能明确工程的施工要求，明确工程所需的设备和材料，明确与土建工程及其他安装工程的交叉配合情况，确保施工过程不破坏建筑物的外观，不与其他安装工程发生冲突。

（3）熟悉与工程有关的技术资料。如厂家提供的说明书和产品测试报告、技术规程、质量验收评定标准等内容。

（4）技术交底。技术交底工作主要由设计单位的设计人员和工程安装承包单位的项目技术负责人一起进行的。技术交底的主要内容包括设计要求和施工组织设计中的有关要求：

① 工程使用的材料、设备性能参数；
② 工程施工条件、施工顺序、施工方法；
③ 施工中采用的新技术、新设备、新材料的性能和操作使用方法；
④ 预埋部件注意事项；
⑤ 工程质量标准和验收评定标准；
⑥ 施工中的安全注意事项。

技术交底的方式有书面技术交底、会议交底、设计交底、施工组织设计交底、口头交底等形式。表 6-1 为技术交底常用的表格。

表 6-1 技术交底参考表格

施工技术交流

		年 月 日
工程名称	工程项目	
内容：		

工程技术负责人： 施工班组：

（5）编制施工方案。在全面熟悉施工图纸的基础上，依据图纸并根据施工现场情况、技术力量及技术准备情况，综合做出合理的施工方案。

（6）编制工程预算。工程预算具体包括工程材料清单和施工预算。

2. 施工前的环境检查

在工程施工开始以前，对楼层配线间、二级交接间、设备间的建筑和环境条件进行检查，具备下列条件方可开工。

（1）楼层配线间、二级交接间、设备间、工作区土建工程已全部竣工。房屋地面平整、光洁，门的高度和宽度应不妨碍设备和器材的搬运，门锁和钥匙齐全。

（2）房屋预留地槽、暗管、孔洞的位置、数量、尺寸均应符合设计要求。

（3）对设备间布设活动地板应专门检查，地板板块布设必须严密坚固。每平方米水平允许偏差不应大于 2 mm，地板支柱牢固，活动地板防静电措施的接地应符合设计和产品说明要求。

（4）楼层配线间、二级交接间、设备间应提供可靠的电源和接地装置。

（5）楼层配线间、二级交接间、设备间的面积，环境温湿度、照明、防火等均应符合设计要求和相关规定。

3. 施工前的器材检查

工程施工前应认真对施工器材进行检查，经检验的器材应做好记录，不合格的器材应单独存放，以备检查和处理。

（1）型材、管材与铁件的检查要求。

① 各种型材的材质、规格、型号应符合设计文件的规定，表面应光滑、平整，不得变形、断裂。预埋金属线槽、过线盒、接线盒及桥架表面涂覆或镀层均匀、完整，不得变形、损坏。

② 管材采用钢管、硬质聚氯乙烯管时，其管身应光滑、无伤痕，管孔无变形，孔径、壁厚应符合设计要求。

③ 管道采用水泥管道时，应按通信管道工程施工及验收中的相关规定进行检验。

④ 各种铁件的材质、规格均应符合质量标准，不得有歪斜、扭曲、飞刺、断裂或破损现象。

⑤ 铁件的表面处理和镀层应均匀、完整，表面光洁，无脱落、气泡等缺陷。

（2）电缆和光缆的检查要求。

① 工程中所用的电缆、光缆的规格和型号应符合设计的规定。

② 每箱电缆或每圈光缆的型号和长度应与出厂质量合格证内容一致。

③ 缆线的外护套应完整无损，芯线无断线和混线，并应有明显的色标。

④ 电缆外套具有阻燃特性的，应取一小截电缆进行燃烧测试。

⑤ 对进入施工现场的线缆应进行性能抽测。可以采用随机方式抽出某一段电缆（最好是 100 m），然后使用测线仪器进行各项参数的测试，以检验该电缆是否符合工程所要求的性能指标。

（3）配线设备的检查要求。

① 检查机柜或机架上的各种零件是否脱落或碰坏，表面如果有脱落应予以补漆。各种零件应完整、清晰。

② 检查各种配线设备的型号、规格是否符合设计要求。各类标志是否统一、清晰。

③ 检查各配线设备的部件是否完整、是否安装到位。

6.2 施工阶段各个环节的技术要求

工程实施工程中要求注意以下问题。

（1）施工督导人员要认真负责，及时处理施工进程中出现的各种情况，协调处理各方意见。

（2）如果现场施工碰到不可预见的问题，应及时向工程单位汇报，并提出解决办法供工程单位当场研究解决，以免影响工程进度。

（3）对工程单位计划不周的问题，在施工过程中发现后应及时与工程单位协商，及时妥善解决。

（4）对工程单位提出新增加的信息点，要履行确认手续并及时在施工图中反映出来。

（5）对部分场地或工段要及时进行阶段检查验收，确保工程质量。

（6）制订工程进度表。为了确保工程能按进度推进，必须认真做好工程的组织管理工作，保证每项工作能按时间表及时完成。建议使用督导指派任务表、工作间施工表等工程管理表格，督导人员依据这些表格对工程进行监督管理。

6.2.1 工作区子系统

1. 工作区信息插座的安装规定

（1）安装在地面上的接线盒应防水和抗压。

（2）安装在墙面或柱子上的信息插座底盒、多用户信息插座盒及集合点配线箱体的底部离地面的高度宜为 300 mm。

2. 工作区的电源安装规定

（1）每个工作区至少应配置 1 个 220 V 交流电源插座。

（2）工作区的电源插座应选用带保护接地的单相电源插座，保护接地与零线应严格分开。

6.2.2 配线子系统

配线子系统电缆宜穿管或沿金属电缆桥架布设，当电缆在地板下布放时，应根据环境条件选用地板下线槽布线、网络地板布线、高架（活动）地板布线、地板下管道布线等安装方式。

配线子系统在施工时要注意下列要点。

（1）在墙上标记好配线架安装的水平位置和垂直位置。

（2）根据所用配线系统不同，沿垂直或水平方向安装线缆管理槽和配线架并用螺钉固定在墙上。

（3）每 6 根 4 对电缆为一组绑扎好，然后布放到配线架内。注意线缆不要绑扎得太紧，要让电缆能自由移动。

（4）确定线缆安装在配线架上各接线块的位置，用笔在胶条上做标记。

（5）根据线缆的编号，按顺序整理线缆以靠近配线架的对应接线块位置。

（6）按电缆的编号顺序剥除电缆的外皮。
（7）按照规定的线序将线对逐一压入连接块的槽位内。
（8）使用专用的压线工具，将线对冲压入线槽内，确保将每个线对可靠地压入槽内。
注意：在冲压线对之前，重新检查对线的排列顺序是否符合要求。
（9）在配线架上下两槽位之间安装胶条及标签。

6.2.3 干线子系统

干线子系统垂直通道有电缆孔、管道、电缆竖井等 3 种方式可供选择，宜采用电缆竖井方式。水平通道可选择预埋暗管或电缆桥架方式。

干线系统线缆施工过程中要注意遵守以下规范要求。

（1）采用金属桥架或槽道布设主干线缆，以提供线缆的支撑和保护功能，金属桥架或槽道要与接地装置可靠连接。

（2）在智能建筑中有多个系统综合布线时，要注意各系统使用的线缆的布设间距要符合规范要求。

（3）在线缆布放过程中，线缆不应产生扭绞或打圈等有可能影响线缆本身质量的现象。

（4）线缆布放后，应平直，处于安全稳定的状态，不应受到外界的挤压或遭受损伤而产生故障。

（5）在线缆布放过程中，布放线缆的牵引力不宜过大，应小于线缆允许拉力的 80%。在牵引过程中要防止线缆被拖、蹭、磨等，以免损伤。

（6）主干线缆一般较长，在布放线缆时可以考虑使用机械装置辅助人工进行牵引，在牵引过程中各楼层的人员要同步牵引，不要用力拽拉线缆。

6.2.4 设备间子系统

EIA/TIA-569 标准规定了设备间的设备布线。它是布线系统中最主要的管理区域，所有楼层的资料都由电缆或光纤电缆传送至此。通常，此系统安装在计算机系统、网络系统和程控机系统的主机房内。

设备间是在每一幢大楼设置进线设备的适当地点，是网络管理及管理人员值班的场所。设备间子系统应由综合布线系统的建筑物进线设备、电话、数据、计算机等各种主机设备及其保安配线设备等组成。

设备间内的所有进线终端设备应采用色标区别各类用途的配线区。设备间的位置及大小应根据设备的数量、规模、最佳网络中心等内容综合考虑确定。

6.2.5 管理子系统

（1）设备间、交接间和工作区的配线设备、缆线、信息插座等设施，按一定的模式进行标识和记录，并且符合下列规定。

① 规模较大的综合布线系统宜采用计算机进行管理，简单的综合布线系统宜按图纸资料进行管理，并应做到记录准确、及时更新、便于查阅。

② 综合布线的每条电缆、光缆、配线设备、端接点、安装通道和安装空间均应给定唯

一的标志。标志中可包括名称、颜色、编号、字符串或其他组合。

③ 配线设备、缆线、信息插座等硬件均应设置不易脱落和磨损的标识，并应有详细的书面记录和图纸资料。

④ 电缆和光缆的两端均应标明相同的编号。

⑤ 设备间、交换间的配线设备宜采用统一的色标区别各类用途的配线区。

（2）配线机架应留出适当的空间，供未来扩充之用。

6.2.6 建筑群子系统

（1）建筑群子系统应由连接各建筑物之间的综合布线缆线、建筑群配线设备（CD）和跳线等组成。

（2）建筑物之间的缆线宜采用地下管道或电缆沟的布设方式，并应符合相关规范的规定。

（3）建筑物群干线电缆、光缆、公用网和专用网电缆、光缆（包括天线馈线）进入建筑物时，都应设置引入设备，并在适当位置终端转换为室内电缆、光缆。引入设备还包括必要的保护装置。引入设备宜单独设置房间，如果条件合适也可与 BD 或 CD 合设。引入设备的安装应符合相关规定。

（4）建筑群和建筑物的干线电缆、主干光缆布线的交接不应多于两次。楼层配线架（FD）和建筑群配线架（CD）之间只应通过一个建筑物配线架（BD）。

6.3 槽管施工

6.3.1 弱电沟

智能建筑内的综合布线系统经常利用暗敷管路或桥架和槽道进行线缆布设，它们对综合布线系统的线缆起到很好的支撑和保护作用。在综合布线工程施工中，管路和槽道的安装是一项重要工作。

（1）根据以下原则确定开沟路线：

① 路线最短原则；

② 不破坏原有强电原则；

③ 不破坏防水原则。

（2）确定开沟宽度。根据信号线的多少确定 PVC 管的多少，进而确定开沟的宽度。

（3）确定开沟深度。若选用 16 mm 的 PVC 管，则开沟深度为 20 mm；若选用 20 mm 的 PVC 管，则开沟深度为 25 mm。

（4）弱电沟外观要求横平竖直、大小均匀。

（5）弱电沟的测量。暗盒、弱电沟独立计算。均按弱电沟起点到弱电沟终点测量，弱电沟如果放两根以上的管，应按两倍以上来计算长度。

6.3.2 预埋槽管

1. 施工工艺流程

预埋槽管施工工艺流程如图 6-1 所示。

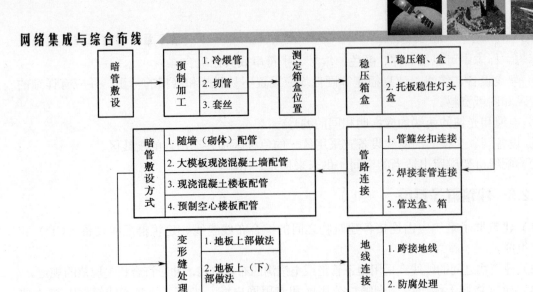

图 6-1 预埋槽管施工工艺流程

2. 工艺要求

（1）预埋金属线槽

① 在建筑物中预埋线槽，宜按单层设置，每一路由进出同一过路盒的预埋线槽均不应超过 3 根，线槽截面高度不宜超过 25 mm，总宽度不宜超过 300 mm。线槽路由中若包括过线盒和出线盒，截面高度宜在 70～100 mm 范围内。

② 线槽直埋长度超过 30 m 或在线槽路由交叉、转弯时，宜设置过线盒，以便于布放缆线和维修。

③ 过线盒盖能开启，并与地面齐平，盒盖处应具有防灰与防水功能。

④ 过线盒和接线盒盒盖应能抗压。

⑤ 从金属线槽至信息插座模块接线盒间，或金属线槽与金属钢管之间相连时的缆线宜采用金属软管敷设。

（2）预埋暗管

① 预埋在墙体中间暗管的最大管外径不宜超过 50 mm，楼板中暗管的最大管外径不宜超过 25 mm，室外管道进入建筑物的最大管外径不宜超过 100 mm。

② 直线布管每 30 m 处应设置过线盒装置。

③ 暗管的转弯角度应大于 90°，在路径上每根暗管的转弯角不得多于两个，并不应有 S 形弯出现，有转弯的管段长度超过 20 m 时，应设置管线过线盒装置；有两个弯时，不超过 15 m 应设置过线盒。

④ 暗管管口应光滑，并加有护口保护，管口伸出部位宜为 25～50 mm。

⑤ 至楼层电信间暗管的管口应排列有序，便于识别与布放缆线。

⑥ 暗管内应安置牵引线或拉线。

⑦ 金属管明敷时，在距接线盒 300 mm 处，弯头处的两端每隔 3 m 处应采用管卡固定。

⑧ 管路转弯的曲半径不应小于所穿入缆线的最小允许弯曲半径，并且不应小于该管外径的 6 倍。当暗管外径大于 50 mm 时，不应小于 10 倍。

6.3.3 桥架、金属线槽的安装

1. 施工工艺流程

桥架、线槽施工工艺流程如图 6-2 所示。

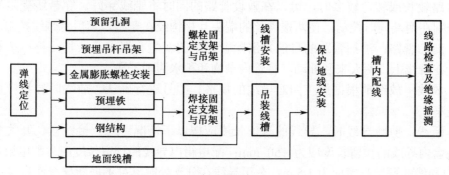

图 6-2 桥架、线槽施工工艺流程

2. 工艺要求

① 缆线桥架底部应高于地面 2.2 m 及以上，顶部距建筑物楼板不宜小于 300 mm，与梁及其他障碍物交叉处间的距离不宜小于 50 mm。

② 缆线桥架水平敷设时，支撑间距宜为 1.5～3 m。垂直敷设时固定在建筑物结构体上的间距宜小于 2 m，距地 1.8 m 以下部分应加金属盖板保护，或采用金属走线柜包封，门应可开启。

③ 直线段缆线桥架每超过 15～30 m 或跨越建筑物变形缝时，应设置伸缩补偿装置。

④ 金属线槽敷设时，在下列情况下应设置支架或吊架：线槽接头处；每间距 3 m 处；离开线槽两端出口 0.5 m 处；转弯处。

⑤ 塑料线槽槽底固定点间距宜为 1 m。

⑥ 缆线桥架和缆线线槽转弯半径不应小于槽内线缆的最小允许弯曲半径，线槽直角弯处最小弯曲半径不应小于槽内最粗缆线外径的 10 倍。

⑦ 桥架和线槽穿过防火墙体或楼板时，缆线布放完成后应采取防火封堵措施。

6.3.4 管内穿线

1. 施工工艺流程

管内穿线施工工艺流程如图 6-3 所示。

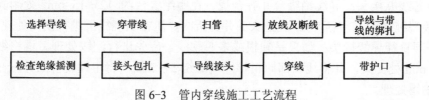

图 6-3 管内穿线施工工艺流程

2. 工艺要求

为确保工期，穿线工作在不影响土建进度的前提下穿插作业。采用的线缆应符合施工

规范的要求，不同线的颜色应加以区分。穿线的一般步骤如下。

（1）穿带线：穿带线的同时，检查线路是否畅通，管路的走向及盒、箱的位置是否符合设计及施工图的要求。带线一般采用φ为 1.2～2.0 mm 的铁丝或钢丝。先将铁丝的一端弯成不封口的圆圈，再利用穿线器将带线穿入管路内，管路的两端均留有 100～150 mm 的余量。在管路较长或转弯较多时，可以在敷设管路的同时将带线穿好。穿带线受阻时，用两根铁丝分别在两端同时搅动，使两根铁丝的端头互相钩绞在一起，然后将带线拉出。

（2）清扫管路：清扫管路的目的是清除管路中的灰尘、泥水等杂物。将布条的两端牢固地绑扎在带线上，两人来回抽动，将管内杂物和积水清理干净。

（3）放线：放线前根据施工图对导线的规格、型号进行确认。放线时导线应置于放线架或放线车上。

（4）断线：剪断导线时，导线的预留长度应按以下情况考虑：接线盒、开关盒、插销盒及灯头盒内导线的预留长度应为 150 mm；配电箱内导线的预留长度应为配电箱体周长的 1/2；出户导线的预留长度应为 1.5 m；公用导线在分支处时，可不剪断导线而直接穿过。

（5）导线与带线的绑扎：导线根数较少，可将导线前端绝缘层削去，然后将线芯直接插入带线的盘圈内并折回压实，绑扎牢固，使绑扎处形成一个平滑的锥形过渡部位。

导线根数较多或导线截面积较大时，可将导线端部的绝缘层削去，然后将线芯斜错排列在带线上，用绑线缠绕绑扎牢固，使绑扎接头处形成一个平滑的锥形过渡部位，便于穿线。

（6）管内穿线：在穿线前，应首先检查各个管口的护口是否齐整，如有遗漏或破损应补齐和更换。管路较长或转弯较多时，要在穿线的同时往管内吹入适量的滑石粉。穿线时要两人或多人各在管口一端，一人一边慢慢抽拉带线，另一边的一人慢慢将导线送入管内。应配合协调、一拉一送。如果管路较长或弯曲较多，可用滑石粉润滑管道。距离比较远或不在同一层穿线时，两人要呼应，以防带线被拉断。

穿线时注意以下问题：同一交流回路的导线必须穿于同一管内；不同回路、不同电压和交流与直流的导线，不得穿入同一管内；在变形缝处，补偿装置应活动自如，导线留有一定的余量。穿入管内的绝缘导线，不准接头、局部绝缘破损及死弯。导线外径总截面不超过管内面积的 40%。

敷设与垂直管路中的导线，当超过下列长度时应在管口处和接线盒处加以固定：截面积 50 mm^2 及以下的导线对应 30 m；截面积为 70～95 mm^2 的导线对应 20 m；截面积在 180～240 mm^2 之间的导线对应 18 m。

（7）导线的连接：导线的接头不能增加电阻值；受力导线不能降低原机械强度；不能降低原绝缘强度。

A．单芯线并接头：导线绝缘台并齐合拢。在距绝缘台约 12～15 mm 处用其中一根线芯在其连接端缠绕 5～7 圈后剪断，把余头并齐折回，压在缠绕线上进行涮锡处理。

B．不同直径导线接头：如果是独根或多芯软线，应先进行涮锡处理。再将细线在距离绝缘层 15 mm 处交叉，并将线端部向粗导线端缠绕 5～7 圈，将粗导线折回并压在细线上，最后再做涮锡处理。

C．接线端子压接：多股导线可采用与导线同材质且规格相应的接线端子。削去导线的绝缘层，不伤线芯，将线芯紧紧地绞在一起、涮锡，清除接线端子孔内的氧化膜，将线芯插入，用压接钳压紧。导线外露部分应小于 1～2 mm。

（8）导线包扎：首先用橡胶绝缘带从导线接头处始端的完好绝缘层开始缠绕 1～2 个绝缘带幅宽度，再以半幅宽度重叠进行缠绕。在包扎过程中应尽可能地拉紧绝缘带。最后在绝缘层上缠绕 1～2 圈后再进行回缠。采用橡胶绝缘带包扎时，应将其拉长 2 倍后再进行缠绕，然后用黑胶布包扎，包扎时衔接好，以半幅宽度边压边进行缠绕，同时在包扎过程中拉紧胶布，导线接头处两端应用黑胶布封严。

（9）线路检查：接、焊、包全部完成后，进行自检和互检。检查导线接、焊、包是否符合施工规范及质量验评标准的规定。不符合规定的立即纠正，检查无误后再进行绝缘摇测。

6.4 电力电缆施工

6.4.1 施工工艺流程

电力电缆施工工艺流程如图 6-4 所示。

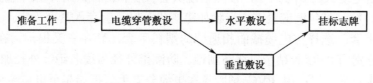

图 6-4 电力电缆施工工艺流程

6.4.2 工艺要求

电缆桥架上电缆敷设：电缆牵引可用人力或机械牵引。

电缆水平敷设：电缆沿桥架或托盘敷设时，应将电缆单层敷设，排列整齐。不得有交叉，拐弯处应以最大截面电缆允许弯曲半径为准。不同等级电压的电缆应分层敷设，高压电缆应敷设在最上层。同等级电压的电缆沿桥架敷设时，电缆水平净距不得小于电缆外径。电缆敷设排列整齐，水平敷设的电缆，首尾两端、转弯两侧及每隔 5～10 m 处应设固定点。

电缆垂直敷设：垂直敷设电缆时，有条件的最好自上而下敷设。土建未拆塔吊前，用吊车将电缆吊至楼层顶部；敷设前选好位置，架好电缆盘，电缆的向下弯曲部位用滑轮支撑电缆，在电缆轴附近和部分楼层应设制动和防滑措施；敷设时，同截面电缆应先敷设低层，再敷设高层。自下而上敷设时，低层小截面电缆可用滑轮大麻绳人力牵引敷设，高层大截面电缆用机械牵引敷设。

电缆的排列和固定：电缆敷设排列整齐，间距均匀，不应有交叉现象。大于 45°倾斜敷设的电缆每隔 2 m 设固定点。对于敷设于垂直桥架内的电缆，每敷设一根应固定一根，全塑型电缆的固定点为 1 m，其他电缆固定点为 1.5 m，控制电缆固定点为 1 m。敷设在竖井及穿越不同防火区的桥架，按设计要求位置，做好防火阻隔。

电缆挂标志牌：标志牌规格应一致，并有防腐性能，挂装应牢固。标志牌上应注明电缆编号、规格、型号、电压等级及起始位置。沿电缆桥架敷设的电缆在其两端、拐弯处、交叉处应挂标志牌，直线段应适当增设标志牌。

0.6/1 kV 干包式塑料电缆终端头制作方法如下。

（1）选用 1 000 V 摇表，对电缆进行摇测，绝缘电阻应在 10 MΩ以上。电缆摇测完毕

后，应将线芯对地放电。

（2）剥除电缆铠甲、焊接地线：根据电缆与设备连接的具体尺寸，测量电缆长度并做好标记。锯掉多余电缆，根据电缆头套型号尺寸要求剥除外护套。

（3）将地线的焊接部位用钢锉处理，以备焊接。用绑扎铜线将接地铜线牢固地绑扎在钢带上，接地线应与钢带充分接触。利用电缆本身钢宽带的二分之一做卡子，采用咬口的方法将卡子打牢，必须打两道，防止钢带松开，两道卡子的间距为 15 mm。

用钢锯在绑扎线向上 3～5 mm 处锯一环行深痕，深度为钢带厚度的 2/3，不得锯透，以便剥除电缆铠甲。

用螺丝刀在锯痕尖角处将钢带挑起，用钳子将钢带撕掉，随后将钢带锯口处用钢锉处理钢带毛刺，使其光滑。将地线采用焊锡焊接于电缆钢带上，焊接应牢固，不应有虚焊现象。焊接时应注意不要将电缆烫伤。

（4）包缠电缆，套塑料手套：从钢带切口向上 10 mm 处，向电缆端头方向剥去电缆统包绝缘层。根据电缆头的型号尺寸，按照电缆头套长度和内径，用 PVC 粘胶带采用半叠法包缠电缆。PVC 粘胶带包缠应紧密，形状如枣核状，以手套套入紧密为宜。

套上塑料手套：选择与电缆截面相适应的塑料手套，套在三叉根部，在手套袖筒下部及指套上部分分别用 PVC 胶粘带包绕防潮锥。防潮锥外径为线芯绝缘外径加 8 mm。

（5）包缠线芯绝缘层：用 PVC 粘胶带在电缆分支手套指端起至电缆端头，自上而下，再自下而上以半搭盖方式包缠 2 层。最后在应力锥上端的线芯绝缘保护层外，用红、黄、绿三色 PVC 粘胶带包缠 2～3 层，作为相色标志。

（6）压电缆芯线接线鼻子：按端子孔深加 5 mm，剥除线芯绝缘，并在线芯上涂上凡士林。将线芯插入鼻子内，用压线钳子压紧接线鼻子，压接应在两道以上。压接完后用 PVC 粘胶带在端子接管上端至导体绝缘端一段内包缠成防潮锥体，防潮锥外径为线芯绝缘外径加 8 mm。

（7）电缆头固定、安装：将做好终端头的电缆固定在预先制作好的电缆头支架上，线芯分开。根据接线端子的型号选用螺栓，将电缆接线端子压接在设备上。应使螺栓自上而下或从内向外穿，平垫或弹簧垫安装齐全。

6.5　双绞线电缆施工

单幢智能化建筑的综合布线系统，一般只有建筑物主干布线子系统和水平布线子系统两个部分，其施工范围就只有两个部分。

建筑群主干布线子系统一般为室外敷设的干线线路，而其他两个子系统都属于室内敷设的通信线路，它们的安装施工现场和客观环境条件是截然不同的，因此，它们的安装方法与技术要求有较大的区别。一般说来，建筑群主干布线子系统的缆线敷设方式不同于室内通信线路，与本地线路网的电缆安装敷设方式基本一致，因为它们都是室外敷设的通信线路，其使用性质和工作特点基本相同，只是使用对象有所变化。所以在安装施工的技术和相应规格的器材方面与一般线路工程项目一致，可以互相参照使用。

建筑物主干线子系统的电缆施工范围，主要是从设备间到建筑物至各个楼层配线架之间的主干路由上所有缆线。它的施工环境全部在室内，且在建筑中已有电缆竖井或专用房

间等客观条件。因此，现场环境的施工条件比室外要好。建筑物主干布线子系统是所有综合布线系统中必有的组成部分，它与建筑和室内其他管线系统关系密切，因此，在安装施工中必须加强与有关单位协作配合，互相协调，以求建筑物主干布线子系统的所有缆线敷设和安装顺利进行，且有可靠的质量保证。

6.5.1 建筑物主干布线子系统缆线敷设的基本要求

建筑物主干布线子系统的缆线条数较多，且路由集中，它是综合布线系统中的重要骨干线路。因此，在安装敷设前和整个施工过程中注意以下几点基本要求，以保证敷设缆线的施工质量。

（1）为了使施工顺利进行，在敷设缆线前，在施工现场对设计文件和施工图纸进行核对，尤其是对主干路由中所采用的缆线型号、规格、程式、数量、起迄段落及安装位置，要重点复核，如有疑问，及早与设计单位和主管建设的部门共同协商，予以研究解决，以免耽误工程开展、影响施工进度。

（2）在敷设缆线前，对已运到施工现场的各种缆线进行清点和复查。其内容有缆线的型号、规格、程式和数量。根据施工图纸要求、施工组织计划和工程现场条件等，将需要布放的缆线整理妥善，在其两端贴上显著的标签。标签内容有缆线的用途和名称（也可用代号代替）、型号、规格、长度、起始端和终端地点等，标签上的字迹应清晰、端正和正确，以便按施工顺序、对号入座进行敷设施工。

（3）为了减少缆线承受的拉力和避免在牵引过程中产生扭绞现象，在布放缆线前，制作操作方便、结构简单的合格牵引端头和连接装置，把它装在缆线的牵引端。由于建筑物主干布线子系统的主干缆线一般长度为几十米，所以以人工牵引方法为主。如为高层建筑，因其楼层较多，缆线对数较大，需采用机械牵引方式，这时根据牵引缆线的长度、施工现场的环境条件和缆线允许的牵引张力等因素，选用集中牵引或分散牵引等方式，也可采用两者相结合的牵引方式，即除在一端集中机械牵引外，在中间楼层设置专人帮助牵引。人工拉放，使缆线受力分散，既不损伤缆线，又可加快施工进度。但采用这种方式时必须统一指挥，加强联络、同步牵拉，且注意不要猛拉紧拽。

（4）为了保证缆线本身不受损伤，在缆线敷设时，布放缆线的牵引力不宜过大，应小于缆线允许张力的 80%。在牵引过程中，为防止缆线被拖、蹭、刮、磨等损伤，应均匀设置吊挂或支承缆线的支点，吊挂或支承的支持物间距不大于 1.5 m，或根据实际情况来定。

（5）在缆线布放过程中，缆线不产生扭绞或打圈等有可能影响缆线本身的质量。缆线布放后，应处于安全稳定的状态，不应受到外界的挤压或遭受损伤。

（6）在智能化建筑内，通信系统、计算机系统、楼宇设备自控系统、电视监控系统、广播与卫星电视系统和火灾报警系统等信号、控制及电源缆线，如果在同一路由上敷设，采用金属电缆槽道或桥架，按系统分离布放，金属电缆槽道或桥架有可靠的接地装置。各个系统缆线间的最小间距及接地装置都符合设计要求，在施工时统一安排，并互相配合敷设。

（7）在建筑物主干布线子系统的缆线敷设时，需要相应的支承固定件和保护措施，这就是支撑保护方式。它对主干缆线的安全运行起着保证作用，它是极为重要的环节。为此，在智能化建筑内的电缆竖井和上升房中设有暗敷管路、槽道（包括桥架）等装置，以便敷设主干缆线。

6.5.2 建筑物主干布线子系统的缆线敷设

建筑物主干布线子系统的主干缆线敷设是极为重要的施工项目,它对于综合布线系统的有效使用具有决定性作用。

1. 电缆敷设的施工方式

目前,在建筑中的电缆竖井或上升房内敷设电缆有两种施工方式:一种是由建筑的高层向低层敷设,利用电缆本身自重的有利条件向下垂放的施工方式;另一种是由低层向高层敷设,将电缆向上牵引的施工方式。这两种施工方式虽然仅是敷设方向不同,但差别较大,向下垂放远比向上牵引简便、容易、减少劳动工时和劳力消耗,且加快了施工进度;相反,向上牵引费时费工,困难较多。因此,通常采用向下垂放的施工方式,只有在电缆搬运到高层确有很大困难时,才采用由下向上牵引的施工方式。在电缆敷设施工时应注意以下几点。

(1)向下垂放电缆的施工方式中,将电缆搬到建筑的顶层。电缆由高层向低层垂放,要求每个楼层有人引导下垂和观察敷设过程中的情况,及时解决敷设中的问题。

(2)为了防止电缆洞孔或管孔的边缘不光滑,磨破电缆的外护套,在洞孔中放置一个塑料保护槽,以便保护。

(3)在向下垂放电缆的过程中,要求敷设的速度适中,不宜过快,使电缆从电缆盘中慢速放出,下垂进入洞孔。各个楼层的施工人员都将经过本楼层的电缆徐徐引导到下一个楼层的洞孔,直到电缆逐层布放到要求的楼层为止。并且要在统一指挥下宣布敷设完毕后,各个楼层的施工人员才将电缆绑扎固定。

(4)如果各个楼层不是预留直径较小的洞孔,而是大的洞孔或通槽,则不需使用保护装置,采用滑车轮的装置,将它安装在建筑的顶层,用绳索固定在洞孔或槽口中央,然后电缆通过滑车轮向下垂放。

(5)向上牵引电缆的施工方法一般采用电动牵引绞车,电动牵引绞车的型号和性能根据牵引电缆的质量来选择。其施工顺序是由建筑的顶层下垂一条布放牵引拉绳,其强度足以牵引电缆的所有质量(电缆长度为顶层到最低楼层),将电缆牵引端与拉绳连接妥当。启动绞车,慢速将电缆逐层向上牵引,直到将电缆引到顶层,电缆预留一定长度,才停止绞车。此外,各个楼层必须采取加固措施,将电缆绑扎牢固,以便连接。

(6)电缆布放时有一定的冗余量,在交接间或设备间内,电缆预留长度一般为 3~6 m。主干电缆的最小曲率半径至少是电缆外径的 10 倍,以便缆线的连接和今后维护检修时使用。

2. 电缆在电缆槽道或桥架上敷设和固定

综合布线系统的缆线常采用槽道或桥架敷设,尤其是在电缆条数多而集中的干线通道的交接间内。在电缆槽道或桥架上敷设电缆时,应符合以下规定要求。

(1)电缆在桥架或敞开式的槽道内敷设时,为了使电缆布置牢靠和美观整齐,应采取稳妥的固定绑扎措施。如果在水平装设的桥架内敷设,在电缆的首端、尾端、转弯处及每间隔 3~5 m 处进行固定;在垂直装设的桥架内敷设时,在电缆的上端和每间隔 1.5 m 处进行固定。具体固定方法有:用专制的塑料电缆扎在桥架或敞开式槽道内的支架上。

(2)电缆在封闭式的槽道内敷设时,要求在槽道内缆线均平齐顺直,排列有序,尽量

第6章 综合布线工程施工

互相不重叠或不交叉，缆线在槽道内不溢出，以免影响槽道盖盖合。在缆线进行出槽道的部分或转弯处绑扎固定。槽道是垂直装设时，槽道内每间隔 1.5 m 处将缆线固定绑扎在槽道内的支架上，以保持整齐美观。

在桥架槽道内的缆线绑扎固定时，根据缆线的类型、缆径、缆线芯数分束绑扎，以示区别，也便于维护检查。例如，4 对双绞线对称电缆以 24 根为一束；25 对或 25 对以上的主干双绞线对称电缆或光缆及信号电缆可分束捆扎。绑扎的间距不宜大于 1.5 m，绑扎间距均匀一致，绑扎松紧适度。

（3）在吊顶内利用吊顶支撑柱挂缆的安装敷设方式。由于它在吊顶内，每根支撑柱所辖范围不大，因此，缆线条线较少，可以附挂而不需要设置槽道。这种安装敷设方式可以节省槽道的费用，但缆线布置易混乱，必须分束绑扎，以便管理和检修。在这种场合，所有缆线的外护套具有阻燃性能，选用时要求符合设计规定。

3. 电缆与其他管线的间距

在智能化建筑中设有各种管线系统，如煤气、给水、污水、暖气、电气等管线，当它们在正常运行且远离通信线路时，一般不会对通信线路造成危害。但是当发生故障和意外事故时，它们泄漏出来的液体、气体或电流等就会对通信线路造成不同程度的危害，直接影响通信畅通或对通信设备的损坏，后果难以预料。为此，作为综合布线系统的主要传输介质的通信线路应尽量远离它们，在不得已时，要求有一定的间距，以保证通信网络得以安全运行。双绞线对称电缆与电力线路的最小净距如表 6-2 所列。

表 6-2 双绞线对称电缆与电力线路的最小净距

项 目	最小净距（mm）		
电力线路的具体范围	<kVA（<380 V）	2～5 kVA（<380 V）	>5 kVA（<380 V）
双绞线对称电缆与电力线路平等敷设	130	300	600
有一方在接地的槽道或钢管中敷设	70	150	300
双方均在接地的槽道或钢管中敷设	注	80	150

注：双方都在接地的槽道或钢管中敷设，且平等长度小于 10 m 时，最小间距可为 10 mm。表 6-2 中如果双绞线对称电缆是极用屏蔽电缆，最小净距可适当减小，但应符合设计要求。

双绞线对称电缆与其他管线的最小净距应符合表 6-3 所示的规定。

表 6-3 双绞线对称电缆与其他管线的最小净距

序 号	其他管线种类	平等净距（m）	垂直交叉净距（m）
1	避雷引下线	1.00	0.30
2	保护地线	0.05	0.02
3	热力管（不包封）	0.50	0.50
4	热力管（包封）	0.30	0.30
5	给水管	0.15	0.02
6	煤气管	0.30	0.02

6.5.3 水平布线子系统的电缆施工

水平布线子系统的缆线虽然是综合布线系统中的分支部分，但它具有面最广、量最大、具体情况多而复杂等特点，涉及的施工范围几乎遍及智能化建筑中的所有角落。由于智能化建筑中的施工环境有所不同，其缆线的敷设方式也不一样，因此，在敷设缆线时，要结合施工现场的实际条件来考虑电缆施工方法。

在工程设计和施工图纸中确定的水平布线子系统的缆线建筑方式，不可能完全符合施工环境的实际要求。这是因为在建筑物内，各种管线设备和内部装修等各项工程施工中，必然会有所改变，使设计要求与现场具体情况产生差异或脱节，这是较普遍的现象。因此，要求水平布线子系统的缆线施工，更要注意按实际情况来解决问题。

1. 缆线的各种敷设方式

目前，水平布线子系统的缆线敷设方式有预埋或明敷管路或槽道等几种。这些装置又分别有在天花板（或吊顶）内、地板下和墙壁中及它们 3 种组合式。

1）天花板或吊顶内的几种布线方法

在天花板或吊顶内的布线方法一般有以下两种，即装设槽道和不设槽道两种方法。

装设槽道布线方法是在天花板内（或吊顶内），利用悬吊支撑物装置槽道或桥架，这种方法会对吊顶增加较大质量，电缆直接敷设在槽道中，缆线布置整齐有序，有利于施工和维护检修，也便于今后扩建或调整线路。

不装设槽道布线方法是利用天花板内或吊顶内的支撑柱（如丁形钩、吊索等支撑物）来支撑和固定缆线。这种方案不需要装设槽道，它适用于缆线条数较少的楼层，因电缆的质量较轻，可以减少吊顶所负担的质量，使吊顶的建筑结构简单，减少工程费用。

2）天花板或吊顶内布线的具体要求

在天花板或吊顶内布线时，注意以下具体要求。

根据施工图纸要求，结合现场实际条件，确定在天花板或吊顶内的电缆路由。为此，在现场将电缆路由经过的有关天花板或吊顶每块活动镶板（并有检查作用）推开，详细检查吊顶内的净空间距，有无影响敷设电缆的障碍，如有槽道或桥架装置，是否安装正确和牢固可靠，吊顶安装的稳定牢固程度等，检查后确未发现问题的才能敷设缆线。

不论天花板或吊顶内是否装设槽道或桥架，电缆敷设均采用人工牵引。单根大对数电缆可以直接牵引，不需拉绳；如果是多根小对数的缆线（如 4 对双绞线电缆），采取组成缆束，用拉强在天花板或吊顶内牵引敷设。如果缆束长度较长、缆线根数多、质量较大，可在路由中间设置专人负责照料或帮助牵引，以减少牵引人力并可以防止电缆在牵引中受损。

为了防止距离较长的电缆在牵引过程中发生被磨、刮、蹭、拖等损伤，可在缆线进天花板的入口处和出口处及中间增设保护措施和支承装置。

在牵引缆线时，牵引速度宜慢速，不宜猛拉紧拽，如果缆线被障碍物绊住，查明原因，排队障碍后再继续牵引，必要时，可将缆线拉回重新牵引。

水平布线子系统的缆线在天花板或吊顶内敷设后，需将缆线穿放在预埋墙壁或墙柱中的管路中，向下牵引至安装通信引出端（或称住处插座）的洞孔处。缆线根数较少，且线对数不多的情况下可直接穿放。如果缆线根数较多，应采用牵引绳拉放到安装通信引出端处，以便连接，缆线在工人区处适当预留长度，一般为 0.3～0.6 m。

3）地板下的布线方法

目前，在综合布线系统中采有的地板下水平走线方法较多，有在地板下或楼板上等几种类型，这些类型的布线方法中除有原有建筑在楼板上面直接敷设导管布线方法不设地板外，其他类型的布线方法都设有固定地板或活动地板。因此，这些布线都是比较隐蔽美观，安全方便。例如新建建筑主要有地板下预埋管路布线法、蜂窝状地板布线法和地面线槽布线法（线槽埋放在垫层中），它们的管路或线槽，甚至地板结构都是在楼层的楼板中，与建筑同时建成。此外，在新建或原有建筑的楼板上（固定或活动地板下）主要有地板下管道布线法和高架地板布线法。

由于上述各种布线方法各有其特点和要求，在施工前必须充分了解其技术要求、施工难点，并拟订具体施工程序，尤其是工程中采用的布线方法。

在敷设缆线前根据施工图纸要求，对采用的布线方法与现场实际进行校核，了解布线系统和缆线路由，对于预埋的管路和线槽，必须核查有无施工的具体条件（如在预埋的管路和线槽中有无牵引线绳或铁丝）。

在原有建筑或没有预埋暗敷管或线槽的新建建筑中，在施工前根据该建筑的图纸进行核查，主要是建筑的楼层刻度、楼板结构和内部各种管线系统的分布等内容，这些情况必须弄清，以便根据调查拟订采用相应的布线方法。例如，在没有预埋管路和线槽的新建建筑中，可以结合其内部装修同步施工，利用装设活动地板或踢脚板等装饰条件敷设缆线。这样既便于敷设施工，又不影响建筑内部环境美观。

4）地板下布线的具体要求

在采用地板中预埋管路或线槽的布线方法和在楼层地板上面（固定或活动地板的下面）的布线方法时，需注意以下具体要求，以保证布线质量，有利于今后使用和维护。

在楼板中或楼板上敷设的各种地板下布线方法，除选择缆线的路由短捷平直、装设位置安全稳定及安装附件结构简单外，更要便于今后维护检修和有利于扩建改建。

敷设缆线的路由和位置尽量远离电力、给水和煤气等管线设施，以免遭受这些管线的危害而影响通信质量。为此，对于它们之间的最小净距与建筑主干布线子系统中的缆线要求相同。

在布线系统中有不少支撑和保护缆线的设施。这些支撑和保护方式是否适用、产品是否符合工程质量的要求，这些对于缆线敷设后的正常运行将起到重要作用。为此，对于支撑保护缆线设施，必须按照相应支撑保护方式的要求执行。

5）墙壁上的布线方式

在墙壁内预埋管路，提供敷设水平布放的缆线是最佳的方案，它既美观隐蔽，又安全稳定，因此，它是墙壁内敷设的主要方式。

2. 水平布线子系统缆线敷设的有关规定和要求

水平布线子系统的验收标准是缆线过程和敷设后均符合有关规定和要求。其主要内容如下。

为了便于维护检修及今后使用，水平布线子系统的缆线布放后，预留一定的冗余长度，以满足上述需要。为此，干线交接间或二次交接间的双绞线对称电缆预留长度是每端 3～6 m，工作区 3～0.6 m。如有特殊需要，可以适当增加长度或按设计规定预留长度。

目前，双绞线对称电缆一般有缆芯屏蔽（又称总屏蔽）和线对屏蔽两种结构方式，通常情况下，主干对弱线对称电缆只采用缆芯屏蔽结构方式，水平布线则两种结构都采用。由于屏蔽结构不同，电缆外径的粗细也有区别。为此，在屏蔽电缆敷设时，其曲度半径根据屏蔽方式来考虑，一般要求如下。

（1）非屏蔽的 4 对双绞线对称电缆敷设后，弯曲时的曲率半径至少为电缆外径的 4 倍，在施工过程中至少为 8 倍。

（2）屏蔽结构的双绞线对称电缆的曲率半径至少为电缆外径的 6～10 倍。

（3）在水平布线子系统的缆线敷设时，注意牵引拉力不宜过大过猛，要求牵引拉力适宜、牵引的节奏缓和。对于电缆芯线为 0.5 mm 线径、4 对双绞线对称电缆，牵引拉力不超过 110 N，如果电缆芯线为 0.4 mm 芯线径的 4 对双绞线对称电缆，则牵引拉力不超过 70 N。

6.5.4 缆线的终端和连接

缆线的终端和连接是综合布线系统工程施工中极为重要的关键环节，它是整个系统工程不可缺少的组成部分，其施工范围包括建筑物主干布线子系统和水平布线子系统两部分。这里的缆线终端和连接是指综合布线系统中的铜芯导线电缆的终端和连接，不包括光缆的终端和连接，光缆的终端和连接将在 6.6 节叙述。

建筑群主干布线子系统的主干缆线有光缆或电缆，如为铜芯导线电缆，其终端和连接，尤其是在建筑群配线架上的终端和连接安装施工，按本节要求办理。在外部施工的管道电缆或直埋电缆的连接要求，与一般专业布线系统的电缆接续施工相同或相似。

1. 缆线终端和连接的一般要求

缆线的终端和连接的一般要求如下。

（1）缆线的终端和连接虽然不像缆线安装、敷设那样需要大量人力和材料，但是它的施工特点是工作量大而集中，精密程度和技术要求极高，因为缆线的终端和连接的施工质量的优劣，对综合布线系统工程的正常运行将起到关键性的作用，必须严格按照设计和施工的有关技术标准及生产厂家的要求执行。

（2）为了保证缆线终端和连接质量，满足高速传输需要，综合布线系统室内部分的缆线终端和连接，都通过配线接续设备或连接硬件（如插头和插座）进行终端和连接，一般不采用缆线之间直接连接的方式，即缆线中间有接头。

（3）由于目前综合布线系统工程中所采用的配线接续设备和连接硬件已有国内外的生产厂家提供产品，因厂商较多，其产品型号、规格品种、产品结构和连接方式都有区别。因此，在安装施工前必须对生产厂家提供的配线接续设备和连接硬件及有关附件等的安装手册进行熟悉了解，充分掌握其技术特性和安装要求，以便顺利安装、施工，确保工程质量符合要求。

（4）缆线的终端和连接有两种：一种是配线接续设备（配线柜等）；另一种是通信引出端（如信息插座）和其他附件（如插头或连接块）。上述不同的设备和器材，在终端和连接中会有所区别。因此，在安装施工前，必须检查和了解缆线两端的标志，明白其标志表示的色标和数字（有时称连接场）、色标顺序等，不致发生颠倒或错接等现象，避免产生传输质量不良的后果。

（5）在配线连接设备或连接硬件进行缆线终端连接时，必须严格执行施工安装操作规程，要求缆线必须捆扎妥善、布置有序，不混乱无章。如果采用卡接方式，必须牢固可靠、接触良好，没有松动等现象，避免发生障碍的隐患。

2．缆线的终端和连接的安装施工

1）配线接续设备

综合布线系统的配线接续设备主要是建筑群配线架（CK）、建筑物配线架（BD）和楼层配线架（FD）及其他配线接续设备（如交接箱等）。在上述配线接续设备上终端连接时，注意以下几点要求。

在缆线终端连接前，首先整理缆线在设备上的敷设状态，要求路径合理、布置整齐、缆线的曲率半径符合规定。所有缆线用塑料扎带捆扎、松紧适宜，并固定在设备中的走线架上或线槽内，以防缆线不合理的移动或受到外力损伤。

按照缆线终端顺序剥除每条缆线的外护套，在剥除缆线外护套时，必须符合以下规定，以保证施工质量。

① 剥除缆线外护套时必须采用专用工具施工操作，不采用剪刀剪，以免操作不当而损伤缆线的绝缘层，影响缆线的电气特性而使传输质量下降。

② 按规定剥除缆线的外护套长度，为了保持每对双绞线的扭绞状态不致变化，剥除外护套的长度不宜过长，根据缆线类别的不同有所区别，要求五类线的非扭绞长度不大于13 mm，三、四类线的非扭绞长度不大于25 mm。剥除缆线外护套的长度也不宜过短，要有足够的非扭绞长度，以便终端连接。

③ 当缆线剥除外护套后，要立即对非氯绞的导线进行整理，成对分组捆扎，以防线对分散错乱，尽量保持与未除去外护套的状态一致，保证缆线的电气特性不变。

进行缆线终端连接时，必须按照规定要标施工操作。由于综合布线系统的配线接设备具有高密度等特点，目前缆线的终端连接方法均采用卡接方法。在卡接时注意以下几点。

① 必须采用专制卡接工具进行卡接，卡接时用力要适宜，不宜过猛，以免造成接续模块受损。

② 按照缆线的色标顺序进行弹簧端，以免混乱而产生线对颠倒或错接。如果发生错误需要改接时，用专用工具将导线从接线缝中拉出，再按正确的顺序重新卡接，在拆除重新改接过程中要注意拉力不能过猛，以免损伤导线而形成断线。

③ 卡接导线后，立即清除多余线头，不在接续模块中留存，并要检查导线是否放准、有无变形或可疑之外，必要时需重新施工。

卡接接续方式是目前比较先进的连接技术，它具有接续速度快、连接质量好、施工简便和节约材料等优点。其接续过程是用接续的专用工具把导线压嵌入接续模块的接续簧片缝中，导线的绝缘层被簧片割开（又称绝层位移），露出导线金属导体，使嵌入接续簧片的两个接触面之间，由于簧片与导线形成一定的倾斜角度，使金属导体的表面除受接续簧片的正常回复力的压力外，还因簧片产生扭转力的作用，形成与外界空气隔绝的不暴露接触点。保证导线终端连接的电气接触永久性和机械连接完整性。由于这种卡接接续方式不需焊接、不用螺条，也不剥除导线的绝缘层，且不会因空气氧化和机械振动而发生腐蚀。所以连接牢固可靠，电气性能经久不变，使用效果较好。

综合布线系统的各种配线接续设备是智能化建筑中的重要环节，如果在配线接续设备缆线终端连接施工中存在后患，将使综合布线系统难以发挥应有的作用。因此，在缆线终端连接后，必须对配线接续设备等进行全程测度，以便判定工程的施工质量，如有故障，应正确、迅速地排除，以保证综合布线系统能正常运行。

2）通信引出端（信息插座）和其他附件

综合布线系统的各种终端连接硬件较多，其中主要是 RJ45 信息插座和插头，缆线在这些连接硬件终端连接时，遵照以下规定。

目前综合布线系统所用的信息插座品种较多，但不论那个品种，其核心部件都是模块化插座孔和内部连接件。现以 RJ45 的信息插座和 RJ 插头为例，模块化插座孔采取整体锁定方式，内部连接件的簧片接触点镀金，因此，模块化插座孔使模块化插头与内部连接件的簧片保持可靠的电连接。将插头继续插入，使插座孔与插头之间的接触面增大，产生最大抗拉拔强度，电连接得到进一步加强而接触可靠。为此，在安装施工前，必须对插座的内部连接件进行检查，做好固定线的连接，以保证电连接的完整无缺。如果连接不当，有可能增加链路衰减和近端串音等问题。

双绞线在信息插座（包括插头）上进行终端连接时，必须按缆线的色标、线对组成及排列顺序进行卡接。如果为 RJ45 系统的连接硬件，其色标和线对组成及排列顺序按 EIA/TIA T58A 或 T568B 的规定办理。

双绞线对称电缆与 RJ45 信息插座采取卡接接续方式时，按先近后远、先下后上的接续顺序进行卡接。与接线模块卡接时，按设计规定或生产厂家要求进行施工操作。

当综合布线系统采用屏蔽电缆时，要求在安装施工中，将电缆屏蔽层与连接硬件终端处的屏蔽罩可靠接触，一般是缆线屏蔽层与连接硬件的屏蔽罩形成 360° 圆周的接触，它们之间的接触长度不宜小于 10 mm。

3）各类跳线的成端

在综合布线系统中，各种配线架的设备上均有各种接续模块和连接附件。因此，在上述设备上需进行跳线（有时称跨接线）成端连接。其具体要求如下：

各类跳线（包括电缆）和接插硬件必须接触良好，连接正确无误、标志清楚齐全。跳线选用的类型和品种均符合系统设计要求。

各类跳线长度符合设计要求，一般双绞线电缆的长度不超过 5 m。

6.6 光缆施工

综合布线系统中，光缆主要应用于水平子系统、干线子系统、建筑群子系统等场合。光缆布线技术在某些方面与主干电缆的布线技术类似。

6.6.1 光缆施工敷设的一般要求

（1）必须在施工前对光缆的端别予以判定并确定 AB 端，A 端就是枢纽的方向，B 端是用户一侧，敷设光缆的端别方向应一致，不应使端别排列混乱。

（2）根据运到施工现场的光缆情况，结合工程实际，合理配盘与光缆敷设顺序相结合，充分利用光缆的盘长，施工中宜整盘敷设，以减少中间接头，不任意切断光缆。管道光缆的接头位置避开繁忙路口或有碍于人们工作和生活处，直埋光缆的接头位置宜安排在地势平坦和地基稳固地带。

（3）光纤的接续人员必须经过严格培训，取得合格证书才准上岗操作。光纤熔接机等贵重仪器和设备由专人负责使用、搬运和保管。

（4）在装卸光缆盘作业时，使用叉车或吊车，采用跳板时，小心细致地从车上滚卸，严禁将光缆盘从车上直接推落到地上。在工地滚动光缆盘的方向，必须与光缆的盘绕方向（箭头方向）相反，其滚动距离规定在 50 m 以内，当滚动距离大于 50 m 时，应使用运输工具。在车上装运光缆盘时，将光缆固定牢靠，不歪斜和平放。在车辆运输时车速宜缓慢，注意安全，防止发生事故。

（5）光缆采用机械牵引时，牵引力用拉力计监视，不大于规定值。光缆盘转动速度与光缆布放速度同步，要求牵引的最大速度为 10 m/min，并保持恒定。光缆出盘处要保持松弛的弧度，并留有缓冲的余量，但不宜过多，避免光缆出现背扣、扭转或小圈。牵引过程中不突然启动或停止，互相照顾呼应，严禁硬拉猛拽，以免光纤受力过大而损害。在敷设光缆全过程中，唯光缆外护套不受损伤，密封性能良好。

（6）光缆不论在建筑物内或建筑群间敷设，单独占用管道管孔，如利用原有管道和铜习导线电缆合用时，在管孔中穿放塑料子管，塑料子管的内径为光缆外径的 1.5 倍，光缆在塑料子管中敷设，不与铜芯导线电缆合用同一管孔。在建筑物内光缆与其他弱电系统的缆线平行敷设时，有一定间距分开敷设，并固定绑扎。

6.6.2 光缆的敷设

在综合布线系统中光缆敷设有建筑物内主干光缆和建筑群间主干光缆两种情况。

1. 户外光缆的敷设

较长距离的光缆布设最重要的是选择一条合适的路径。这里不一定最短的路径就是最好的，还要注意土地的使用权、架设或地埋的可能性等。

必须有很完备的设计和施工图纸，以便施工和今后检查方便、可靠。施工中要时时注意不要使光缆受到重压或被坚硬的物体扎伤。

光缆转弯时，其转弯半径要大于光缆自身直径的 20 倍。

1）户外架空光缆施工

① 吊线托挂架空方式，这种方式简单便宜，在我国应用最广泛，但挂钩加挂、整理较费时。

② 吊线缠绕式架空方式，这种方式较稳固，维护工作少，但需要专门的缠扎机。

③ 自承重式架空方式，对线杆要求高，施工、维护难度大，造价高，国内目前很少

采用。

④ 架空时，光缆引上线杆处须加导引装置，并避免光缆拖地。光缆牵引时注意减小摩擦力。每个杆上要预留一段用于伸缩的光缆。

⑤ 要注意光缆中金属物体的可靠接地。特别是在山区、高电压电网区和多地区，一般要每公里有3个接地点，甚至选用非金属光缆。

2）户外管道光缆施工

① 施工前应核对管道占用情况，清洗、安放塑料子管，同时放入牵引线。

② 计算好布放长度，一定要有足够的预留长度，详见表6-4。

表6-4 光缆长度表

自然弯曲增加长度 （m/km）	入孔内拐弯增加长度 （m/孔）	接头重叠长度 （m/侧）	局内预留长度 （m）	注
5	0.5～1	8～10	15～20	其他预留按设计要求执行

③ 一次布放长度不要太长（一般2 km），布线时应从中间开始向两边牵引。

④ 布线牵引质量一般不大于120 kg，而且应牵引光缆的加强芯部分，并做好光缆头部的防水加强处理。

⑤ 光缆引入和引出处须加顺引装置，不可直接拖地。

⑥ 管道光缆也要注意可靠接地。

3）直接地埋光缆的布设

① 直埋光缆沟深度要按标准进行挖掘，见表6-5。

② 不能挖沟的地方可以架空或钻孔预埋管道布设。

③ 沟底应保证平缓坚固，需要时可预填一部分沙子、水泥或支撑物。

④ 布设时可用人工或机械牵引，但要注意导向和润滑。

⑤ 布设完成后，应尽快回土覆盖并夯实。

表6-5 直埋光缆埋深标准

布设地段或土质	埋深（m）	备 注
普通土（硬土）	≥1.2	—
半石质（砂砾土、风化石）	≥1.0	—
全石质	≥0.8	从沟底加垫10 cm细土或沙土
市郊、流沙	≥0.8	—
村镇	≥1.2	—
市内人行道	≥1.0	—
穿越铁路、公路	≥1.2	距道渣底或距路面
沟、渠、塘	≥1.2	—
农田排水沟	≥0.8	—

2. 建筑物内光缆的敷设

建筑物内光缆敷设的基本要求与电缆敷设相似。光缆敷设的施工方式也有两种：一种是由建筑的顶层向下垂直布放；另一种是由建筑的底层向上牵引，通常采用向下垂直布放的施工方式。只在整盘光缆搬到顶层有较大困难或有其他原因时，才采用由下向上牵引光缆的施工方式。具体施工方法的细节与电缆敷设相似。现将光缆敷设中需要注意的几点要求列在下面。

（1）建筑物内主干布线子系统的光缆一般装在电缆竖井或上升房中，它从设备间至各个楼层的交接间（或称接线间）敷设，成为建筑中的主要骨干线路。为此，光缆敷设在槽道内（或桥架）和走线架上，并排列整齐，不得溢出槽道或桥架。槽道（桥架）和走线架的安装位置正确无误，安装牢固可靠。为了防止光缆下垂或脱落，在穿越每个楼层的槽道上、下端和中间，均对光缆采取切实有效的固定装置，如用尼龙绳索、塑料带捆扎或钢制卡子箍住，使光缆牢固稳定。

（2）光缆敷设后，细致检查，要求外护套完整无损，没有压扁、扭伤、折痕和裂缝等缺陷。如果出现异常，应及时检测，予以解决。如果有缺陷或有断纤现象，检修测试合格后才允许使用。

（3）光缆敷设后，要求敷设的预留长度必须符合设计要求，在设备端预留 6～10 m，有特殊要求的场合，根据需要预留长度。光缆的曲率半径符合规定，转弯的状态要圆顺，没有死弯和折痕。

（4）在建筑内，同一路由上若有其他弱电系统的缆线或管线，光缆与它们平行或交叉敷设，有一定间距，要分开敷设和固定，各种缆线间的最小净距应符合设计规定，也可参照电缆与其他管线的最小净距处理，以保证光缆安全运行。

（5）光缆全部固定牢靠后，将建筑内各个楼层光缆穿过的所有槽洞、管孔的空隙部分，先用油麻封堵材料堵塞密封，再加堵防火堵料等，以求防潮和防火效果。

6.6.3 光缆的接续和终端

1. 光缆连接的类型和施工内容

光缆连接是综合布线系统工程中极为重要的施工项目，按其连接类型可分为光缆接续和光缆终端两类。它们虽然都是光缆连接形成光通路，但有很大区别。光缆接续是光缆直接连接，没有任何设备，它是固定接续；光缆终端是中间安装设备，如光缆接线箱［（LIU）又称光纤互连装置、光缆接续箱］和光缆配线架［（LGX）又称光纤接线架］，光缆的两端分别终端连接在这些设备上，利用光纤跳线或连接器进行互连或交叉连接，形成完整的光通路，它是活动接续。因此，它们的施工内容和技术要求也各有其特点和规定，由于在任何一个综合布线系统中，如果采用光缆传输系统，必然有上述两种光缆连接，在施工中必须按设计要求和有关操作规程进行，以保证光缆能正常使用。

光缆接续的施工内容包括光纤接续及铜导线、金属护层和加强芯的连接，接头损耗测量、接头套管（盒）的封合安装，光缆接头的保护措施等。上述施工内容均按操作顺序顺次进行，以便确保施工质量。

光缆终端的施工内容一般不包括光缆终端设备的安装，主要是光缆本身弹簧端部分，通常包括光缆布置（包括光缆终端的位置）、光纤整理和连接器的制作及插铜导线、金属护层和架强芯的终端和接地等施工内容。

由于目前国内外生产厂商提供的光缆终端设备在产品结构和连接方式上有所区别，其附件也有些不同。因此，在光缆终端的施工内容上会有些差别，根据选用的光缆终端设备和连接硬件的具体情况予以调整和变化，也不可能与上面的叙述完全一致。

2. 光缆连接施工的一般要求

光缆不论采用什么建筑方式，在光缆接续和终端的施工前都应注意以下一般要求。

（1）在光缆连接施工前，核对光缆的规格及程式等，是否与设计要求相符，如有疑问，必须查询清楚，确认正确无误后才能施工。

（2）对光缆的端别必须开头检验识别，要求必须符合规定。光缆端别的识别方法是：面对光缆截面，由领示色光纤为首（领示色根据生产厂家提供的产品说明书或有关标准确定），按顺时针方向排列时为A端，相反为B端。在光缆中有铜导线组时，铜导线组端别识别方法与光纤端别的识别规定一致。经核对，光纤和铜导线的端别均正确无误后，按顺序进行编线，并作好永性标记，以便施工和今后维修检查。

（3）要对光缆的预留长度进行核实，在光缆接续和光缆终端位置比较合理的前提下，要求光缆接续的两端和光缆终端设备的两侧预留的光缆长度必须足够，以利于光缆接续或光缆弹簧对端。按规定，预留在光终端设备两侧的光缆可以预留在光终端设备机房或电缆进线室，视具体情况而定。预留光缆选择安全位置，当处于易受外界损伤的段落时，采取切实有效的保护措施（如穿管保护等）。

（4）光缆接续或终端前，检查光缆（在光缆接续时检查光缆的两端）的光纤和铜导线（为光纤和铜导线组合光缆时）的质量，在确认合格后方可进行接续或终端。光纤质量主要是光纤衰减常数、光纤长度等；铜导线质量主要是电气特性等各项指标。

（5）由于光缆接续和光缆终端都要求光纤端面极为清洁光亮，以确保光纤连接后的传输特性良好。为此，对光缆连接时的所在环境要求极高，必须整齐有序、清洁干净。在室内是干燥无尘、温度适宜、清洁干净的机房中；在屋外，在专用光缆接续作业车或工程车内，若因具体条件限制，也在临时搭制的帐篷内进行施工操作，严禁在有粉尘的地方或毫无遮盖的露天场所进行作业。在光缆接续和终端过程中特别注意防尘、防潮和防震。光缆各连接部位和工具及材料均保持清洁干净，施工操作人员在施工作业过程中穿工作服、戴工作帽，以确保连接质量和密封效果。对于采用填充材料的光缆，在光缆连接前，采用专制的清洁剂等材料去除填充物，并擦洗干净、整洁，不留有残污和遗渍，以免影响光缆的连接质量。在施工现场，对光缆整理清洁过程中，严禁使用汽油等易燃剂料清洁，尤其在室内，更不能使用，以防止发生火灾。

在室外光缆接续时，如逢不适宜操作的风、雷、雨、雪等潮湿、多尘的天气，必须立即停止施工，以免影响光纤接续质量。

在室外光缆接续作业中，为确保光纤接续质量良好，当日确实无法全部完成光缆接续时，采取切实有效的保护措施，不使光缆内部受潮或受外力损伤。

（6）光缆连接施工的全过程，都必须严格执行操作规程中规定的工艺要求。例如，在切断光缆时，必须使用光缆切断器切断，严禁使用钢锯，以免拉伤光纤；严禁用刀片去除

第6章 综合布线工程施工

光纤的一次涂层,根据光缆接头套管的工艺尺寸要求开剥,不宜过长或过短,在剥除外护套过程中不损伤光纤,以免留有后患。

(7)光纤接续的平均损耗、光缆接头套管(盒)的封合安装及防护措施等都符合设计文件中的要求或有关标准的规定。

3. 光缆的接续

光缆的接续包含光纤接续、铜导线(如光电组合光缆时)、金属护层和加强芯的连接、接头套管(盒)的封合安装等。在施工时,分别按其操作规定和技术要求执行,具体内容如下所述。

1)光纤接续

目前光纤接续有熔接法、粘接法和冷接法,一般采用熔接法。无论选用那种接续方法,为了降低连接损耗,在光纤接续的全部过程中进行质量监视。具体监视可参见《电信网光纤数字传输系统工程施工及验收暂行技术规定》(YDJ44—1989)中的规定,在光纤接续中符合以下要求。

① 在光纤接续中严格执行操作规程的要求,以确保光纤接续的质量。光纤接续采用熔接法。

② 使用光纤熔接前,严格遵守厂家提供的使用说明书及要求,每次熔接作业前,将光纤熔接机的有关部位清洁干净。

③ 在光纤熔接前,必须将光纤羰面按要求切割,务必合格,才能将光纤进行熔接。在光纤接续时,按两端光纤的排列顺序一一对应,不接错。

④ 在光纤接续的全过程中,尤其是使用的光纤熔接机缺乏接续质量检验功能、或有检验功能但不能保证光纤接续质量时,在接续过程中使用光时域反射仪(OTDR)进行监测,务必使光纤接续损耗符合规定要求(必要时,在光纤接续中每道工序完成后测量接续损耗)。

⑤ 熔接完成并测试合格后的光纤接续部位立即做增强保护措施。目前增强保护方法有热可缩管法,套管法和 V 形槽法,较常用的是热可缩管法,采用热可缩管加强法保护时,要求加强管引缩均匀,管中无气泡。

⑥ 光纤接续的全过程中,光纤护套、涂层的去除、光纤端面切割制备、光纤熔接、热可缩管的加强保护等施工作业连续完成,不任意中断。使光纤接续程序完整而正确地实施,确保光纤接续质量优良。

⑦ 光纤全部连接完成后,按下列要求将光纤接头固定,将光纤余长收容盘放。

光纤接续按顺序排列整齐、布置合理,并将光纤接头固定,光纤接头部位平直安排、不受力。

根据光缆接头套管(盒)的不同结构,按工艺要求将接续后的光纤收容余长盘绕在骨架上,光纤的盘绕方向一致,松紧适度。

余长的光纤盘绕弯曲时的曲率半径大于厂家规定的要求,一般收容的曲率半径不小于 40 mm。光纤收容余长的长度不小于 1.2 m。

光纤盘留后,按顺序收容,没有扭绞受压现象,用海绵等缓冲材料压住光纤,形成保护层,并移放在接头套管中。

光纤接续的两侧余长贴上光纤芯的标记，以便今后检测时备查。

表 6-6 光纤接续损耗值符合设计要求和规定

光纤类别和光纤损耗		多模光纤接续损耗（dB）		单模光纤接续损耗（dB）	
		平均值	最大值	平均值	最大值
光纤接续方法	熔接法	0.15	0.30	0.15	0.30
	机械接续法	0.15	0.30	0.20	0.30

2）铜导线、金属护层和加强芯的连接

铜导线、金属护层和加强芯的连接应分别符合以下各自的技术要求。

（1）铜导线的连接

光缆内有铜导线时，应符合下列要求。

① 铜导线的连接方法可采用绕接、焊接或接线子连接几种，有塑料绝缘层的铜导线采用全塑电缆接线子接续。

② 铜导线接续点距光缆接头中心 10 cm 左右，允许偏差为 ±10 mm。有几对铜导线时，可分两排接续。

③ 对远供用的铜导线，在接续后测试直流电阻、绝缘电阻和绝缘耐压强度等，并检查铜导线接续是否良好。

直埋光缆中的铜导线接续后，测试直流电阻、绝缘电阻和绝缘耐压强度等，并要求符合国家标准有关通信电缆铜导线电性能的规定。

（2）金属护层和加强芯的连接

金属护层和加强芯的连接应符合下列要求。

光缆接头两侧综合护套金属护层（一般为铝护层）在接头装置处保持电气连通，并按规定要求接地，或按设计要求处理。铝护层的连（引）线是在铝护层上沿光缆轴向开一个 2.5 cm 的纵口，再拐 90°弯开 1 cm 长、呈"L"状的口，将连接端头卡子与铝护层夹住并压接，再用聚氯乙烯胶带绕包固定。

加强芯是根据需要长度截断后，再按工艺要求进行连接。一般是将两侧加强芯（不论是金属还是非金属材料）断开，再固定在金属接头套管（盒）上。加强芯连接方法和在接头盒上一样，采用压接法，要求牢固可靠，并互相绝缘。若是金属接头套管，在外面采用热可缩管或塑料套管保护。

3）接头套管（盒）的封合和安装

光缆接头套管（盒）的封合安装，应符合以下要求。

（1）光缆接头套管的封合按工艺要求进行。当为铅套管封焊时，严格控制套管内的温度，封焊时采取降温措施，要保证光纤被覆层不会受到过高温度的影响。

（2）光缆接头套管若采有热可缩套管，加热顺序为由套管中间向两端依次进行，加热均匀，热可缩管冷却后才能搬动，要求热可缩套管外形圆整、表面美观、无烧焦等不良现象。

（3）光缆接续和封合全部完毕后，测试和检查有无问题，并作记录备查。如需装地——引出时，注意安装工艺必须符合设计要求。

（4）管道光缆接头放在人孔正上方的光缆接头托架上，光缆接头预留余缆盘成"O"形圈紧贴入孔壁，用扎线捆扎在人孔铁架上固定，"O"形圈的曲率半径不小于光缆直径的 20 倍。

（5）直埋光缆接头平放于接坑中，其曲率半径不小于 20 mm。坑下（即光缆接头下面）铺垫 100 mm 细土或细砂，并平整踏实，接头上面覆盖厚约 200 mm 的细土或细砂，然后在细土层上面覆盖混凝土盖板或完整的砖块。

目前，国内外生产厂家生产的光缆接头盒品种较多，适用于管道、直埋和架空等室外各种场合，也有用于室内的。光缆接头盒的外形一般有平卧式和竖立式等多种，盒体结构采用对半开启式机械压接密封，在使用过程中只需更换密封件，盒体即可重复使用。接头盒有直通（2 个端口）和分支（4 个端口），如仅需 3 个端口，不用的端口可堵塞。盘留余纤的储纤盘有翻转式、翻转层叠式或旋转式（又称扇式）和抽屉式等多种。光缆接头盒容纳光纤可从 2 芯到 96 芯，甚至更多芯数。由于光缆接头盒型号、结构、容纳光纤的芯数等各有不同，其外形尺寸也不一样，这些光缆接头盒都具有安装简单、实用可靠、适应性强等特点。在选用时，根据光缆的芯数、光缆外径和光缆敷设方式及使用的场合来考虑。

这些光缆接头盒由于安装方式不同，其安装附件也有区别。例如，在电杆上安装时，需配有钢箍、螺钉、光缆接头盒托架等安装软件。在管道人孔或手孔中及直埋光缆接头坑内安装时，需配备光缆接头盒外面的安装紧固件等附件。

4．光缆的终端

1）光纤终端的连接方式

综合布线系统的光缆终端一般都在设备上或专制的终端盒中。在设备上是利用其装设的连接硬件，如耦合器、适配器等器件，使光纤进行互相连接。终端盒则采用光缆尾纤与盒内的光纤连接器连接。这些光纤连接方式都采用活动接续，分为光纤交叉连接（又称光纤跳接）和光纤互相连接（简称光纤互连，又称光纤对接）两种。现分别叙述其特点和具体情况。

（1）光纤交叉连接

与铜导线电缆在建筑物配线架或交接箱上进行跳线基本相似，它是一种以光缆终端设备为中心，对线路和进行集中和管理的设施。它既可简化光纤连接，又便于重新配置、新增或拆除线路等调整工作。光缆终端设备种类较多，有光缆配线架（LGX）、光缆接线箱（又称光缆连接盒）、光缆端接架、光缆互连单元（LIU）和光缆终端盒等多种类型和品种。

（2）光纤互相连接

光纤互相连接简称光纤互连，又称光纤对接，它是综合布线系统中较常用的光纤连接方法，有时它也可作为线路管理使用。它的主要特点是直接将来自不同光缆的光纤（如分别是输入端和输出端的光纤），通过连接套箍互相连接，在中间不必通过光纤跳线或光纤跨接线连接。因此，在综合布线系统中如果不考虑对线路进行经常性的调整工作，当要求降低光能量的损耗时，常常使用光纤互连模块，因为光纤互相连接的光能量损耗远比光纤交叉连接小。这是由于光纤互相连接中光信号只通过一次插接性连接，而在光纤交叉连接中，光信号需要通过两次插接性连接，且有一段跳线或跨接线的损耗。但是应该说两者相比，各有其特点和用途，光纤交叉连接在使用时较为灵活，但它的光能量损耗会增加一倍。光纤互相连接是固定对应连接，灵活性差，但其光能量损耗较小，这两种连接方式根据网络需要和设备配置来选用。

这两种连接方式所选用的连接硬件，均有用作插接连接器的光纤耦合器（如ST耦合器）、固定光纤耦合器的光纤连接器面板或嵌板等装置，以及其他附件。此外，还有识别线路的标志，这些都是光纤终端处必须具备的元器件。具体数量的配置和安装方法因生产厂家的产品不同而有区别，在安装施工时必须加以熟悉和了解。

2）光缆终端的基本要求

光缆和光纤终端是综合布线系统工程的重要项目，应符合以下基本要求。

在光缆终端的设备机房内，光缆和光缆终端接头的布置合理有序，安装位置安全稳定，其附近不应有可能损害它的外界设施，如热源和易燃物质等。

为保证连接质量，从光缆终端接头引出的尾巴光缆或单芯光缆的光纤所带的连接器，按设计要求和规定插入光纤配线架上的连接硬件中。暂时不用的光纤连接器，可以不插接，但应在连接器插头端盖上塑料帽，以保证其清洁干净。

光纤在机架或设备内（如光纤连接盒），对光纤接续予以保护。光纤连接盒有固定和活动两种方式（如抽屉式、翻转式、层叠式和旋转式等），不论在哪种储纤装置中，光纤盘绕有足够的空间，都大于或符合规定的曲率半径，以保证光纤正常运行。

利用室外光缆中的光纤制作连接器时，其制作工艺要求严格按照操作规程执行，光纤芯径与连接器接头的中心位置的同心度偏差达到以下要求（采用光显微镜或数字显微镜检查）：多模光纤同心度偏差小于或等于 3 μm；单模光纤同心度偏差小于或等于 1 μm。

此外，其连接的接续损耗也应达到规定指标。如果上述两项不能达到规定指标，尤其是超过光纤接续损耗指标时，不使用，剪掉接续重新制作，务必合格才准使用。

所有的光纤接续处（包括光纤熔接或机械接续）都有切实有效的保护措施，并要妥善固定牢靠。

光缆中的铜导线分别引入业务盘或远供盘等进行终端连接。金属加强芯、金属屏蔽层（铝护层）及金属铠装层均按设计要求，采取接地或终端连接。要求必须检查和测试上述措施是否符合规定。

光纤跳线或光纤跨接线等的连接器，在插接入适配器或耦合器前，用沾有试剂级的丙醇酒精的棉花签擦拭连接器插头和耦合器或适配器内部，进行清洁干净，才能插接。并要求耦合器两端插入的ST连接器端面在其中间接触紧密。

在光纤、铜导线和连接器的面板上均设有醒目的标志，标志内容正确无误、清楚完整（如序号和光纤用途等）。

6.7 接地安装工程

6.7.1 施工工艺流程

接地安装施工工艺流程如图6-5所示。

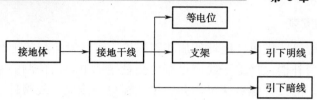

图 6-5 接地安装施工工艺流程

6.7.2 工艺要求

1. 接地体安装

接地体顶面埋设深度不小于 0.6 m，角钢及钢管接地体应垂直设置。垂直接地体长度不应小于 2.5 m，其相互之间间距一般不小于 5 m。接地体埋设位置距建筑物不宜小于 1.5 m，遇有在垃圾、灰渣等地埋设接地体时，应换土并分层夯实。

当接地装置必须埋设在距建筑物出入口或人行道小于 3 m 时，埋深不应小于 1 m，且应采用均压带做法或在接地装置上面敷设 50～90 mm 厚的沥青或卵石层，其宽度应超过接地装置 2 m。

接地体的连接应采用焊接方法。焊缝应饱满并有足够的机械强度，不得有夹渣、咬肉、裂纹、虚焊、气孔等缺陷，焊接处的药皮敲净后，刷沥青做防腐处理。

采用搭接焊时，其焊接长度如下：镀锌扁钢不小于其宽度的 2 倍，且至少 3 个棱边施焊。敷设前需调直，煨弯自然，直线段不应有明显弯曲。镀锌圆钢焊接长度为其直径的 6 倍，并应双面施焊。双面施焊镀锌圆钢与镀锌扁钢连接时，其长度为圆钢直径的 6 倍。镀锌扁钢与镀锌钢管（或角钢）焊接时，为了连接可靠，除应在其接触部位两侧进行焊接外，还应直接将扁钢本身弯成弧形，紧贴3/4钢管表面，上下两侧施焊。

所有金属部件应镀锌，操作时注意保护镀锌层。

2. 人工接地体（极）的安装

根据设计图要求，对接地体（极）的线路进行测量弹线，在此线路上挖掘深 0.8～1 m、宽为 0.5 m 的沟，沟上部稍宽，底部渐窄。

安装接地体（极）：沟挖好后，应立即安装接地体或敷设接地扁钢。先将接地体放在沟的中心线上，打入地中，一般采用手锤打入，一人扶接地体，一人用大锤敲打接地体顶部。使用手锤敲打接地体时要平稳，锤击接地体正中，不得打偏，应与地面保持垂直，当接地体顶端距离地面 600 mm 时停止打入。

接地体间的扁钢敷设：扁钢敷设前应调直，然后将扁钢放置于沟内，依次将扁钢与接地体用电焊（气焊）焊接。扁钢应侧放而不可平放，侧放时散流电阻较小。扁钢与钢管连接的位置距接地体最高点约 100 mm。焊接时应将扁钢拉直，焊好后清除药皮，刷沥青做防腐处理，并将接地线引出至需要位置，留有足够的连接长度，以待使用。

核验接地体（极）：接地体连接完毕后，应及时进行隐检核验，接地体材质、位置、焊接质量等应符合施工规范要求，然后方可进行回填，分层夯实。最后将接地电阻摇测数值填写在隐检记录上。

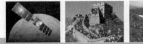

3. 接地干线的安装

接地干线穿过墙壁、模板、地坪处加套管保护，钢套管应与接地线做电气连通；跨越伸缩缝时，应做煨弯补偿。接地干线应设有为测量接地电阻而预制的断接卡子或测试点；用暗盒装入，涮锡，配接好螺钉螺母，并做接地标记。接地干线跨越门口时应暗敷设于地面内。接地干线敷设应平直，水平度及垂直度允许偏差 2/1 000，全长不得超过 10 mm。转角处接地干线弯曲半径不得小于扁钢厚度的 2 倍。

当配电室明敷接地干线沿墙壁水平敷设时，距地面高度为 250～300 mm，距墙体 10～15 mm，应刷黄色和绿色相间的条纹，每段 15～100 mm，油漆均匀无遗漏。应有不少于 2 处与接地装置引出干线连接。

明敷接地干线支持件应均匀，水平间距为 0.5～1.5 m，垂直间距为 1.5～3 m，转弯部分 0.3～0.5 m。

接地干线与接地体连接的扁钢相连，分为室内连接与室外连接两种，室外接地干线与支线一般敷设在沟内。室内的接地干线多为明敷，但部分设备连接的支线必须经过地面，也可以埋设在混凝土内。

明敷接地线的安装要求：

（1）敷设位置不应妨碍设备的拆卸与检修；

（2）接地线应水平或垂直敷设，也可沿建筑物倾斜结构平行在直线段上，不应有高低起伏及弯曲情况；

（3）接地线沿建筑物墙壁水平敷设时，与地面应保持 250～300 mm 的距离，接地线与建筑物墙壁间隙不小于 10 mm；

（4）明敷的接地线表面应涂黄、绿相间条纹，每段 15～100 mm；

（5）接地线引向建筑物内的入口处，一般应标以黑色记号，在检修用临时接地点处应刷白色底漆后标以黑色记号；

（6）明敷接地线安装。当支持件埋设完毕，水泥砂浆凝固后，可敷设墙上的接地线。将接地扁钢沿墙吊起，在支持件一端用卡子将扁钢固定，经过隔墙时穿跨预留孔，接地干线连接处应焊接牢固。

4. 等电位联结安装

建筑物等电位联结、安装应按设计要求实施；用作等电位联结的总干线或总等电位箱应有不少于两处与接地装置直接联结；需连接等电位的金属部件、构件与从等电位联结干线或局部等电位箱派出的支线连接应可靠，导通应正常。需等电位联结的高级装修金属部件，有专用接地线点，且做出标识，连接附件齐全。

等电位联结安装：用 25 mm×4 mm 镀锌扁钢或 ϕ12 mm 镀锌圆钢作为等电位联结的总干线。按设计图纸的位置，与接地体直接连接，不得少于两处。将总干线引至总接线箱，箱体与总干线应连接为一体，箱中的接线端子排宜为铜排。铜排与镀锌扁钢搭接处，铜排端应涮锡，搭接倍数不小于 $2b$（b 为扁钢宽度）。也可以在总干线镀锌扁钢上直接打孔，作为接线端子，但必须涮锡，螺栓采用 M10 型，附件齐全，接线箱应有箱盖，并有标识。由等电位总箱引出等电位联结干线，可用扁钢、圆钢或导线穿绝缘导管敷设。等电位联结干线引至局部等电位箱，连接螺栓可用 M8 型。由局部等电位箱派出的支线，一般采用绝缘导管

内穿多股软铜线做法。结构期间预埋箱、盒管,做好的等电位支线预置于接线盒内,待金属器具安装完毕后,将支线与专用等电位接点接好。

6.8 系统设备安装

6.8.1 设备安装的基本要求

1. 设备安装工程范围

在综合布线系统的设备间内安装有各种设备,如用户电话交换机、计算机主机和监控等其他系统设备,这些设备的安装施工要求有所不同,不属于综合布线系统工程范围之内。对于综合布线系统在设备间的设备来说,其工程范围是有限的,只是建筑物配线架和相应设备(包括各种接线模块和布线接插件等)。

此外,在智能化建筑中,各个楼层装设的楼层配线架等配线接续设备(包括二次交接设备)和所有通信引出端(包括单孔或双孔的信息插座)的设备安装,均属于综合布线系统工程范围之内。

2. 设备类型的特点

在综合布线系统中,常用的主要设备是配线架等接续设备,由于国内外设备类型和品种有些不同,其安装方法也有很大区别。目前较为常用的形式基本分为双面配线架的落地安装方式和单面配线架的墙上安装方式两种,其设备的结构有敞开式的列架式,也有外设箱体外壳保护的柜式,前者一般用于容量较大的建筑群配线架或建筑物配线架,后者通常用于中小容量的建筑物配架或楼层配线架,它们分别装在设备间或干线交接间(又称干线接线间)及二级交接间中,作为端接和连接缆线的接续设备,进行日常的配线管理。

目前,国内外所有配线接续设备的外形尺寸基本相同,其宽度均采用通用的 19″(英制 48.26 cm 标准机柜架),这对于设备统一布置和安装施工是有利的。

此外,目前,国内外生产的通信引出端(信息插座),其外形结构和内部零件安装方式大同小异,基本由面板和盒体两部分组装成整体。连接用的插座插头都为 RJ45 型配套使用。因此,在安装方法上是基本一致的。

3. 设备安装的基本要求

在综合布线系统工程中安装设备时,应符合以下基本要求。

(1)机架、设备的排列布置、安装位置和设备面向都按设计要求,并符合实际测定后的机房平面布置图中的要求。

(2)在综合布线系统工程中采用机架和设备,其型号、品种、规格和数量均按设计文件规定配置,经检查上述内容与设计要求完全相符时,才允许在工程中安装施工。如果设备不符合设计要求,必须会同设计单位共同协商处理。

(3)在安装施工前,必须对厂家提供的产品使用说明和安装施工资料熟悉掌握,了解其设备特点和施工要点,在安装施工过程中根据其有关规定和要求执行,以保证设备安装工程质量良好。

(4)在机架、设备安装施工前,如果发现外包装不完整或设备外观存在严重缺陷,或主要零配件数量不符合要求,应对其进行详细记录,只有在确实证明整机完好、主要零配件数量齐全等前提下,才能安装设备和机架。凡质量不合格的设备都不能不安装使用,主要零配件数量不符的,等待妥善处理后,才能进行下一步施工操作。

6.8.2 设备安装的具体要求

1. 机架、设备安装施工的具体要求

机架、设备安装施工的具体要求一般有以下几点。

(1) 机架、设备安装完工后,其水平度和垂直度都必须符合生产厂家的规定,若厂家无规定,要求机架和设备与地面垂直,其前后左右的垂直偏差度均不大于 3 mm。

(2) 机架和设备上的各种零部件不缺少或碰坏,设备内不留有线头等杂物,表面漆面如有损坏或脱落,应予以补漆,其颜色与原来的漆色协调一致。各种标志统一、完整、清晰、醒目。

(3) 机架和设备必须安装牢固可靠,在有抗震要求时,根据设计规定或施工图中的防震措施要求进行抗震加固。各种螺钉必须拧紧,无缺少、损坏或锈蚀等缺陷,机架更不能有摇晃现象。

(4) 为便于施工和维护人员操作,机架和设备背面距离墙面大于 0.8 m,以便人员施工维护和通行。相邻机架设备靠近,同列机架和设备的机面排列平齐。

(5) 建筑群配线架或建筑物配线架采用双面配线架的落地安装方式时,应符合以下规定要求。

① 如果缆线从配线架下面引上走线,配线架的底座位置与成端电缆的上线孔相对应,以利于缆线平直引入架上。

② 各个直列上下两端垂直倾斜误差不大于 3 mm,底座水平误差每平方米不大于 2 mm。

③ 跳线环等装置牢固,其位置上下、前后均整齐、平直、一致。

④ 接线端子按电缆用途划分连接区域,以便连接,且设置各种标志,以示区别。

⑤ 建筑群配线架或建筑物配线架采用单面配线架的墙上安装方式时,要求墙壁必须坚固牢靠,能承受机架重力,其机架(柜)底距离地面宜为 300～800 mm,视具体情况取定。其接线端子按电缆用途划分连接区域,以便连接,并设置标记,以示区别。

此外,在干线交接间中的楼层配线架一般采用单面配线架或其他配线接续设备,其安装方式都为墙上安装,机架(柜)底边距地面宜为 300～800 mm,视具体情况决定。

⑥ 机架、设备、金属钢管和槽道的接地装置符合设计和施工及验收标准规定要求,并保持良好的电气连接。所有与地线连接处均使用接地垫圈,垫圈尖角对向铁件,刺破其涂层。只允许一次装好,不将已装过的垫圈取下重复使用,以保证接地回路通畅无阻。

2. 连接硬件和信息插座安装的具体要求

综合布线系统中所用的连接硬件(如接线模块等)和信息插座都是重要的零部件,具有量大、面广、体积小、密集型、技术要求高等特点,其安装质量的优劣直接影响连接质量的好坏,也必然决定信息传输质量。因此,在安装施工中必须注意以下要求。

(1) 接续模块(又称接线模块)等连接硬件的型号、规格和数量,都必须与设备配套

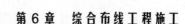

使用。根据用户需要配置,做到连接硬件正确安装、对号入座、完整无缺,缆线连接区域划界分明,标志完整、正确、齐全、清晰和醒目,以利于维护和管理。

(2)接续模块等连接硬件要求安装牢固稳定,无松动现象,设备表面的面板保持在一个水平面上,做到美观整齐、平直一致。

(3)缆线与接续模块相接时,根据工艺要求,按标准剥除缆线的外护套长度,当为屏蔽电缆时,将屏蔽层连接妥当,不中断。利用接线工具将线对与接续模块卡接,同时切除多余导线线头,并清理干净,以免发生线路障碍而影响通信质量。

(4)综合布线系统的信息插座多种多样,既有安装在墙上的(其位置一般距地面 30 cm 左右);也有埋于地板上的,且信息插座也因缆线接入对数不同分为单孔或双孔等。因此,安装施工方法也有区别。其具体要求如下。

① 安装在地面上或活动地板上的地面信息插座,由接线盒体和插座面板两部分组成。插座面板有直立式(可以倒下成平面)和水平式等几种。缆线连接固定在接线盒体内的装置上,接线盒体均埋在地面下,其盒盖面与地面齐平,可以开启,要求必须严密防水和防尘。在不使用时,插座面板与地面齐平,不影响人们日常行动。

② 安装在墙上的信息插座,其位置宜高出地面 30 cm 左右。房间地面采用活动地板时,装设位置离地面的高度在上述距离基础上再加上活动地板内的净高尺寸。

③ 信息插座有明显的标志,可以用颜色、图形和文字符号来表示所接终端设备的类型,以便使用时区别,不致混淆。

在新建的智能化建筑中,信息插座宜与暗敷管路系统配合,信息插座盒体采用暗装方式,在墙壁上预留洞孔,将盒体埋设在墙内,综合布线系统施工时,只需加装插座面板。在已建成的智能化建筑中,信息插座的安装方式可根据具体环境条件采取明装或暗装方式。

6.9 综合布线施工中的常用材料和施工工具

6.9.1 综合布线施工中的常用材料

网络工程施工过程中需要许多施工材料,这些材料有的必须在开工前准备好,有的可以在工程过程中准备。

光缆、双绞线、信息插座、信息模块、配线架、交换机、Hub、服务器、UPS、桥架、机柜等接插件和设备等都要落实到位,确定具体的到货时间和进货地点。

另外,还需要不同规格的塑料线槽、金属线槽、PVC 防火管、蛇皮管、螺丝等辅料。

6.9.2 综合布线施工中的常用施工工具

依据项目选择的标准,选择打线钳、压线钳、剥线钳、螺丝刀、剪线钳、测试仪器、冲击钻、开孔器等。

6.10 综合布线工程的施工配合

综合布线要与土建的施工配合、与计算机系统配合、与公用通信网配合、与其他系统配合。

在进行系统总体方案设计时，还应考虑其他系统（如有线电视系统、闭路视频监控系统、消防监控管理系统等）的特点和要求，提出互相密切配合、统一协调的技术方案。例如，各个主机之间的线路连接，同一路由的敷设方式等，都应有明确要求并有切实可行的具体方案，同时，还应注意与建筑结构和内部装修及其他管槽设施之间的配合，这些问题在系统总体方案设计中都应予以考虑。

6.11 机房工程

机房是各种信息系统的中枢，只有构建一个高可靠性、节能高效和具有可扩充性的整体机房环境，才能保证主机、通信设备免受电磁场、噪声等外界因素的干扰，消除温度、湿度、雷电等环境因素对信息系统带来的影响，保证各类信息通信畅通无阻。机房工程不是一个简单的装修工程，而是一个集电工学、电子学、建筑装饰学、美学、计算机专业、弱电控制专业、消防安全等多学科、多领域的综合工程，并是涉及计算机网络工程、综合布线系统（PDS，Premises Distribution System）等专业技术的工程，如图 6-6 所示。所以，机房建设工程的目标不仅是要为机房工作人员提供一个舒适而良好的工作环境，而更加重要的是必须保证计算机及网络系统等重要设备能长期安全而可靠地运行。

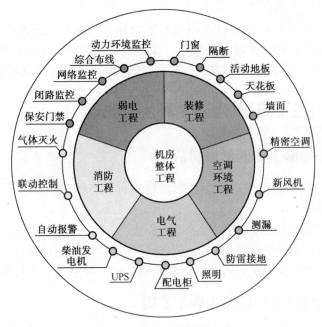

图 6-6 机房工程涉及内容

6.11.1 机房工程子系统

1. 机房装修子系统

机房装修子系统的设计宗旨是：进行合理的信息路由结构设计和供配电设计，防止可能造成系统互连的阻塞，减少网络设备的电磁干扰，并在充分考虑网络系统、空调系统、

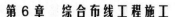

UPS 系统等设备的安全性、先进性的前提下，达到机房整体美观、大方的效果。

因此，机房总体装修的设计规划中，应重点保障各建设点的环境参数指标符合国际标准，机房总体布局规划应满足安全等级的要求，合理布置、安装机房内各个配套功能设施，减少各系统之间的干扰，协调各系统的穿插，尽量做到配套组合包装，为机房防潮、防静电、隔热、屏蔽、隔音、安全等提供良好的保障。

机房装修工程主要包括天花吊顶、地面装修、墙面装饰、隔断工程、门窗工程等。

(1) 天花吊顶

机房顶棚装修宜采用吊顶方式。机房内吊顶的主要作用是：在吊顶以上到顶棚的空间作为机房静压送风或回风风库，可布置通风管道；安装固定照明灯具、走线、各类风口、自动灭火探测器；防止灰尘下落。机房天花板材料应选择金属铝天花板，主要因为铝板及其构件具有质轻、防火、防潮、吸音、不起尘、不吸尘等性能。

(2) 地面装修

在机房工程的技术施工中，机房地面工程是一个重要的组成部分。机房地板一般采用抗静电活动地板。

机房敷设抗静电活动地板主要有 3 个作用，即在活动地板下形成隐蔽空间，可以敷设电源线管、线槽、综合布线、消防管线及一些电气设施（插座、插座箱等）；在敷设的活动地板下形成空调送风静压箱；安装静电泄漏系统，为计算机及网络设备的安全运行提供保证。

(3) 墙面装饰

机房内墙装饰的目的是保护墙体结构，保证机房内的使用条件，创造一个舒适、美观、整洁的环境。内墙的装修效果由质感、线条和色彩 3 个因素构成。目前，机房墙面装饰中最常见的是贴墙材料，如铝塑板、彩钢板等，其特点是表面平整、气密性好、易清洁、不起尘、不变形。机房外围界墙及防火隔墙在土建施工中常采用轻质土建隔墙，并两面用水泥砂浆抹平。如果机房不适宜做土建隔墙，也可以采用轻钢龙骨苍松板隔墙（内镶岩棉），其强度、表面硬度和防火性能指标均能满足要求，且保温、隔热、隔音。

(4) 隔断工程

针对机房中的不同设备对环境的不同要求，为便于空调控制、灰尘控制、噪声控制和机房管理，机房内往往采用隔断墙将大的机房空间分隔成较小的功能区域，一般采用钢化玻璃隔断，这种隔断墙既轻又薄，还能隔音、隔热，通透效果也好。

(5) 门窗工程

机房安全出口一般不应少于两个，设于机房的两端。门应向疏散方向开启并能自动关闭。机房外门多采用防火防盗门，内门一般与隔断墙协调，采用不锈钢无框玻璃自由门，这样既保证了机房安全，又保证了机房内有通透、明亮的效果。

2. 机房配电子系统

机房内的供配电系统是机房建设规划中最重要的内容。规范化的电气系统是整个机房供电安全性和可靠性的有力保证。因此，在设计上应采用模块化、宽冗余的设计理念，既符合计算机机房配电系统的灵活性，又不会对未来扩容造成瓶颈。

机房负载分为主设备负载和辅助设备负载。主设备指计算机及网络系统、计算机外部设备及机房监控系统。辅助设备指空调设备、动力设备、照明设备、维修测试设备等。

机房配电系统采用三相供电（三相五线制：三相线、地线、零线）。供配电系统包括总动力系统、UPS 系统、照明、空调等电源配电系统。

机房供配电系统是机房安全运行的动力保证，系统配电中，要采用专业配电柜来规范和保证机房供配电系统的安全、合理。

配电柜要具有防浪涌、防雷击过流保护能力，采用质量可靠的电源防雷器。

配电柜内应设置电流表、电压表、频率表，以便检查电源电压、电流、三相间的平衡关系和电源输出频率变化。

配电柜内，应根据计算机设备及辅助设备的不同要求设置中线和接地线。设备安装运行后零地电位差≤2 V。

配电柜内采用的母线、接线排、各种电缆、导线、中性线、接地线等必须符合国家标准，并按国家规定的颜色标志编号，线缆均应采用阻燃型。

配电柜内各种开关、手柄、操作按钮应当标志清楚，并配有说明文档，防止使用中出现误操作，便于维护管理。

配电柜绝缘性能应符合国家标准，要求不小于 0.5 MΩ。

在使用中还应配合 UPS 不间断电源，来保证供电的稳定性和可靠性。

机房的照明供电属于辅助供电系统的范畴，但它具有一定的特殊性和独立性。机房照明的好坏不仅影响计算机操作人员和软/硬件维修人员的工作效率和身心健康，还会影响计算机的可靠运行。因此，合理地选择照明方式、灯具类型、布局及一些相关器材等在电气工程中不可忽视。

3. 机房 UPS 子系统

不间断电源（UPS）在计算机系统和网络应用中主要起两个作用：一是应急使用，防止突然断电而影响正常工作，给计算机造成损害；二是消除市电上的电涌、瞬间高电压、瞬间低电压、电线噪声和频率偏移等"电源污染"，改善电源质量，为计算机系统提供高质量的电源。

UPS 配电系统对各配线间中的网络设备进行集中供电。配线由 UPS 输出至分配电柜后，经单独镀锌金属线槽（管）引到各配线间各处。配电柜内每个配线间供电设独立开关控制，并配有漏电保护装置。

4. 机房精密空调与新风子系统

机房中的计算机设备、网络设备需要不间断运行，在运行中会散发出大量的热，且散失量极小，为保证机房内工作人员有一个舒适的工作环境，需要空调系统一年四季不间断地运行。同时为保证机房内的空气洁净、保持机房内的空气新鲜、维持机房内的正压需要并消除余热，还应设计新风子系统。机房内的空调与新风子系统对保持机房恒定的温度和湿度是必不可少的。

（1）机房专用精密空调系统

机房专用精密空调系统的任务是保证机房设备能够连续、稳定、可靠地运行；排出机房内设备及其他热源所散发的热量；维持机房内的恒湿、恒温状态，并控制机房内空气的含尘量。因此，机房空调系统要具有进风、回风、加热、除湿、冷却、除湿和空气净化能力。

机房专用精密空调系统是保证机房良好环境的最重要设备，宜采用恒温、恒湿精密专用空调。

（2）新风机

机房新风子系统主要有两个作用：一是给机房提供足够的新鲜空气，为工作人员创造良好的工作环境；二是维持机房对外的正压差，避免灰尘进入，保证机房有更好的洁净度。

另外，机房还应设排风系统，用以排除可能出现的烟雾及灭火后出现的气体。机房内的气流组织形式应结合计算机系统要求和建筑条件综合考虑。

（3）排风系统

根据国家有关规范和标准，计算机房内应设有排风系统，用以排除可能出现的消防事故所带来的浓烟，起到消防排烟的作用。

5．机房场地监控子系统

随着社会信息化程度的不断提高，机房计算机系统的数量与日俱增，其环境设备也日益增多。一旦这些设备出现故障，对计算机系统的运行，对数据传输、存储的可靠性构成了威胁。如故障不能及时排除，造成的经济损失可能是无法估量的。事故发生后，设备监控主机会及时通过电话、电子邮件的形式通知值班人员，及时处理事故。

监测范围主要包括以下几方面。

（1）供配电：电压、电流、频率及开关状态。

（2）机房设备：UPS 输入/输出电压、电流、频率等各项参数。

（3）空调内部各模块的检测与控制。

（4）机房环境：机房温度、湿度、漏水监控。

（5）与音、视频系统的联动控制。

（6）与消防系统的互连及与配电系统的联动控制。

（7）与安保系统的互连。

（8）集中监控：通过计算机对以上内容进行集中监控。

6．机房防雷、接地子系统

机房防雷、接地子系统是涉及多方面的综合性信息处理工程，是机房建设中的一项重要内容。防雷、接地系统是否良好是衡量机房工程质量的标准之一。

机房应采用下列几种接地方式：

（1）交流工作接地，接地电阻应小于 1 Ω；

（2）计算机系统安全保护接地电阻及静电接地电阻小于 4 Ω；

（3）直流接地电阻小于或等于 1 Ω；

（4）防雷保护接地系统接地电阻小于 10 Ω；

（5）零地电压应小于 1 V。

所有电气设备、金属门、窗及其金属构件、电缆外皮均应与专用接地保护线可靠连接。机房专用地线（防雷、防静电、保护接地）从接地端引至机房，并分别标明各类接地。UPS 电源输出配电柜的地线与大楼的地线相连，即重复接地。

机房防雷应采用下列几种方式：

（1）在动力室电源线总配电盘上安装并联式专用避雷器；

（2）在机房配电柜进线处安装并联式电源避雷器；

（3）在计算机设备电源处使用带有防雷功能的插座板。

6.11.2 机房工程设计原则

机房的环境必须满足计算机等各种电子设备和工作人员对温度、湿度、洁净度、电磁场强度、噪声干扰、安全保安、防漏、电源质量、振动、防雷和接地等的要求。所以，机房建设的最终目标是提供一个安全可靠、舒适实用、节能高效和具有可扩充性的机房。

结合机房各子系统的设计目标，机房在设计过程中应遵循以下设计原则。

1. 实用性和先进性

尽可能采用最先进的技术、设备和材料，以适应高速数据传输的需要，使整个系统在一段时期内保持技术的先进性，并具有良好的发展潜力，以适应未来信息产业业务发展和技术升级的需要。

2. 安全可靠性

为保证各项业务的应用，网络必须具有高可靠性，决不能出现单点故障。同时对机房布局、结构设计、设备选型、日常维护等各个方面进行高可靠性的设计和建设，对关键设备在采用硬件备份、冗余等可靠性技术的基础上，采用相关的软件技术提供较强的管理机制、控制手段和事故监控与安全保密等技术措施，提高机房的可靠性。

3. 灵活性与可扩展性

机房工程必须具有良好的灵活性与可扩展性，能够根据今后业务不断深入发展的需要，扩大设备容量和提高用户数量和质量。具备支持多种网络传输、多种物理接口的能力，提供技术升级、设备更新的灵活性。

4. 标准化

机房工程的系统结构设计包括机房设计标准、电力电气保障标准，以及计算机局域网、广域网标准，坚持统一规范的原则，从而为未来的业务发展、设备增容奠定基础。

5. 经济性

以较高的性能价格比构建机房，能以较低的成本、较少的人员投入来维持系统运转，提供高效能与高效益，并尽可能保留并延长已有系统的投资，充分利用以往在资金与技术方面的投入。

6. 可管理性

随着业务的不断发展，网络管理的任务必定会日益繁重，所以在机房的设计中，必须建立一套全面、完善的机房管理和监控系统。所选用的设备应具有智能化、可管理的功能，同时采用先进的管理监控系统设备及软件，实现先进的集中管理监控、实时监控、语音报警、实时事件记录，监测整个机房的运行状况，这样可以迅速确定故障，提高系统运行性能、可靠性，简化机房管理人员的维护工作，从而为机房安全、可靠地运行提供最有力的保障。

6.11.3 机房工程设计标准

机房工程从设计、采购、施工到验收等阶段必须依据相应的国家标准、行业标准。机房工程设计的主要设计依据如下：

《电子计算机机房设计规范》GB 50174—1993；
《计算机场地技术要求》GB 2887—1989；
《计算机用活动地板技术要求》GB 6650—1986；
《计算机场地安全要求》GB 9361—1988；
《电子计算机机房施工及验收规范》SJ/T 30003—1993；
《建筑物防雷设计规范》GB 50057—1994；
《低压配电设计规范》GB 50054—1995；
《民用建筑电气设计规范》JGJ/T 16—9F210；
《建筑防雷设计规范》及中华人民共和国行业标准 GB 157；
《火灾自动报警系统规范》GBJ 1168；
《民用闭路监控电视系统工程技术规范》GB 50198—1994；
《建筑内部装修设计防火规范》GB 50222—1995；
《计算机信息系统安全技术要求第 1 部分：局域计算环境》GA 371—200。

6.11.4 机房工程施工

机房工程建设的目标是：一方面机房建设要满足计算机系统网络设备，安全可靠，正常运行，延长设备的使用寿命，提供一个符合国家各项有关标准及规范的、优秀的技术场地；另一方面，机房建设还应给机房工作人员、网络客户提供一个舒适典雅的工作环境。因此，在机房设计中要具有先进性、可靠性及高品质，保证各类通信畅通无阻，为今后的业务进行和发展提供服务。一般需要由专业技术企业来完成。在施工过程中，承建方应按照 ISO 9001 质量管理体系的要求，重视各类人员培训，提高施工人员的专业技能，实行全过程的质量控制。为了保证工程质量，在施工过程中实施工程监理是非常必要的，做到子系统（分工程）完工，有阶段性验收，直至整个工程完工。

1. 机房装修子系统

计算机房的室内装修工程的施工和验收主要包括：天花吊顶、地面装修、墙面装饰、门窗等的施工验收和其他室内作业。

在施工时应保证现场、材料和设备的清洁。隐蔽工程（如地板下、吊顶上、假墙、夹层内）在封口前必须先除尘、清洁处理，暗处表层应能保持长期不起尘、不起皮和不龟裂。

机房所有管线穿墙处的裁口必须做防尘处理，然后必须用密封材料填堵缝隙。在裱糊、粘接贴面及进行其他涂覆施工时，其环境条件应符合材料说明书的规定。

装修材料应尽量选择无毒、无刺激性的材料，尽量选择难燃、阻燃材料，否则应尽可能涂刷防火涂料。

1）天花吊顶

机房吊顶板表面应平整，不得起尘、变色和腐蚀；其边缘应整齐、无翘曲。封边处理后不得脱胶；填充顶棚的保温、隔音材料应平整、干燥，并做包缝处理。

按设计及安装位置严格放线。吊顶及马道应坚固、平直，并有可靠的防锈涂覆。金属连接件、铆固件除锈后，应涂两遍防锈漆。

吊顶上的灯具、各种风口、火灾探测器底座及灭火喷嘴等应定准位置，整齐划一，并与龙骨和吊顶紧密配合安装，从表面看应布局合理、美观、不显凌乱。

吊顶内空调作为静压箱时，其内表面应按设计要求做防尘处理，不得起皮和龟裂。

固定式吊顶的顶板应与龙骨垂直安装。双层顶板的接缝不得落在同一根龙骨上。

用自攻螺钉固定吊顶板，不得损坏板面。

当设计未明确规定时应符合五类要求。

螺钉间距，沿板周边间距150～200 mm，中间间距为200～3 000 mm，均匀布置。螺钉距板边10～15 mm，钉眼、接缝和阴阳角处必须根据顶板材质用相应的材料嵌平、磨光。

保温吊顶的检修盖板应用与保温吊顶相同的材料制作。

活动式顶板的安装必须牢固、下表面平整、接缝紧密平直，靠墙、柱处按实际尺寸裁板镶补。根据顶板材质做相应的封边处理。

安装过程中随时擦拭顶板表面，并及时清除顶板内的余料和杂物，做到上不留杂物，下不留污迹。

2）地面装修

计算机房用活动地板应符合国标 GB 6650—1986《计算机房用活动地板技术条件》。

一般采用抗静电活动地板。敷设前必须做好地面找平，清洁后刷防尘乳胶漆，敷设13 mm 橡塑保温棉；然后架设抗静电活动地板，并按规范均匀铺设抗静电通风地板。活动地板要求安装高度为30 cm，做符合安全要求的等电位联结和接地。根据机房安装的设备要求在对应位置做好承重加固、防移动措施。

3）墙面、隔断装饰

墙面、隔断装饰效果要持久；漆膜遮盖力好，经济耐用；无不良气味，符合环保要求。机房所有窗均须做防水、防潮、防渗漏处理，窗位封堵要严密。

形成漆保护后的墙面可擦洗，要具有优质的防火性能。

安装隔断墙板时，板边与建筑墙面间隙应用嵌缝材料可靠密封。

隔断墙两面墙板接缝不得在同一根龙骨上，每面的双层墙板接缝亦不得在同一根龙骨上。

安装在隔断墙上的设备和电气装置固定在龙骨上，墙板不得受力。

隔断墙上需安装门窗时，门框、窗框应固定在龙骨上，并按设计要求对其缝隙进行密封。

无框玻璃隔断应采用槽钢、全钢结构框架。墙面玻璃厚度不小于 10 mm，门玻璃厚度不小于12 mm。表面不锈钢厚度应保证压延成型后平如镜面，无不平的视觉效果。

石膏板、吸音板等隔断墙的沿地、沿顶及沿墙龙骨建筑围护结构内表面之间应衬垫弹性密封材料后固定。当设计无明确规定时固定点间距不宜大于800 mm。

竖龙骨准确定位并校正垂直后与沿地、沿顶龙骨可靠固定。

有耐火极限要求的隔断墙竖龙骨的长度应比隔断墙的实际高度短 30 mm，上、下分别形成 15 mm 的膨胀缝，其间用难燃弹性材料填实。全钢防火大玻璃隔断、钢管架刷防火

第 6 章　综合布线工程施工

漆、玻璃厚度不小于 12 mm，无气泡。

当设计无明确规定时，用自攻螺钉固定墙板宜符合螺钉间距沿板周边间距不大于 200 mm、板中部间距不大于 300 mm、均匀布置，其他要求同吊顶要求相同。

有耐火极限要求的隔断墙板应与竖龙骨平等铺设，不得与沿地、沿顶龙骨固定。

4）门窗工程

机房出入口门首先必须满足消防防火方面的要求，必须有效地起到防尘、防潮、防火作用，具有良好的安全性能，还要保证最大设备的进出，最后必须考虑操作安全、可靠和安装门禁系统的需要。

机房的内门要求与墙体装饰协调。铝合金门框、窗框的规格型号应符合设计要求，安装应牢固、平整，其间隙用非腐蚀性材料密封。门扇、窗扇应平整、接缝严密、安装牢固、开闭自如、推拉灵活。

2. 机房配电子系统

为保护计算机、网络设备、通信设备及机房其他用电设备和工作人员的正常工作和人身安全，要求配电系统安全可靠，因此该配电系统按照一级负荷考虑进行设计。

计算机中心机房内供电宜采用两路电源供电：一路为机房辅助用电，主要供应照明、维修插座、空调等非 UPS 用电；另一路为 UPS 输入回路，供机房内 UPS 设备用电，两路电源各成系统。

机房进线电源采用三相五线制。用电设备、配电线路装设过流和过载两段保护，同时配电系统各级之间有选择性地配合，配电以放射式向用电设备供电。

机房配电系统所用线缆均为阻燃聚氯乙烯绝缘导线及阻燃交联电力电缆，敷设镀锌铁线槽 SR、镀锌钢管 SC 及金属软管 CP，配电设备与消防系统联动。

机房内的电气施工应选择优质电缆、线槽和插座。电缆宜采用铜芯屏蔽导线，敷设在金属线槽内，尽可能远离计算机信号线。插座应分为市电、UPS 及主要设备专用的防水插座，并应有明显区别标记。照明应选择专用的无眩光高级灯具。

对要求电源的质量与可靠性较高的设备，设计中采用电源由市电供电加备用发电机这种运行方式，以保障电源可靠性的要求；系统中同时考虑采用 UPS 不间断电源，最大限度地满足机房计算机设备对供电电源质量的要求。

机房内通常采用 UPS 不间断电源供电来保证供电的稳定性和可靠性。在市电突然中断供电时，UPS 能迅速在线切换运行，主机系统不会丢失数据，并可保证机房内计算机设备在一定时间内的连续运行。

3. 机房空调与新风子系统

为保证机房拥有一个恒久的、良好的机房环境。机房专用空调应采用下送风、上回风的送风方式，主要满足机房设备制冷量和恒温、恒湿需求。应选择的机房专用空调是模块化设计的，这样可根据需要增加或减少模块；也可根据机房布局及几何图形的不同任意组合或拆分模块，且模块与模块之间可联动、集中或分开控制。所有操作控制器柄等应安装在易于操作的位置上，所选精密空调必须易于维护，且运行维护费用相对较低。空调要求配置承重钢架，确保满足承重要求。

根据机房的围护结构特点（主要是墙体、顶面和地面，包括：楼层、朝向、外墙、内墙及墙体材料、门窗形式、单双层结构及缝隙、散热）、人员的发热量、照明灯具的发热量、新风负荷等各种因素，计算出计算机房所需的制冷量，选定空调的容量。新风系统的风管及风口位置应配合空调系统和室内结构来合理布局，其风量根据空调送风量的大小而定。

4. 机房监控子系统

1）门禁

在进入机房的地方给工作人员分别设置了进入权限和历史记录。主机房、工作区、网络配线间及机房入口大门均安装门禁，可设计多套门禁系统，如密码系统、电锁、感应式卡片等。通过在各出入口安装读卡机及电控设备，自动控制大门开关，形成一个总体网络，可以全面掌握出入口的运行状态，了解来访者的身份，并为迅速排除治安事件提供科学依据。还可以根据实际需要，对各门禁系统进行分级授权，从而实现人员进出的电子化管理。

2）电视监控

机房中有大量的服务器及机柜、机架。由于这些机柜及机架一般比较高，所以监控死角比较多，因此在电视监控布点时主要考虑各个出入口，每一排机柜之间安装摄像机。如果机房有多个房间，可考虑在UPS房和控制机房内安装摄像机。

3）自动报警

在安装闭路电视的同时，也可考虑在重要的机房档案库安装防盗报警系统以加强防范手段。在收到警报时，系统能根据预设程序通过门禁控制器将相关门户自动开启。发生报警事件或其他事件时，操作系统会自动以形象的方式显示有关信息或发出声响提示，值班人员从计算机上可以马上了解到信号的发生地、信号类别和发生的原因，从而相应做出处理。

5. 机房防雷、接地子系统

机房防雷、接地工程一般要做以下工作。

（1）做好机房接地。根据 GB 50174—1993《电子计算机房设计规范》，交流工作地、直流工作地、保护地、防雷地宜公用一组接地装置，其接地电阻按其中最小值要求确定，如果计算机系统直流地线与其他地线分开接地，则两地极间应间隔 25 m。

（2）做好线路防雷。为防止感应雷、侧击雷高脉冲电压沿电源线进入机房损坏机房内的重要设备，在电源配电柜电源进线处安装浪涌防雷器。

① 在动力室电源线总配电盘上安装并联式专用避雷器，构成第一级衰减。

② 在机房配电柜进线处安装并联式电源避雷器，构成第二级衰减。

③ 机房布线不能沿墙敷设，以防止雷击时墙内钢筋瞬间传导强雷电流时瞬间变化的磁场在机房内的线路上感应出瞬间的高脉冲浪涌电压把设备击坏。

6.11.5 机房工程施工的注意事项

1. 机房装修子系统注意事项

（1）防静电地板接地环节处理不当，导致正常情况下产生的静电没有良好的泄放路径，不但影响工作人员身体健康，甚至会烧毁机器。

（2）装修过程中环境卫生、空气洁净度不好，灰尘的长时间积累可引起绝缘等级降低、电路短路。

（3）活动地板下的地表面没有做好地台保温处理，在送冷风的过程中地表面因地面和冷风的温差而结霜。

（4）活动地板安装时，要绝对保持围护结构的严密，尽量不留孔洞，如有孔洞，则要做好封堵。

（5）室内顶棚上安装的灯具、风口、火灾探测器及喷嘴等应协调布置，并应满足各专业的技术要求。

（6）电子计算机机房各门的尺寸均应保证设备运输方便。

为防止机房内漏水，现代机房常常设计安装漏水自动检测报警系统。安装系统后，一旦机房内有漏水现象出现，立即自动发出报警信号，值班人员立即采取措施，可避免机房受到不应有的损失。

2. 机房配电子系统注意事项

（1）为保证电压、频率的稳定，UPS 必不可少，选用 UPS 应注意以下事项。

① UPS 的使用环境应注意通风良好，利于散热，并保持环境的清洁。

② 切勿带感性负载，如点钞机、日光灯、空调等，以免造成损坏。

③ UPS 的输出负载控制在 60%左右为最佳，可靠性最高。

④ UPS 负载过轻（如 1000VA 的 UPS 带 100VA 负载）有可能造成电池的深度放电，会缩短电池的使用寿命，应尽量避免。

⑤ 适当的放电有助于电池的激活，如果长期不停市电，每隔 3 个月应人为断掉市电，用 UPS 带负载放电一次，这样可以延长电池的使用寿命。

⑥ 对于多数小型 UPS，上班再开启 UPS，开机时要避免带载启动，下班时应关闭 UPS；对于网络机房的 UPS，由于多数网络是 24 小时工作的，所以 UPS 也必须全天候运行。

⑦ UPS 放电后应及时充电，避免电池因过度自放电而损坏。

（2）配电回路线间绝缘电阻不达标，容易引起线路短路，发生火灾。

（3）机房紧急照明亮度不达标，无法通过消防验收，发生火灾时易导致人员伤亡。

3. 机房空调子系统注意事项

（1）空调用电要单独走线，区别于主设备用电系统。

（2）空调机的上下水问题：设计中机房上下水管不宜经过机房。

（3）机房空调机的上下水管应尽量靠近机房的四周，把上下水管送到空调机室。上下水管另一端送至同层的卫生间内。空调机四周用砖砌成防水墙，并加地漏。

4. 机房防雷、接地子系统注意事项

在机房接地时应注意如下两点。

（1）信号系统和电源系统、高压系统和低压系统不应使用共地回路。

（2）灵敏电路的接地应各自隔离或屏蔽，以防止地回流和静电感应而产生干扰。机房接地宜采用综合接地方案，综合接地电阻应小于 1Ω，并应按现行国家标准《建筑防雷设计

规范》要求采取防止地电位反击措施。

机房雷电分为直击雷和感应雷。对直击雷的防护主要由建筑物所装的避雷针完成；机房的防雷（包括机房电源系统和弱电信息系统防雷）工作主要是防感应雷引起的雷电浪涌和其他原因引起的过电压。

思考与练习题 6

1. 综合布线施工前应做哪些准备？
2. 配线子系统施工时需要注意哪些要点？
3. 干线子系统施工时有哪些规范要求？
4. 在确定弱电沟开沟路线时，应遵从哪些原则？
5. 常用线槽有哪些？
6. 水平线缆布放时，应遵循哪些技术规范？
7. 光缆选用有哪些原则？
8. 综合布线施工中，常用工具有哪些？
9. 机房装修工程主要包括哪几部分？
10. UPS 有何作用？
11. 机房如何防雷？
12. 机房工程的设计原则是什么？
13. 机房接地应注意什么？

第7章 综合布线工程验收

综合布线工程实施完成后,需要对布线工程进行全面的测试工作,以确认系统的施工是否达到工程设计方案的要求,它是工程竣工验收的主要环节,是鉴定综合布线工程各建设环节质量的手段,测试资料也必须作为验收文件存档。掌握综合布线工程测试技术,关键是掌握综合布线工程测试标准及测试内容、测试仪器的使用方法,以及电缆和光缆的测试方法。

7.1 验收的依据和规范

综合布线工程的验收是一项系统工作,它不仅包含对各类线缆的测试,还应包含对施工环境、设备布置、设备质量、安装工艺及技术文件等项目的检查。

验收工作不仅出现在工程结束时,还应该贯穿在整个施工过程中。根据验收方式,综合布线工程的验收可分为施工前检查、随工检查、隐蔽工程签证及竣工检验几部分。

工程的验收主要以《综合布线系统工程验收规范》(GB/T 50312—2007)作为技术验收规范。由于综合布线工程是一项系统工程,不同项目会涉及其他一些技术规范,因此,综合布线工程验收工程还需要符合下列技术规范:

YD/T 926.1—2001《大楼综合布线总规范》;
YD/T 1013—1999《综合布线系统电气特性通用测试方法》;
YD/T 1019—2001《数字通信用实心聚烯绝缘水平对绞电缆》;
YD/5051—1997《本地网通信线路工程验收规范》;
YD/J39—1997《通信管道工程施工及验收技术规范(修订本)》。

工程验收检查工作主要包含表 7-1 所示的内容。

表 7-1　工程验收检查工作内容及方式

阶　段	验收项目	验　收　内　容	验收方式
一、施工前检查	1. 环境要求	（1）土建施工情况：地面、墙面、门、电源插座及接地装置；（2）土建工艺：机房面积、预留孔洞；（3）施工电源；地板敷设	施工前检查
	2. 器材检验	（1）外观检查；（2）形式、规格、数量；（3）电缆电气性能测试；（4）光纤特性测试	施工前检查
	3. 安全、防火要求	（1）消防器材；（2）危险物的堆放；（3）预留孔洞防火措施	施工前检查
二、设备安装	1. 交接间、设备间、设备机柜、机架	（1）规格外观；（2）安装垂直、水平度；（3）油漆不得脱落，标志完整齐全；（4）各种螺钉必须紧固；（5）抗震加固措施；（6）接地措施	随工检验
	2. 配线部件及 8 位模块式通用插座	（1）规格、位置、质量；（2）各种螺钉必须紧固；（3）标志齐全；（4）安装符合工艺要求；（5）屏蔽层可靠连接	随工检验
三、电、光缆布放（楼内）	1. 桥架及线槽布放	（1）安装位置正确；（2）安装符合工艺要求；（3）符合布放线缆工艺要求；（4）接地	随工检查
	2. 缆线暗敷（暗管、线槽等方式）	（1）线缆规格、路由、位置；（2）符合布放线缆工艺要求；（3）接地	隐蔽工程签证
四、电、光缆布放（楼间）	1. 架空缆线	（1）吊顶规格、架设位置、装设规格；（2）吊顶垂度；（3）缆线规格，卡、挂间隔；（4）缆线的引入符合工艺要求	随工检查
	2. 管道缆线	（1）使用管孔孔位；（2）缆线规格；（3）缆线走向；（4）缆线的防护设施的设置质量	隐蔽工程签证
	3. 埋式缆线	（1）缆线规格；（2）敷设位置、深度；（3）缆线的防护设施的设置质量；（4）回土夯实质量	隐蔽工程签证
	4. 隧道缆线	（1）缆线规格；（2）安装位置、路由；（3）土建设计符合工艺要求	隐蔽工程签证
	5. 其他	（1）通信线路与其他设施间距；（2）进线室安装、施工质量	随工检查或隐蔽工程签证
五、缆线终接	1. 8 位模块式通用插座	符合工艺要求	随工检查
	2. 配线部件	符合工艺要求	
	3. 光纤插座	符合工艺要求	
	4. 各类跳线	符合工艺要求	
六、系统测试	1. 工程电气性能测试	（1）连接图；（2）长度；（3）衰减；（4）近端串音（两端都应测试）；（5）设计中特殊规定的测试内容	竣工检查
	2. 光纤特性测试	（1）衰减；（2）长度	竣工检验
七、工程总验收	1. 竣工技术文件	清点、交接技术文件	竣工检查
	2. 工程验收评价	考核工程质量、确认验收结果	

（1）系统工程安装质量检查，各项指标符合设计要求，则被检项目检查结果合格；被检项目的合格率为 100%，则工程安装质量判为合格。

第 7 章 综合布线工程验收

（2）系统性能检测中，对绞电缆布线链路、光纤信道应全部检测，竣工验收需要抽验时，抽样比例不低于 10%，抽样点应包括最远布线点。

（3）系统性能检测单项合格判定。

① 如果一个被测项目的技术参数测试结果不合格，则该项目判为不合格。如果某一被测项目的检测结果与相应规定的差值在仪表准确度范围内，则该被测项目应判为合格。

② 采用 4 对对绞电缆作为水平电缆或主干电缆，所组成的链路或信道有一项指标测试结果不合格，则该水平链路、信道或主干链路判为不合格。

③ 主干布线大对数电缆中按 4 对对绞线对测试，指标有一项不合格，则判为不合格。

④ 如果光纤信道测试结果不满足相应规范中的指标要求，则该光纤信道判为不合格。

⑤ 未通过检测的链路、信道的电缆线对或光纤信道可在修复后复检。

（4）竣工检测综合合格判定。

① 对绞电缆布线全部检测时，无法修复的链路、信道或不合格线对数量有一项超过被测总数的 1%，则判为不合格。光缆布线检测时，如果系统中有一条光纤信道无法修复，则判为不合格。

② 对绞电缆布线抽样检测时，被抽样检测点（线对）不合格比例不大于被测总数的 1%，则视为抽样检测通过，不合格点（线对）应予以修复并复检。被抽样检测点（线对）不合格比例如果大于 1%，则视为一次抽样检测未通过，应进行加倍抽样，加倍抽样不合格比例不大于 1%，则视为抽样检测通过。若不合格比例仍大于 1%，则视为抽样检测不通过，应进行全部检测，并按全部检测要求进行判定。

③ 全部检测或抽样检测的结论为合格，则竣工检测的最后结论为合格；全部检测的结论为不合格，则竣工检测的最后结论为不合格。

（5）综合布线管理系统检测，标签和标识按 10%抽检，系统软件功能全部检测。检测结果符合设计要求，则判为合格。

7.2 验收项目

7.2.1 设备安装

1. 设备机架

设备机架的安装应符合施工标准规定，以确保工程质量：

检查设备机架的外观、规格、程式是否符合要求；

检查设备机架的安装，垂直和水平是否符合标准规定；

检查设备标牌、标志是否齐全；

各种附件安装齐全，所有螺钉紧固牢靠，无松动现象；

有切实有效的防震加固措施，保证设备安全可靠；

检查测试接地措施是否可靠。

2. 信息插座

通信引出端的位置、数量及安装质量均满足用户使用要求：

检查其质量、规格是否符合要求，安装位置是否符合要求；

各种螺钉是否拧紧；

各种标志、标牌是否齐全；

屏蔽措施的安装是否符合要求。

7.2.2 光缆和电缆的布放检查

1. 电缆桥架及槽道安装

槽道（桥架）等安装位置正确无误，附件齐全配套；

安装牢固可靠，质量有保证，符合工艺要求；

接地措施齐备良好。

2. 电缆布放

各种缆线的规格、长度均符合设计要求；

缆线的路由、位置正确，敷设安装操作均符合工艺要求。

7.2.3 楼外电缆和光缆的布放

1. 架空布线

电缆、光缆和吊线的规格及质量均符合使用要求；

吊线的装设位置、垂度、高度及工艺要求均符合标准规定；

电缆或光缆挂设工艺和吊挂卡钩间隔均符合标准规定，架设竖杆位置应正确；

各种缆线的引入安装方式符合设计要求和标准规定；

其他固定缆线的装置（包括墙壁式敷设）均满足工艺要求。

2. 管道布线

占用管道的管孔位置合理，缆线走向和布置有序，不影响其他管孔的使用；

管道缆线规格和质量符合设计规定；

管道缆线的防护措施切实有效，施工质量有一定保证；

管道缆线的防护设施配备妥当。

3. 直埋布线

直埋缆线的规格和质量均符合设计规定；

敷设位置、深度和路由均符合设计规定；

缆线的保护措施切实有效；

回填土夯实，无塌陷不致发生后患，保证工程质量。

4. 隧道线缆布线

隧道管沟的规格和质量符合工艺要求；

所用的缆线规格和质量均符合设计规定；

位置、路由的设计符合规范、安装质量符合工艺要求；

此外，还必须检验缆线与其他设施的间距或保护措施及引入房屋部分的缆线安装敷设

是否符合标准规定。

7.2.4 缆线终端

缆线终端包括通信引出端、配线模块、光纤插接件和各类跳线等。这一环节一般是随工序而进行的检验缆线终端是否符合施工规范和有关工艺要求的随工检验，包括：

（1）信息插座是否符合设计和工艺要求；
（2）配线模块是否符合工艺要求；
（3）光纤插座是否符合工艺要求；
（4）各类跳线的布放是否美观和符合工艺要求。

7.2.5 系统测试

当网络工程施工接近尾声时，最主要的工作就是对布线系统进行严格的测试。对于综合布线的施工方来说，测试主要有两个目的：一是提高施工的质量和速度；二是向用户证明他们的投资得到了应有的质量保证。对于采用了五类电缆及相关连接硬件的综合布线来说，如果不用高精度的仪器进行系统测试，很可能会在传输高速信息时出现问题。光纤的种类很多，对应用光纤的综合布线系统的测试也有许多需要注意的问题。

测试仪是对维护人员非常有帮助的工具，对综合布线的施工人员来说也是必不可少的。测试仪的功能具有选择性，根据测试的对象不同，测试仪器的功能也不同。例如，在现场安装的综合布线人员希望使用的是操作简单、能快速测试与定位连接故障的测试仪器，而施工监理或工程测试人员则需要使用具有权威性的高精度的综合布线认证工具。有些测试需要将测试结果存入计算机，在必要时可绘出链路特性的分析图，而有些则只要求存入测试仪的存储单元。

综合布线系统的测试可以分为三类：验证测试、鉴定测试和认证测试。对测试仪器的选用基本上也是这三类，它们之间在功能上虽会有些重叠，但每类测试所使用的测试仪器各有其特定的目的。

（1）验证测试

验证测试是在施工过程中及验收之前由施工者对所敷设的传输链路进行施工连通测试，测试重点检验传输链路的连通性，发现问题及时处理和对施工后的链路参数进行预测，做到工程质量心中有数，以便验收顺利通过。例如每完成一个楼层后，对该水平线及信息插座进行测试。

验证测试仪器具有最基本的连通测试功能（如接线图测试），解决缆线连接是否正确，测试缆线及连接部件性能，包括开路、短路。有些测试仪器还有附加功能，测试缆线长度或对故障定位。验证测试仪器应在现场环境中随工使用，操作简便。

根据所使用的电缆测试仪（如 DSP40000）或用单端电缆测试仪（如 F620）进行随工测试及阶段施工情况测试，规范中指明了有基本链路和信道两种测试连接方法。

测试连接图可按基本链路测试连接方法连接，单端测试只连接测试仪主机，不需要接测试仪远端单元。

基本链路是指布线工程中固定链路部分，包括最长的 90m 水平电缆并在两端分别接有一个连接点。信道测试连接方式用来测试端到端的链路，包括用户终端连接线在内的整体信道性能。

(2) 鉴定测试

鉴定测试仪不仅具有验证测试仪的功能,还要有所加强。鉴定测试仪最主要的一个能力就是判定被测试链路所能承载的网络信息量的大小。TIA-570-B 标准中规定,链路鉴定通过测试链路来判定布线系统所能支持的网络应用技术(如 100Base-Tx、相线等)。例如,有两根链路但不知道它们的传输能力,链路 A 和链路 B 都通过了接线图验证测试;然而,鉴定测试显示链路 A 最高只支持 10Base-T,链路 B 却支持千兆位以太网。鉴定测试仪能生成测试报告,可用于安装布线系统时的文档备案和管理。这类测试仪有一个独特的能力,就是可以诊断常见的可导致布线系统传输能力受限制的线缆故障,该功能远远超出了验证测试仪的基本连通性测试。

鉴定测试仪的功能介于验证测试仪和认证测试仪的功能之间。比验证测试仪功能强大许多,它们的设计目的是操作者只需要较少的培训就可以判断布线系统是否可以工作?如果不能工作,原因是什么?但无论如何它们在功能上与认证测试仪都是无法相比的,也是不可能替代认证测试仪的。

(3) 认证测试

认证测试是线缆置信度测试中最严格的。认证测试仪在预设的频率范围内进行多种测试,并将结果同 TIA 或 ISO 标准中的极限值相比。这些测试结果可以判断链路是否满足某类或某级(如超 5 类、6 类、D 级)的要求。此外,验证测试仪和鉴定测试仪通常是以通道模型进行测试的,认证测试仪还可以测试永久链路模式。永久链路模型是综合布线时最常用的安装模式。另外,认证测试仪通常还支持光缆测试,提供先进的图形终端能力并提供内容更丰富的报告。一个重要的不同点是只有认证测试仪能提供一条链路是"通过"或"失败"判定能力。

认证测试的测试内容主要包括:

① 对缆线传输信道包括布线系统工程的施工、安装操作、缆线及连接硬件质量等方面综合布线系统的整体指标,按标准所要求的各项参数、指标进行逐项测试,比较判断是否达到某类或某级(例如超五类、六类、D 级)和国家或国际标准的要求。认证测试是缆线置信度测试中最严格的。

② 认证测试分为基本测试项目和任选测试项目,对于五类线系统,基本测试项目有:长度、接线图、衰减、近端串音损耗。任选项目有衰减对串扰比、环境噪声干扰强度、传播时延、回波损耗、特性阻抗、直流环路电阻等。这些内容根据工程的规模、用户的要求及测试的功能条件进行选择。

③ 六类以上布线系统测试内容应按照 ANSI/EIA/TIA-568B 和 ISO/IEC11801:2000+标准所要求的测试内容进行测试。

④ 三类大对数电缆(垂直主干线)的测试内容按照 GB/T50312-2000 中的规定执行。

⑤ 屏蔽布线系统的测试。应在现场进行对屏蔽电缆屏蔽层两端通导测试,检验屏蔽层的连接性是否完好。

各项测试结果应有详细记录,作为竣工资料的一部分。

第7章 综合布线工程验收

1. 双绞线链路测试

（1）测试标准

综合布线工程的测试，可按照国内外现行的一些标准及规范进行。目前常用的测试标准为美国国家标准协会 EIA/TIA 制定的 TSB-67、EIA/TIA-568A 等。TSB-67 包含了验证 EIA/TIA-568 标准定义的 UTP 布线中的电缆与连接硬件的规范。

由于所有的高速网络都定义了支持五类双绞线，所以用户要找一个方法来确定电缆系统是否满足五类双绞线规范。为了满足用户的需要，EIA（美国的电子工业协会）制定了 EIA586 和 TSB-67 标准，它适用于已安装好的双绞线连接网络，并提供一个用于认证双绞线电缆是否达到五类线所要求的标准。由于确定了电缆布线满足新的标准，用户就可以确信目前的布线系统能否支持未来的高速网络（100 Mbps）。

随着超五类、六类系统标准的制定和推广，目前 EIA568 和 TSB-67 标准已提供了超五类、六类系统的测试标准。对网络电缆和不同标准所要求的测试参数如表 7-2、表 7-3 和表 7-4 所示。

表 7-2 网络电缆及其对应标准

电缆类型	网络类型	标　准
UTP	令牌环 4 Mbps	IEEE 802.5 for 4 Mbps
UTP	令牌环 16 Mbps	IEEE 802.5 for 16 Mbps
UTP	以太网	IEEE 802.3 for 10Base-T
RG58/RG58 Foam	以太网	IEEE 802.3 for 10Base2
RG58	以太网	IEEE 802.3 for 10Base5
UTP	快速以太网	IEEE 802.12
UTP	快速以太网	IEEE 802.3 for 10Base-T
UTP	快速以太网	IEEE 802.3 for 100Base-T
URP	三、四、五类电缆现场认证	TIA 568、TSB-67

表 7-3 不同标准所要求的测试参数

测试标准	接线图	电阻	长度	特性阻抗	近端串扰	衰减
TIA 568、TSB-67	*		*		*	
10Base-T	*		*	*	*	*
10Base2			*	*		
10Base5			*	*		
IEEE 802.5 for 4 Mbps	*		*	*	*	*
IEEE 802.5 for 16 Mbps	*		*	*	*	*
100Base-T	*		*	*	*	*
IEEE 802.12 100Base-VG	*				*	*

表 7-4 电缆级别与应用的标准

级别	频率	量程应用
3	1~16 MHz	IEEE 802.5 令牌环 IEEE 802.3 for 10Base-T IEEE 802.12 for 100Base-VG IEEE 802.3 for 10Base-T4 ATM 51.84/25.92/12.96 Mbps
4	1~20 MHz	IEEE 802.5 for 16 Mbps
5	1~100 MHz	IEEE 802.3 for 100Base-T、ATM 155 Mbps
6	200 MHz	IEEE 802.3u 1000Base
7	600 MHz	

（2）测试项目

① 接线图：测试布线链路有无终接错误的一项基本检查，测试的接线图显示出所测的每条 8 芯电缆与配线模块接线端子的连接实际状态。

② 衰减：由于绝缘损耗、阻抗不匹配、连接电阻等因素，信号沿链路传输损失的能量为衰减。

传输衰减主要测试传输信号在每个线对两端间传输损耗值及同一条电缆内所有线对中最差线对的衰减量相对于所允许的最大衰减值的差值。

③ 近端串音（NEXT）：近端串扰值（dB）和导致该串扰的发送信号（参考值定为 0）之差值为近端串扰损耗。

在一条链路中处于线缆一侧的某发送线对，对于同侧的其他相邻（接收）线对通过电磁感应所造成的信号耦合（由发射机在近端传送信号，在相邻线对近端测出的不良信号耦合）为近端串扰。

④ 近端串音功率 5N（Ps NEXT）：在 4 对对绞电缆一侧测量 3 个相邻线对对某线对近端串扰总和（所有近端干扰信号同时工作时，在接收线对上形成的组合串扰）。

⑤ 衰减串音比值（ACR）：在受相邻发送信号线对串扰的线对上，其串扰损耗（NEXT）与本线对传输信号衰减值（A）的差值。

⑥ 等电平远端串音（ELFEXT）：某线对上远端串扰损耗与该线路传输信号衰减的差值。从链路或信道近端线缆的一个线对发送信号，经过线路衰减从链路远端干扰相邻接收线对（由发射机在远端传送信号，在相邻线对近端测出的不良信号耦合）为远端串音（FEXT）。

⑦ 等电平远端串音功率和（Ps ELFEXT）：在 4 对对绞电缆一侧测量 3 个相邻线对对某线对远端串扰总和（所有远端干扰信号同时工作，在接收线对上形成的组合串扰）。

⑧ 回波损耗（RL）：由链路或信道特性阻抗偏离标准值导致功率反射而引起（布线系统中阻抗不匹配产生的反射能量）。由输出线对的信号幅度和该线对所构成的链路上反射回来的信号幅度的差值导出。

⑨ 传播时延：信号从链路或信道一端传播到另一端所需的时间。

⑩ 传播时延偏差：以同一缆线中信号传播时延最小的线对为参考，其余线对与参考线对时延差值（最快线对与最慢线对信号传输时延的差值）。

⑪ 插入损耗：发射机与接收机之间插入电缆或元器件产生的信号损耗，通常指衰减。具体测试指标要求请参考相关国家标准或用户需求。

（3）测试链路模型

目前常用的双绞线多为 5E 或 6 类双绞线，测试时应按照永久链路和信道进行。

① 永久链路方式。该模型（见图 7-1）适用于测试固定链路（水平电缆及相关连接器件）性能。

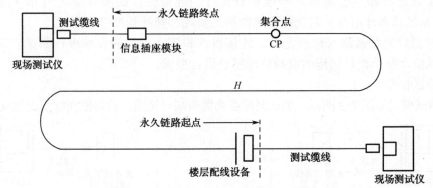

注：H—从信息插座至楼层配线设备（包括集合点）的水平电缆，$H \leqslant 90\ m$。

图 7-1　永久链路方式

② 信道方式（见图 7-2）。

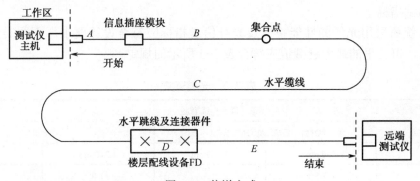

图 7-2　信道方式

A 为工作区终端设备电缆；B 为 CP 缆线；C 为水平缆线；D 为配线设备连接跳线；E 为配线设备到设备连接电缆，$B+C \leqslant 90\ m$，$A+D+E \leqslant 10\ m$。

信道包括：最长 90 m 的水平缆线、信息插座模块、集合点、电信间的配线设备、跳线、设备线缆，总长不得大于 100 m。

永久链路测试是综合布线施工单位必须负责完成的。通常综合布线施工单位完成工作后，所要连接的设备、器件还没有安装，而且并不是所有的线缆都连接到设备或器件上，所以综合布线施工单位只能向用户提出一个基本链路测试报告。

工程验收测试一般选择信道链路测试。从用户的角度来说，用于高速网络的传输或其他通信传输时的链路不仅要包含基本链路部分，还要包括用于连接设备的用户电缆，所以他们希望得到一个通道的测试报告。

无论是哪种报告，都是为认证该综合布线的链路是否达到设计的要求，二者只是测试的范围和定义不一样，就像基本链路测试一座大桥能否承受 100 km/h 的速度，而通道测试不仅要测试桥本身，还要看加上引桥后整条道路能否承受 100 km/h 的速度。在测试中选用什么样的测试模型，一定要根据用户的实际需要来确定。

2. 光纤链路测试

（1）测试内容

在施工前进行器材检验时，一般检查光纤的连通性，必要时宜采用光纤损耗测试仪（稳定光源和光功率计组合）对光纤链路的插入损耗和光纤长度进行测试。

验收时需对光纤链路（包括光纤、连接器件和熔接点）的衰减进行测试，同时测试光跳线的衰减值。整个光纤信道的衰减值应符合设计要求。

（2）测试模型

光纤测试模式如图 7-3 所示，测试时应在光缆两端对光缆内的每根光纤都进行双向测试。

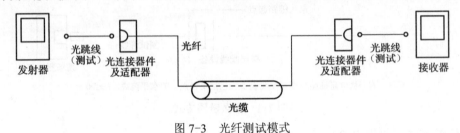

图 7-3　光纤测试模式

（3）测试指标

布线系统所采用光纤的性能指标及光纤信道指标应符合设计要求。不同类型的光缆在标称的波长，每公里的最大衰减值应符合表 7-5 所示的规定。

表 7-5　光缆衰减

项　　目	最大光缆衰减			
	OM1、OM2 及 OM3 多模		OS1 单模	
波长	850 nm	1 300 nm	1 310 nm	1 550 nm
衰减	3.5	1.5	1.0	1.0

光缆布线信道在规定的传输窗口测量出的最大光衰减（介入损耗）应不超过表 C.0.5 的规定，该指标已将接头与连接插座的衰减包括在内。

表 7-6　光缆信道衰减范围

级　　别	最大信道衰减（dB）			
	单　　模		多　　模	
	1 310 nm	1 550 nm	850 nm	1 300 nm
OF-300	1.80	1.80	2.55	1.95
OF-500	2.00	2.00	3.25	2.25
OF-2000	3.50	3.50	8.50	4.50

注：每个连接处的衰减值最大为 1.5 dB。

光纤链路的插入损耗极限值可用以下公式计算：
光纤链路损耗=光纤损耗+连接器件损耗+光纤连接点损耗；
光纤损耗=光纤损耗系数（dB/km）×光纤长度（km）；
连接器件损耗=连接器件损耗/个×连接器件个数；
光纤连接点损耗=光纤连接点损耗/个×光纤连接点个数。
光纤链路损耗参考值见表 7-7。

表 7-7　光纤链路损耗参考值

种　　类	工作波长（nm）	衰减系数（dB/km）
多模光纤	850	3.5
多模光纤	1 300	1.5
单模室外光纤	1 310	0.5
单模室外光纤	1 550	0.5
单模室内光纤	1 310	1.0
单模室内光纤	1 550	1.0
连接器件衰减	0.75 dB	
光纤连接点衰减	0.75 dB	

3. 系统接地检验

检验系统接地是否符合设计要求。

7.2.6　工程总验收

1. 竣工技术文件

竣工后编制竣工技术文件，满足工程验收要求，包括：
清点，核对和交接设计文件和有关竣工技术资料；
查阅分析设计文件和竣工验收技术文件。

2. 工程验收评价

具体考核和对工程进行评价，确认验收结果，包括：
考核工程质量（包括设计和施工质量）；
确认评价验收结果，正确评估工程质量等级。

3. 验收机构签字

布线系统工程检验项目及结果见表 7-8。

表 7-8　布线系统工程检验项目及结果

阶　　段	验收项目	验收内容	验收方式	结　　果
施工前检查	环境要求	土建施工情况：地面、墙面、电源插座及接地情况	施工前检查	
		土建工艺：机房面积		

续表

阶　　段	验收项目	验收内容	验收方式	结　　果
施工前检查	器材检验	外观	施工前检查	
		形式、规格和数量		
		电缆电气性能测试		
		光纤特性测试		
	安全、防火要求	消防器材	施工前检查	
		危险物的堆放		
设备安装	设备机柜	外观	随工检验	
		安装垂直、水平度		
		油漆不得脱落，标志完整、齐全		
		螺钉紧固		
		抗震措施		
		接地措施		
	配线模块及插座	规格、位置和质量	随工检验	
		螺钉紧固		
		标识齐全		
		安装工艺		
		屏蔽层可靠连接		
楼内电缆、光缆布放	电缆桥架及线槽布放	安装位置	随工检验	
		安装工艺		
		缆线布放工艺		
		接地		
	缆线暗敷	线缆规格、路由和位置	隐蔽工程签证	
		布放工艺		
		接地		
楼外电缆、光缆布放	架空缆线	吊线规格、架设位置和装设规格	随工检验	
		吊线垂度		
		线缆规格		
		线缆的引入		
	管道缆线	线缆规格	隐蔽工程签证	
		线缆走向		
		线缆防护措施		
	埋式缆线	线缆规格	隐蔽工程签证	
		敷设位置和深度		
		线缆防护措施		
		回填土夯实质量		

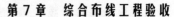

续表

阶　　段	验收项目	验收内容	验收方式	结　　果
楼外电缆、光缆布放	其他	通信线路与其他设施的距离	隐蔽工程签证	
		进线间的安装及施工质量		
缆线终接	模块式通用插座	符合工艺要求	随工检验	
	配线部件	符合工艺要求		
	光纤插座	符合工艺要求		
	各类跳线	符合工艺要求		
系统测试	工程电气性能测试	参考相应标准	竣工检验	
	光缆特性测试	参考相应标准		
工程总验收	竣工技术文件	各种文档	竣工检验	

7.3 验收流程

7.3.1 验收组织准备

工程竣工后，施工单位应在工程计划验收前通知验收机构，同时送达一套完整的竣工报告，并将竣工技术资料一式三份交给建设单位。竣工资料包括工程说明、安装工程量、设备器材明细表、随工测试记录、竣工图纸和隐蔽工程记录等。

联合验收之前成立综合布线工程验收的组织机构，如专业验收小组，全面负责对综合布线工程的验收工作。专业验收小组由施工单位和用户或其他外聘单位联合组成，一般由专业技术人员组成，持证上岗，由有上岗证书者参与综合布线验收工作。

验收工作分两个重点部分进行：第一部分是物理验收，第二部分是文档验收。

7.3.2 现场（物理）验收

1. 工作区子系统验收

对于众多的工作区，不可能逐一验收，而是由甲方抽样挑选工作间。验收的重点如下：
（1）线槽走向、布线是否美观大方、符合规范；
（2）信息插座是否按规范进行安装；
（3）信息插座安装是否做到一样高、平、牢固；
（4）信息面板是否都固定牢靠。

2. 水平干线子系统验收

水平干线验收主要验收点有：
（1）槽安装是否符合规范；
（2）槽与槽、槽与槽盖是否接合良好；
（3）托架、吊杆是否安装牢靠；
（4）水平干线与垂直干线、工作区交接处是否出现裸线；
（5）水平干线槽内的线缆有没有固定。

3. 垂直干线子系统验收

垂直干线子系统的验收内容除了类似于水平干线子系统的验收内容外，要检查楼层与楼层之间的洞口是否封闭，以防火灾出现时成为隐患点。还要检查线缆是否按间隔要求固定、拐弯线缆是否留有弧度。

4. 管理间、设备间子系统验收

主要检查设备安装是否规范整洁。验收不一定要等工程结束时才进行，有的内容往往是随时验收的。

5. 系统测试验收

系统测试验收是对信息点进行有选择的测试，检验测试结果。系统测试验收的主要内容如下。

（1）电缆的性能测试。

五类线要求：接线图、长度、衰减、近端串扰要符合规范。

超五类线要求：接线图、长度、衰减、近端串扰、延迟、延迟差要符合规范。

六类线要求：接线图、长度、衰减、近端串扰、延迟、延迟差、综合近端串扰、回波损耗、等效远端串扰、综合远端串扰要符合规范。

（2）光纤的性能测试。

类型：单模/多模、根数等是否正确；

衰减、反射等指标是否符合规范。

（3）系统接地电阻要求小于4Ω。

系统测试中的具体内容和验收细节也可随工序进行检验。随工序检验和隐蔽工程签证的详细记录可作为工程验收时的原始资料，提供给确认和评价工程的质量等级时参考。智能化建筑内的各种缆线敷设用的预埋槽道和暗管系统的验收方式应为隐蔽工程签证。在工程验收时，如果对隐蔽工程有疑问，需要进行重复检查或测试的，应按规定进行。在验收中，如果发现有些检验项目不合格，应由主持工程验收的部门、单位查明原因，分清责任，提出解决办法，迅速改正，以确保工程质量。

7.3.3 工程竣工技术文件

为了便于工程验收和今后的管理，施工单位应编制工程竣工技术文件，按协议或合同规定的要求交付所需要的文档。工程竣工技术文件包括以下几个方面。

（1）竣工图纸：总体设计图，施工设计图，包括配线架，色场区的配置图，色场图，配线架布放位置的详场图，配线表，点位布置竣工图。

（2）工程核算：综合布线系统工程的主要安装工程量，如主干布线的缆线规格和长度、装设楼层配线架的规格和数量等。

（3）器件明细：设备、机架和主要部件的数量明细表，即将整个工程中所用的设备、机架和主要部件分别统计，清晰地列出其型号、规格、程式和数量。

（4）测试记录：工程中各项技术指标和技术要求的随工验收、测试记录，如缆线的主要电气性能、光缆的光学传输特性等测试数据。

第 7 章 综合布线工程验收

（5）隐蔽工程：直埋电缆或地下电缆管道等隐蔽工程经工程监理人员认可的签证；设备安装和缆线敷设工序告一段落时，经常驻工地代表或工程监理人员随工检查后的证明等原始记录。

（6）设计更改：在施工中有少量修改时，可利用原工程设计图更改补充，不需再重做竣工图纸，但在施工中改动较大时则应另做竣工图纸。

（7）施工说明：在安装施工中，一些重要部位或关键段落的施工说明，如建筑群配线架和建筑物配线架合用时，它们连接端子的分区和容量等。

（8）软件文档：综合布线系统工程中，如采用计算机辅助设计时，应提供程序设计说明和有关数据，如磁盘、操作说明、用户手册等文件资料。

（9）会议记录：在施工过程中由于各种客观因素部分变更或修改原有设计或采取相关技术措施时应提供建设、设计和施工等单位之间对这些变动情况的洽商记录，以及施工中的检查记录等基础资料。

工程竣工技术文件在工程施工过程中或竣工后应及早编制，并在工程验收前提交建设单位。竣工技术文件通常为一式三份，如有多个单位需要，可适当增加份数。

竣工技术文件和相关资料应做到内容齐全、资料真实可靠、数据准确无误、文字表达条理清楚、文件外观整洁、图表内容清晰，不应有互相矛盾、彼此脱节、错误和遗漏等现象。

7.4 综合布线工程鉴定

验收通过后就是鉴定程序。尽管有时常把验收与鉴定结合在一起进行，但验收与鉴定还是有区别的，主要表现在以下几方面。

（1）验收是用户对网络工程施工工作的认可，检查工程施工是否符合设计要求和有关施工规范。用户要确认工程是否达到了原来的设计目标、质量是否符合要求、有没有不符合原设计及有关施工规范的地方。

（2）鉴定是对工程施工的水平程度进行评价。鉴定评价来自专家、教授组成的鉴定小组，用户只能向鉴定小组客观地反映使用情况，鉴定小组组织人员对新系统进行全面的考察，鉴定小组写出鉴定书提交上级主管部门。

（3）验收机构必须对综合布线工程的质量、电信公用网的安全运行负责。验收机构必须对用户的业务使用和投资效益负责。验收机构要对厂家、代理和施工单位负责。

（4）鉴定是由专家组和甲、乙方共同进行的。组织专家、用户和施工单位三方对工程进行验收时，施工单位应报告系统方案设计、施工情况和运行情况等，专家应实地参观测试、开会总结，确认验收与否。

一般施工单位要为用户和有关专家提供详细的技术文档，如系统设计方案、布线系统图、布线系统配置清单、布线材料清单、安装图、操作维护手册等。这些资料均应标注工程名称、工程编号、现场代表、施工技术负责人、编制文档和审核人、编制日期等。施工单位还需要为鉴定会准备相关的技术材料和技术报告，包括：

（1）综合布线工程建设报告；

（2）综合布线工程测试报告；

(3) 综合布线工程资料审查报告;
(4) 综合布线工程用户意见报告;
(5) 综合布线工程验收报告。

思考与练习题 7

1. 简要说明基本链路测试模型和通道测试模型的区别。
2. 简述使用某种电缆测试仪测试一条超五类链路的过程。
3. 光纤传输系统的测试主要包含哪些内容?应该使用什么仪器进行测试?
4. 简要说明工程测试报告应包含的内容。使用什么方法生成测试报告?
5. 简要说明工程验收文档应包含哪些内容。